第2版

新 野菜つくりの実際

誰でもできる
露地・トンネル・
無加温ハウス栽培

葉菜Ⅰ

アブラナ科・レタス

川城英夫 編

農文協

はじめに

『新 野菜つくりの実際』（全5巻、76種類１４４作型）は、２００１年に直売向けの野菜生産者を主な対象として発刊されました。現場指導で活躍している技術者に、各野菜の生理・生態と栽培の基本技術などを初心者にもわかりやすく解説していただきました。おかげで各方面から好評を得て、生産者はもちろん、研究者や農業改良普及員、ＪＡ営農指導員などの必携の書となりました。

発刊後、増刷を重ねてきましたが20年余り経ち、野菜生産の状況も変わってきました。専業農家の中に少量多品目を生産して直売所専門に出荷する方が現われ、農外からの若い新規就農者も増えました。国は２０２２年5月に「みどりの食料システム法」を制定し、２０５０年までに化学農薬の50％低減、化学肥料の30％低減、有機農業の取り組みを全農地の25％にあたる１００万haに拡大させることを目標に掲げました。米余りが続く中で水田の作物転換が進み、加工・業務用野菜が拡大し、イタリア野菜やタイ野菜などの栽培も増えてきました。

こうした変化を踏まえて改訂版を出版することにしました。新たな版では主な読者対象は変えず、凡例を入れるなど、予備知識の少ない新規就農者にも配慮して編集しました。また、読者の要望を踏まえて各作型の新規項目として「品種の選び方」を加えました。取り上げる野菜の種類は、近年、直売所やレストランでよく見かけるようになったものを新たに加えました。さらに新しい作型や優れた栽培技術も積極的に加えました。

こうして新版では、野菜87種類１７１作型を収録して全7巻とし、判型はＡ5判からＢ5判に大判化し、文字も一回り大きくして読みやすくしました。今後20年の野菜つくりの土台となることをめざし、現場の第一線で農家の指導にあたっておられる研究者や農業改良普及員などに執筆をお願いしました。各野菜の生理・生態、栄養や機能性、利用法といった基礎知識、栽培の基本技術から最新の技術・知見までをわかりやすく、しかもベテランの生産者にとっても十分活用できる濃い内容に仕上げていただいており、執筆者各位に深謝いたします。また、本書ができたのは企画・編集された農山漁村文化協会編集部のおかげであり、記してお礼申し上げます。

本シリーズは、「葉菜Ⅰ」のほか、「果菜Ⅰ」「果菜Ⅱ」「葉菜Ⅱ」「根茎菜Ⅰ」「根茎菜Ⅱ」「軟化・芽物」の7巻からなり、本「葉菜Ⅰ」では13種類26作型を取り上げています。他の巻とあわせてご活用いただき、安全でおいしい野菜生産と活気あふれる直売所経営に、そして人と環境にやさしいグリーン農業の推進と野菜産地活性化の一助としていただければ幸いです。

２０２３年6月

川城英夫

目次

この本の使い方

◆各品目の基本構成

本書では、各品目は「この野菜の特徴と利用」と「○○栽培」（各作型の特徴と栽培技術）からなります。以下は基本的な解説項目です。一部の品目では、産地の実情や技術体系を踏まえて、項目立てが異なる場合があります。各種資材や経営指標など掲載情報は執筆時のものです。

この野菜の特徴と利用

(1) 野菜としての特徴と利用
(2) 生理的な特徴と適地

○○栽培

1 この作型の特徴と導入

(1) 作型の特徴と導入の注意点
(2) 他の野菜・作物との組合せ方

2 栽培のおさえどころ

(1) どこで失敗しやすいか
(2) おいしく安全につくるためのポイント
(3) 品種の選び方

3 栽培の手順

(1) 育苗のやり方（あるいは「畑の準備」）
(2) 定植のやり方（あるいは「播種のやり方」）
(3) 定植後の管理（あるいは「播種後の管理」）
(4) 収穫

4 病害虫防除

(1) 基本になる防除方法
(2) 農薬を使わない工夫

5 経営的特徴

◆巻末付録

初心者からベテランまで参考となる基本技術と基礎データです。「葉菜類の育苗方法」「農薬を減らすための防除の工夫」「天敵の利用」「各種土壌消毒の方法」「被覆資材の種類と特徴」「主な肥料の特徴」「主な作業機」を収録しました。

栽植様式の用語（1ウネ2条の場合）

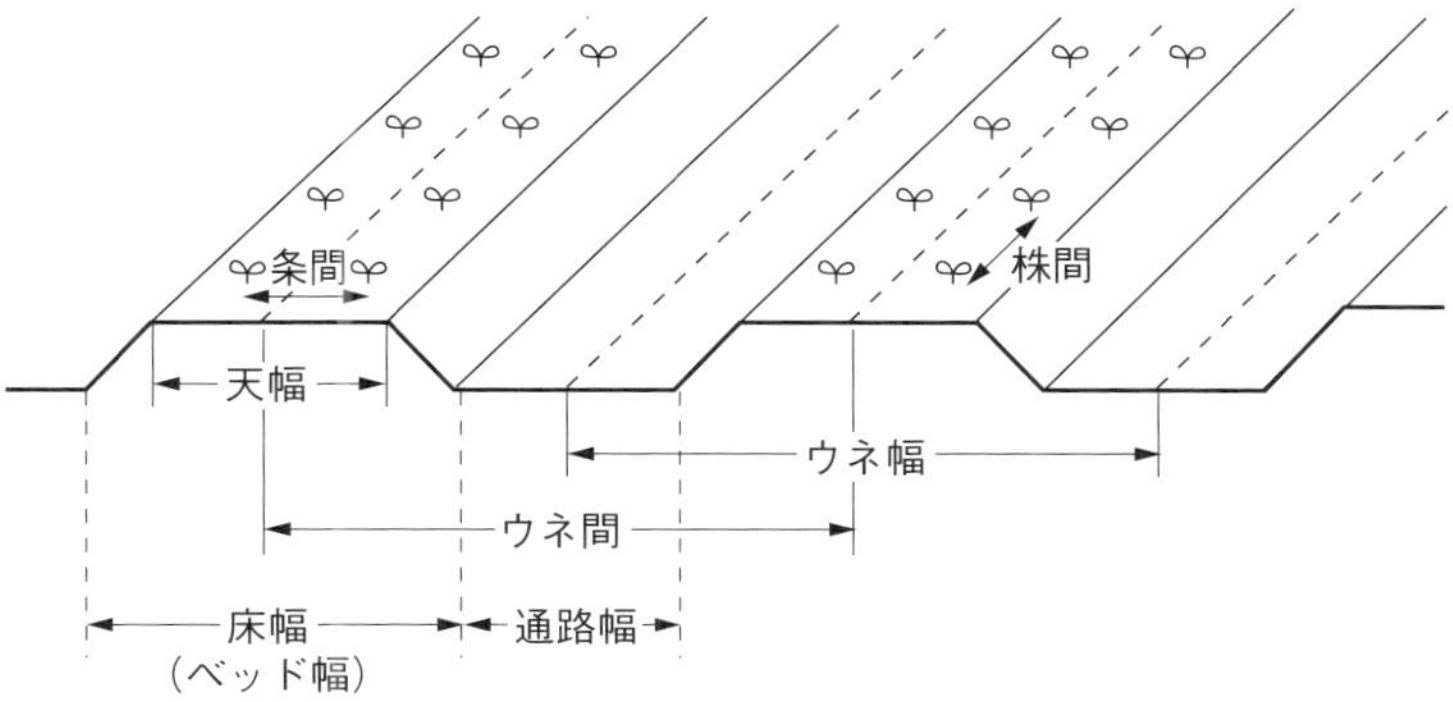

※栽植密度は株間と条数とウネ幅によって決まります

◆栽植様式の用語

本書では、栽植様式の用語は農業現場での本来の用法に従い、次の意味で使っています。

ウネ幅　ウネの間を通る溝（通路）の中心と中心の間隔、あるいは床幅と通路幅を合わせた長さのことです。

ウネ間　ウネの中心と中心の間隔のことです。ウネ幅とウネ間は同じ長さになります。

条間　種子を等間隔で条《すじ》状に播く方法を条《じょう》播《は》と呼び、播いた条《じょう》と条の間隔を条間といいます。苗を複数列植え付ける場合の列の間隔も条間といいます。1ウネ1条で播種もしくは植え付けた場合、条間とウネ間は同じ長さになります。

株間　ウネ方向の株と株の間隔のことです。

◆苗数の計算方法

10a（1000㎡）当たりの苗数（栽植株数）は、次の計算式で求められます。

1000（㎡）÷ウネ幅（m）÷株間（m）×条数＝10a当たりの苗数

ハウスの場合

1000（㎡）÷ハウスの間口（m）÷株間（m）×ハウス内の条数＝10a当たりの苗数

ただし、枕地や両端のウネの余裕をどのくらいにするかで苗数は変わります。

近年、家庭菜園の本では床幅を「ウネ幅」と表記している例が見られますが、床幅をウネ幅として計算してしまうと面積当たりの正しい苗数は得られませんので、ご注意ください。また、1ウネ2条の場合は2倍した苗数、3条の場合は3倍した苗数になります。

◆農薬情報に関する注意点

本書の農薬情報は執筆時のものです。対象となる農作物・病害虫に登録のない農薬の使用は、農薬取締法で禁止されています。使用にあたっては、必ずラベルに記載された登録内容をご確認のうえ、使用方法を遵守してください。

キャベツ

表1　キャベツの作型，特徴と栽培のポイント

主な作型と適地

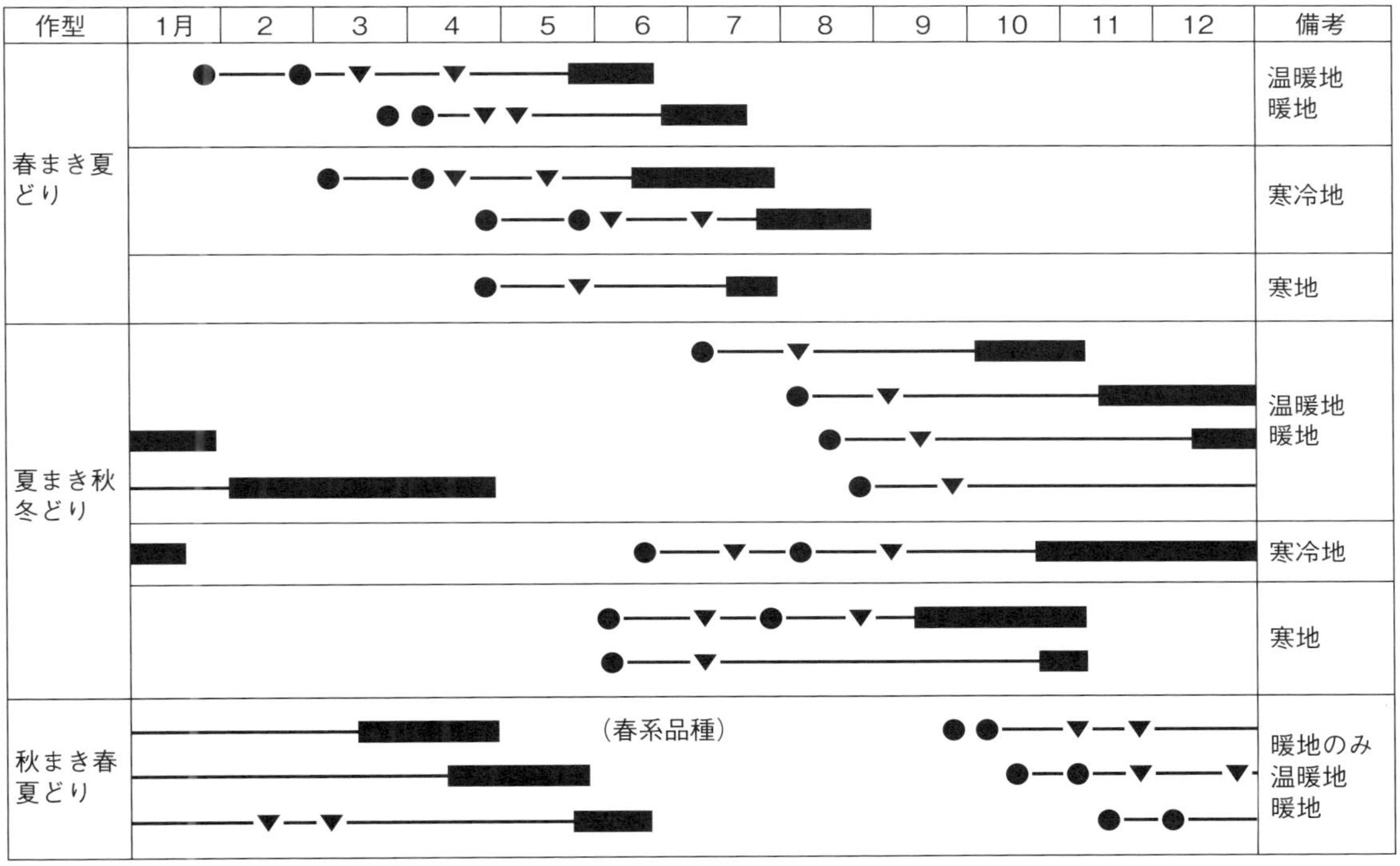

●：播種，▼：定植，■：収穫

特徴	名称（別名）	キャベツ（アブラナ科アブラナ属），別名：カンラン，タマナ
	原産地・来歴	原産地は，北海からヨーロッパの大西洋沿岸・地中海沿岸で，この地域に生育していたケールの野生種が起源とされる。日本には明治時代に結球キャベツが導入された
	栄養・機能性成分	ビタミンＣとＫ，カルシウムが豊富で，キャベジンともいわれるビタミンＵも多い
	機能性・薬効など	ビタミンＵは，胃炎や潰瘍の改善効果がある
生理・生態的特徴	発芽条件	発芽適温は20～25℃で，30℃以上で発芽率が低下し，40℃では発芽しない
	温度への反応	生育適温15～20℃で冷涼な気候を好み，2～3℃で葉球の肥大が停止，7℃以下や25℃以上になると結球が鈍る。外葉形成期は－5℃まで耐えるが，結球すると耐寒性が低下する
	日照への反応	半日陰でも生育するが，結球期はよく光が当たることが必要

（つづく）

生理・生態的特徴	土壌適応性	土壌適応性は広く，水田でも栽培できるが，耐湿性は高くないので，水田転換畑など排水不良圃場では心土破砕や明渠，高ウネなどによって排水性を良好にする。好適土壌pHは6.0～6.5で石灰を好む
	開花習性	一定の大きさになった株が13℃以下に置かれると花芽分化し，その後高温・長日で花芽の発育・抽台が促進される。20℃以上で脱春化する
栽培のポイント	主な病害虫	病気：べと病，黒腐病，根こぶ病，菌核病，萎黄病 害虫：コナガ，アオムシ，ヨトウムシ類，アブラムシ類，ネキリムシ類
	他の作物との組合せ	キャベツの作型に応じてさまざまな野菜と組み合わせることができる。根こぶ病や害虫などの被害が共通するアブラナ科の野菜との組合せは避ける

この野菜の特徴と利用

(1) 野菜としての特徴と利用

キャベツはアブラナ科アブラナ属の結球野菜で、ブロッコリーやカリフラワーと同一種である。原産地は、北海からヨーロッパの大西洋沿岸・地中海沿岸で、この地域に生育していたケールの野生種が起源とされる。13世紀ごろイタリアで結球タイプができた。

日本には明治時代にデンマークやオランダから結球キャベツが導入されたが、高温・多湿の気候に適応できず、夏季冷涼な北海道や岩手県で春まき秋どりとして定着した。その後、耐暑・耐寒性、高温・低温結球性、早晩性、晩抽性などの品種改良が進められて作型が分化し、現在、品種の使い分けと栽培技術、産地リレーで周年生産が実現している。

２０２０年の産出額は１０４４億円、作付け面積３万４０００ha、出荷量１２９万３０００tで、近年、作付け面積は横ばいながら、単収の向上により出荷量は微増傾向にある。主な産地は愛知、群馬、千葉、茨城、鹿児島、長崎、神奈川、熊本県、北海道で、これらで作付け面積全体の64％を占める。一方、輸入は、生鮮物が３万２４００t、加工・業務用への仕向け割合は52％である。1人当たり年間購入量は、野菜の中で最大の５・８kgである。

ビタミンCとK、カルシウムなどを豊富に含み、胃炎や潰瘍の改善効果があるキャベジンともいわれるビタミンUも含む。独特の歯ざわりと甘みをもち、生や炒めもの、煮ても漬けてもよく、和・洋・中華と幅広い用途がある。貯蔵最適条件は、温度０℃、湿度98～１００％である。

(2) 生理的な特徴と適地

キャベツは、短く太い茎に葉が密生し、20葉期前後になると心葉が巻いて結球する。葉は肉厚でろう質を帯び、結球したものは輸送性、貯蔵性がよい。結球には、光と植物ホルモンのオーキシンが関係している。適度な大きさの葉球をつくるためには一定の葉枚数が必要で、不足すると小玉や不結球になる。結球の進み方で、大きく球の形ができてから球が締まる充実型と、初めから球が締まっていてそのまま球が肥大する肥大型、その中間型に大別される。

発芽適温は20～25℃で、30℃以上になると発芽不良になる。生育適温は15～20℃で冷涼な気候を好み、2～3℃で葉球の肥大が停止、7℃以下や25℃以上になると結球が鈍る。暑さには弱いものの、寒さに強く、外葉形成期はマイナス5℃まで耐えるが、結球すると耐寒性が低下して凍害を受けやすくなる。冬どり栽培は、1月から2月の平均気温が寒玉系で2～3℃以上、春系は4～5℃以上の地域で栽培が可能である。

緑植物春化型（植物体が一定の大きさに達するまで低温に感応しない）植物で、一定の大きさになった株が平均気温13℃以下に置かれると花芽分化し、その後高温・長日で花芽の発育・抽台が促進される。20℃以上の温度には脱春化効果（春化後、一定期間高温にさらされて春化の効果が失われること。ディバーナリゼーションともいう）がある。キャベツは4～5月に抽台・開花するため、この時期が収穫の端境期となる。低温感応する葉齢は、極早生の′中野改良系′で10～12枚、グリーンボールの′コペンハーゲンマーケット′は3～5枚とされ、品種間差異が大きい。栽培中、花芽分化する時期が早いと、結球葉数不足による小玉や不結球になったり、球内抽台を起こす。冬から春に収穫する作型では、晩抽性品種を利用し、地域の気象条件と品種に応じた播種・定植期が重要である。

根は再生力旺盛で吸肥力が強く、広く深く伸長する。土壌はあまり選ばず水田でも栽培できるが、湿害に弱く、とくに結球期以降に湿害を受けやすいので、水はけのよい土壌が適する。

好適土壌pHは6・0～6・5で、石灰と豊富な塩類を好む。酸性土壌は根こぶ病の発生を助長する。10a当たり養分吸収量は、窒素17～21kg、リン酸5kg、カリkg、カルシウム20kg前後で、作型、品種の早晩性に応じた施肥を行なう。

主な不良球の発生要因は表2のとおりであ

表2　キャベツの不良球の症状と発生要因

名称	症状	発生要因
チャボ玉	球が小型になる	低温，乾燥，肥料不足。冬どり栽培で播種・定植時期が遅いと発生しやすい
裂球	外側の結球葉が裂ける	収穫遅れが原因。葉数・葉重増加が盛んな春季や秋季に発生しやすい。肥料の効きすぎ，収穫期の降雨が発生を助長
分球（脇芽形成）	球が複数できる	主茎の生長が低温・水分不足などで停止すると，脇芽が伸びて結球する。花芽分化が原因の場合もある
尖り玉	球が腰高で頭部が尖る	秋まき栽培で播種期や追肥時期が早く，結球期の気温が低いと発生しやすい

表3　葉球の形態から区分したキャベツの品種タイプ

品種タイプ	特徴	用途
春系（サワー系）	葉球腰高で，葉が柔らかくて瑞々しく，巻きがゆるい。葉球内部まで黄緑色	サラダ，生食
冬系（寒玉系）	葉球は扁平で，葉は硬めできつく締まり，葉球内部の葉は白い	生食，煮食，加工・業務用
ボール系	葉球は丸く，葉は肉厚でやや硬い	サラダ，生食
サボイ系	葉がチリメン状に縮れる。葉球の中心部まで緑色	生食，煮食
メキャベツ	茎の節間が伸長し，葉腋から出る脇芽が直径2～3cmに結球する。葉球の巻きはきつく硬い	煮込み

る。

現在の品種は、葉球の形態から表3のように大別される。葉が柔らかくて瑞々しい春系と、葉が硬めで寒さに強い寒玉系の作付けが多い。近年需要が伸びている加工・業務用品種は、数回洗浄しても形状が崩れにくい、葉質硬い寒玉系品種が利用される。

夏季は高温、冬季は低温、春季は抽台が栽培の規制要因となり、高温期には寒地や高冷地、低温期には温暖な地域で栽培される（表1）。トンネル被覆を行なって、日中の高温による脱春化を利用して寒玉系品種を4～5月に収穫する新作型も開発されている。

（執筆：川城英夫）

夏まき秋冬どり栽培

1 この作型の特徴と導入

(1) 栽培の特徴と導入の注意点

キャベツは、ある程度生長したものが一定期間低温に遭遇することにより花芽分化する。夏まき作型は、気温が下がる前に順調に生育を進め、花芽分化までに結球に必要な葉数を確保する。気温が低下していく中で栽培していくため、収穫時期に近づくと生育がゆるやかになり、病害虫の発生も少なくなるため、比較的栽培しやすい作型だといえる。

年内どり作型は、気温が下がりきる前に収穫を迎えるため、一般的な平坦地で広く栽培できる。一方、年明けどり作型は、厳寒期にも栽培が続くため、比較的温暖な地域に限られる。

(2) 他の野菜・作物との組合せ方

本作型で導入した機械装備を有効活用し、秋～冬まき初夏どりキャベツと組み合わせ、キャベツ専作とする事例が多い。

その他、スイートコーンやスイカ、露地メロンなどを組み合わせている。

図1　キャベツの夏まき秋冬どり栽培　栽培暦例

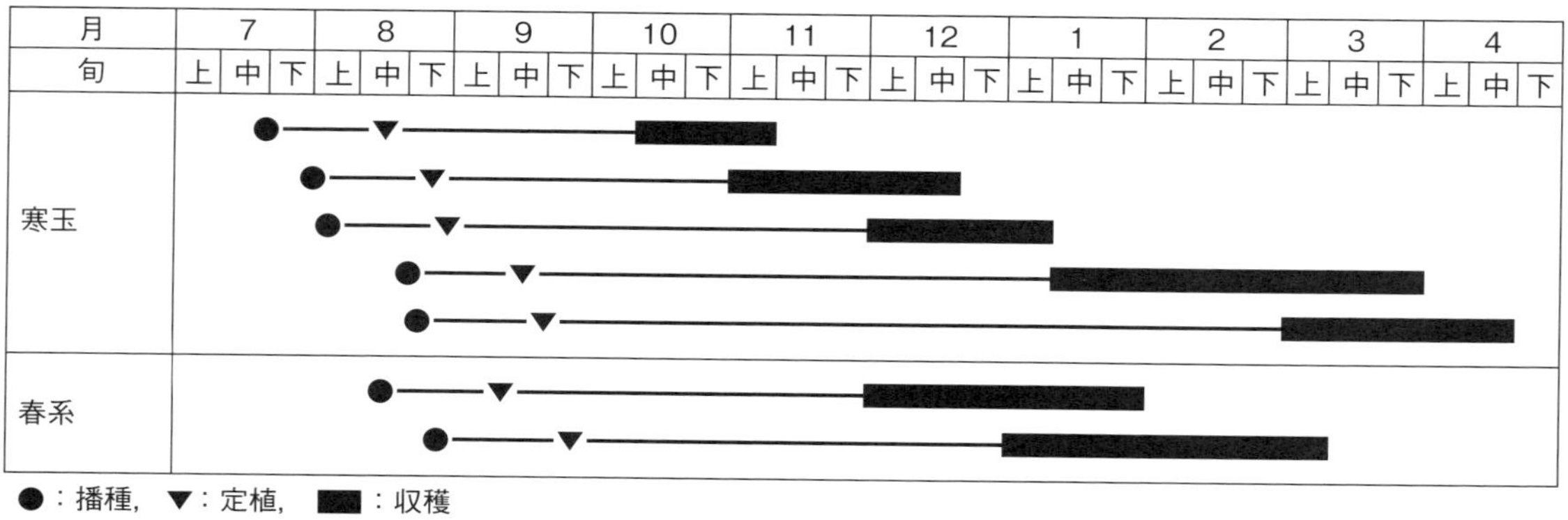

●：播種，▼：定植，■：収穫

2 栽培のおさえどころ

(1) どこで失敗しやすいか

キャベツは排水性のよい圃場を好み、降雨後に水たまりが残るような場所では、根傷みにより健全な生育は望めず、小玉化するばかりでなく、病害虫の発生も多くなる。このため、堆肥や緑肥による土つくりに努めるとともに、圃場のでこぼこを直して表面排水を促し、サブソイラーなどにより深耕して排水性を向上させる。

高温期はハイマダラノメイガの被害が多い。ハイマダラノメイガは心葉に寄生、食害し、加害されたキャベツは芽なしになってしまうため、被害は甚大である。このため、育苗期にプリンス粒剤またはミネクトデュオ粒剤を利用し、生育初期の食害を確実に防ぐ。

3～4月収穫作型は、定植後、花芽分化までの期間が短いため、定植が遅れると必要な葉数を確保できず、結球不良となることがある。このため、適期に定植できるように、余裕を持って作業計画を立てるとともに、定植後は順調に生育を進める。

(2) おいしく安全につくるためのポイント

根傷みなどにより健全な生育を確保できないと、収穫時期がズレたり小玉化するばかりでなく、病害虫の発生が多くなる。収穫まで健全かつスムーズに生育させるため、堆肥施用や緑肥栽培することにより、土壌の物理性改善に努める。

キャベツの生育には、適度な窒素の肥効が必要であるが、施肥量が多すぎると軟弱に生育し、病害虫の発生が多くなる。このため、生育に応じて必要量を施肥することが望ましい。また、収穫時期に窒素が効きすぎていると、エグ味が強く、食味が低下するため、収穫時期には肥料が切れてくる程度が好ましい。

(3) 品種の選び方

栽培地域の状況や作型に合った品種を選定する（表4）。基本的には、播種時期が早い作型は早生品種を利用し、播種時期が遅くなるにしたがって晩生品種に切り替えていく。

10～11月どり作型は、早生性、耐暑性に優れた品種が適している。また、生育が進んでいる状態で収穫時期を迎えるため、裂皮や裂球が遅いことも重要となる。

厳寒期に収穫する作型は、気温が低い中でもじわじわ生育を続け、収穫にいたるため、低温伸長性に優れた品種が適している。また、凍害や霜害が発生しやすいため、それらが発生しにくい品種が望ましい。

3～4月どり作型は、気温上昇にともない、抽台が問題になってくるため、晩抽性に優れた品種が適している。また、裂皮や裂球が遅いことも重要となる。

3 栽培の手順

(1) 育苗のやりかた

① 育苗方法

セル成型育苗は、育苗期間中のこまめな灌水が必要になるが、苗場の土壌消毒や苗とり作業が不要となる。苗立枯病や風雨による被害回避のため、育苗ハウスでの育苗が基本となる。キャベツの生育適温である15～20℃より気温が上昇する時期の育苗なため、ハウスの風通しをよくし、なるべく涼しい環境づくりを目指す。

育苗ハウスが暑くなりすぎたり、育苗ハウスがない場合には、トンネルパイプの上に4㎜目合いの防風ネットを被せた、ネット育苗も可能である（図2）。防風ネットの下は風が弱くなり、雨滴もネットに当たって細かくなるため、風や雨がかなり強くてもそのまま育苗することができる。育苗ハウスより涼しく、ガッチリした良質な苗に仕上がるが、強風が予想される場合にはネットをしっかり固定する必要がある。

②育苗の手順

128穴セルトレイに市販の育苗培土を軽く詰め、余分な培土を取り除いた後、セルの底面から水が出る程度まで十分に灌水し、ローラーで鎮圧して播種する穴をあける。1つのセルに1粒ずつ播種するため、造粒されたコート種子を利用するのが好ましい。その

表4　夏まき秋冬どり栽培に適した主要品種の特性（愛知県東三河）

	品種名	販売元	特性
寒玉	藍天	サカタのタネ	7月15～25日に播種し，10月～11月上旬に収穫する。石灰欠乏症などの生理障害に強く，高温期でも栽培しやすい
	YR しぶき	石井育種場	7月20日～8月5日に播種し，10月下旬～11月に収穫する。石灰欠乏症などの生理障害に強く，高温期でも栽培しやすい
	秋よし2号	トヨタネ	8月上旬に播種し，12月～1月上旬に収穫する。肥大性，圃場貯蔵性に優れ，草勢強い
	冬藍	サカタのタネ	8月中旬に播種し，12月下旬～1月に収穫する。低温肥大性に，とくに優れる
	そらと	トヨタネ	8月12～25日に播種し，1月中旬～3月に収穫する。球色は濃緑色で肥大性，圃場貯蔵性に優れる
	冬のぼり	野崎採種場	8月20～25日に播種し，3月下旬～4月に収穫する。春先の圃場貯蔵性に優れ，遅い時期の収穫に適す
春系	さちぞら	トヨタネ	8月中旬に播種し，12～1月に収穫する。草勢強くアントシアンの発生も少なく，品質良好
	さちはる	トヨタネ	8月15日～9月5日に播種し，1月～3月上旬に収穫する。草勢強く適期幅が広いが，萎黄病抵抗性なし
	春岬	渥美甘藍研究所	8月25日～9月5日に播種し，2月～3月上旬に収穫する。草勢強く，揃い，歩留まりともに良好
	ゆいな	トヨタネ	9月5～20日に播種し，2月中旬～4月上旬に収穫する。晩抽性に優れ，収穫時期の遅い作型に適す

図2　防風ネットを利用したネット育苗

図3　128穴セルトレイで育苗中のキャベツ苗

表5　夏まき秋冬どり栽培のポイント

	技術目標とポイント	技術内容
圃場準備	◎圃場選定	・日当たり，排水性のよい圃場を選定する ・雨後に水たまりができないよう，圃場のたるみをなくす
	◎土つくり	・完熟堆肥（牛糞堆肥：3t/10a, 豚糞堆肥：2t/10a）を定植1カ月前までに散布，耕うんするか，緑肥（ソルガム）を栽培して定植1カ月前までにすき込む ・透水性向上のため，サブソイラーなどで深耕する ・土壌改良資材として，定植2週間前までに炭酸苦土石灰を100kg/10a施用，耕うんする
育苗	◎育苗方法	・128穴セル成型トレイを用い，ハウス育苗を基本とする ・地面から30cm以上離したベンチ上で育苗する ・育苗ハウスの風通しをよくし，室温の上昇を防ぐ
	◎品種選定	・栽培地域の気象，作型に合った品種を選定する
	◎発芽促進	・播種したセルトレイを日陰の涼しい場所に積み，黒寒冷紗や段ボールをのせ，乾燥と温度上昇を防止して発芽を促す ・播種翌日の夕方に芽切りを確認し，苗場にセルトレイを広げる
	◎灌水	・本葉展開前は，培土表面の乾燥を補う程度の軽い灌水とする ・本葉展開後は，朝はたっぷり，午後に周辺部など乾きやすい部分を中心に軽く灌水し，夕方には培土表面が乾く程度とする
	◎追肥	・子葉の色が淡くなったら，窒素成分100～150ppm程度の液肥を，灌水代わりにたっぷり施用する
	◎病害虫防除	・ハイマダラノメイガに食害されると芽なしになるため，プリンス粒剤やミネクトデュオ粒剤を利用し，確実に被害を防ぐ ・薬剤散布は，涼しい時間帯に苗が萎れていない状態で，展着剤を使用せず，通常より薄めの希釈倍数で散布する
	◎順化	・定植数日前に苗をハウスの外に移動させて外気に慣らし，ガッチリした苗に仕上げる ・播種後25日程度，本葉2.5～3枚になったら定植適期
定植方法	◎定植準備	・品種，作型により元肥を窒素成分で8～11kg/10a程度を全面に施用し，しっかり混和する ・ウネ間60cmでウネ立てをする ・ウネの表面が硬くならないよう，なるべく定植当日にウネ立てをし，定植までの間に雨にあたらないようにする
	◎定植	・適期定植に努め，とくに遅い作型の植え遅れに注意する ・品種，作型により，株間27～30cmで定植する ・植え付けの深さは，子葉が土壌に埋まる程度の深めとし，深くなった場合でも心葉が土壌から出ていれば問題ない ・定植後すぐに降雨が見込まれる場合を除き，通路部分に水が浮く程度を目安にたっぷり灌水する
定植後の管理	◎除草	・定植後，雑草が生える前に，ラッソー乳剤またはフィールドスターP乳剤を散布する
	◎追肥，中耕	・定植2週間後と4週間後前後に，窒素成分5～6kg/10a程度追肥する ・上記追肥に合わせ，除草を兼ねて中耕し，株元に土寄せする ・その後は肥切れ（圃場の色ムラ）に注意し，状況に応じて追肥する
収穫	◎適期収穫	・玉が硬く締まってきたものから順に収穫する ・気温の高い時期，春系品種は収穫適期が短いため，とり遅れないようにする ・厳寒期に収穫するものは収穫適期が比較的長いが，玉が充実すると耐寒性が弱くなるため，おきすぎないようにする

後、バーミキュライトで各セルの境目が見える程度に覆土し、軽く灌水する。

キャベツの発芽適温は20～25℃程度であり、30℃を超えるような高温条件では発芽率や発芽揃いが極端に低下することがある。このため、播種したセルトレイを直射日光が当たらない涼しい場所に積み上げ、発芽を促す。その際、乾燥防止のため、最上段にダンボールや黒寒冷紗などをのせておく。播種翌日の夕方に、種子の芽切りを確認し、地面から離したベンチの上にセルトレイを広げる。

朝に広げる場合は、急激な環境変化を避けるため、当日は白寒冷紗をのせて保護する。

苗場に移動した直後は、植物体からの蒸散が少ないため、本格的な灌水はしない。ただし、種子の周辺が乾燥しすぎると発芽が遅れたりするため、状況に応じて表面の乾燥を補う程度に灌水する。本葉が展開するころになると、葉面積、根量ともに多くなって蒸散量も増えるため、本格的な灌水を開始する。晴天日は朝にたっぷり灌水し、午後に周辺部などの乾きやすい部分を中心に軽く灌水する程度とし、曇雨天日は極力少なくする。夜間に水分が多いと、徒長や病気発生の原因となるため、夕方には表面のバーミキュライトが乾く程度とする。

肥料が切れてくると、まず子葉の色が淡くなってくるため、子葉の色を観察しながら追肥のタイミングを判断する。追肥は、窒素成分で100〜150ppm程度の液肥を、朝の灌水代わりにたっぷり施用する。

ハウス育苗の場合、本葉が2枚になったらハウスの外に出して外気に慣らし、ガッチリした強い苗に仕上げる。播種後25日程度経過し、本葉が2・5〜3枚になったら定植適期である。

(2) 定植のやりかた

元肥は窒素成分で10a当たり8〜11kg程度を目安とし、品種特性により施用量を加減する。緑肥のソルゴーや堆肥による土つくりを行なった場合、キャベツを栽培する際に、それらに含まれるカリ成分を再利用できる。通常は窒素とカリを同程度含んだV型肥料を利用するが、これらの場合、カリ含量の低いL型肥料を利用でき、施肥コストの削減が可能となる。

ウネ間60cmの単条栽培を基本とし、元肥を全面に施用してしっかり混和した後、ウネ間60cmでウネをつくる（図4）。排水性が悪い圃場ではウネ間120cmの2条栽培とし、ウネをなるべく高くする。ウネ立て後に降雨があると、ウネの表面が硬くなり、定植作業がしにくくなるため、なるべく定植当日にウネ立てする。

品種特性に応じ、株間27〜30cm、10a当たり5400〜6000株程度で定植する。定植株数が多い場合、移植機を利用すると省力的であり、歩行型の全自動移植機の場合、10aを90分程度で定植できる（図5）。定植後に根鉢の一部が露出している状態だと、根鉢が乾燥してしまい、活着不良や生育ムラの原因となるため、なるべく深く定植する。

植え付けの深さは、子葉が土壌に埋まる程度を目安とし、深くなった場合でも心葉が土壌から出ていれば大丈夫である。

表6　施肥例　（単位：kg/10a）

	肥料名	施肥量	成分量		
			窒素	リン酸	カリ
元肥	苦土石灰	100			
	BBB 元肥（14-6-12）	80	11.2	4.8	9.6
追肥（1回目）	BBB 元肥（14-6-12）	40	5.6	2.4	4.8
（2回目）	BB あつみ追肥（16-2-15）	60	9.6	1.2	9.0
（3回目）	BB あつみ追肥（16-2-15）	40	6.4	0.8	6.0
施肥成分量			32.8	9.2	29.4

図4　キャベツの定植方法

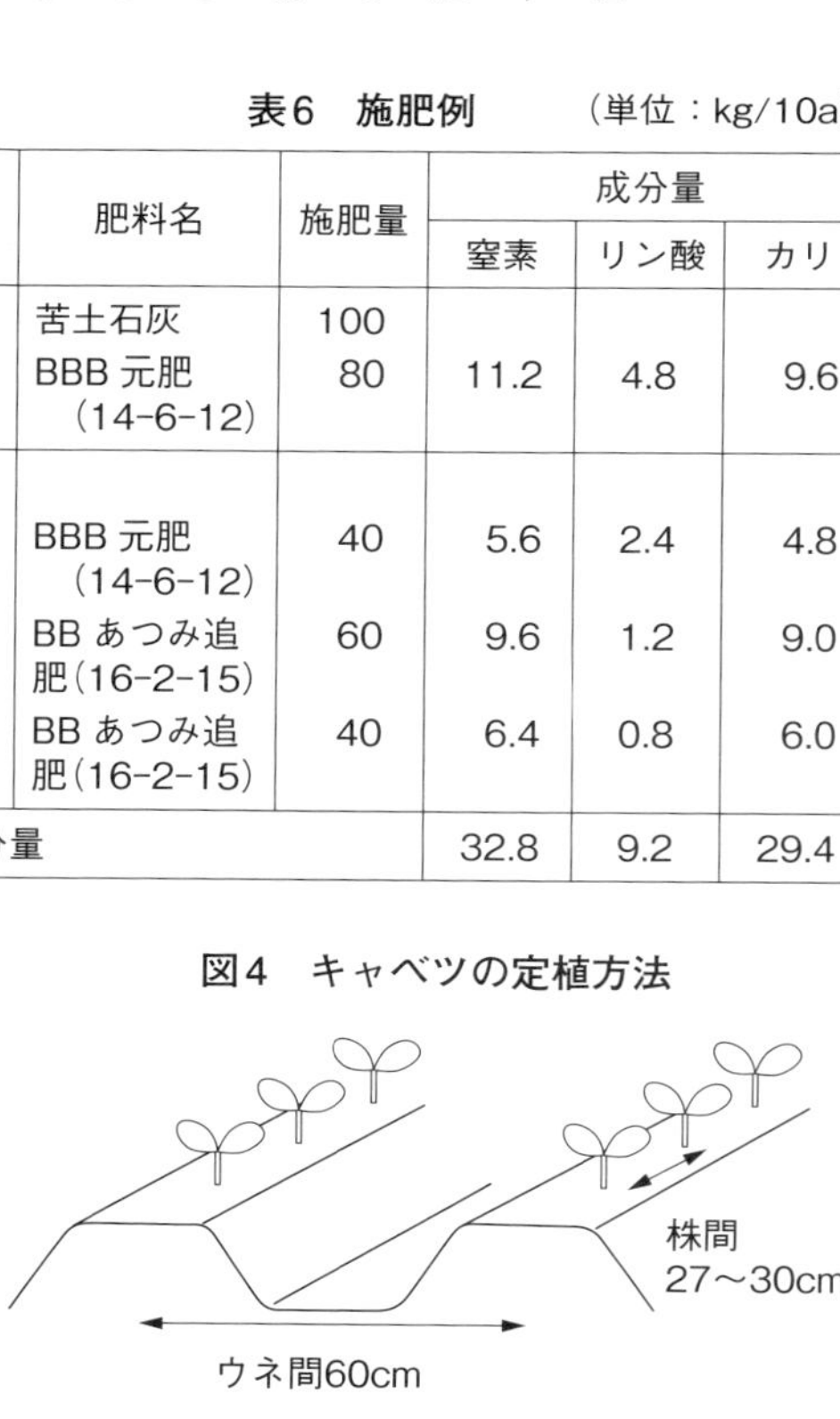

(3) 定植後の管理

定植後、すぐに降雨が見込まれる場合を除き、スプリンクラーなどを利用して灌水し、株元の土壌を落ち着かせるとともに、植え傷みの防止や早期活着を促す。灌水は、通路部分に水が浮いてくる程度を目安に、たっぷり行なう。保水性が悪い圃場で、その後も晴天が続く場合、状況に応じてさらに2日程度は軽く灌水して活着を促す。

図5　全自動移植機による定植

定植2週間後と4週間後前後に、窒素成分で10a当たり5～6kg程度の追肥を施用する。あわせて、除草を兼ねて管理機により中耕し、株元に土寄せをする。栽培面積が大きい場合、乗用管理機を利用すると、作業時間の短縮と軽作業化に効果的である（図6）。

その後、生育状況を確認しつつ、必要に応じて追肥する。肥切れしだすと心に近いほうの葉色が淡くなるため、圃場全体の色ムラが発生しだしたら肥切れのサインである。

図6　乗用管理機による追肥・中耕

(4) 収穫

結球内部が充実し、玉が硬く締まってきたものから順次収穫する。残す葉を結球部と一緒に手で押さえ、すぐ下の葉を包丁を持った手で押し下げ、その間の茎を包丁で切断する。

気温が高い時期に収穫する作型は、収穫時期の生育量が多く、適期も短いため、収穫遅れにならないように注意する。また、厳寒期に収穫する作型は、収穫時期の生育量は少ないものの、収穫時期を迎えたキャベツの耐寒性は低くなり、凍霜害が発生しやすくなるため、適期収穫に努める。

4 病害虫防除

(1) 基本になる防除方法

根こぶ病は、一度発生してしまうと連作により土壌中の菌密度が高まり、年々発生程度が重くなる。このため、排水性改善やpH矯正、ネビジン粉剤などの利用により、発生させないことが重要である。

表7　病害虫防除の方法

	病害虫名	防除法
病気	根こぶ病	・排水が悪い圃場や土壌水分が多い圃場で発病が多くなるため，表面排水を促すとともに，土つくりや深耕により透水性を改善する ・pH7.2を目標に酸度矯正する ・酸度矯正にミネカルなどの転炉スラグを利用すると，その効果が数年維持され，効果的に発生を抑えることができる ・ネビジン粉剤，フロンサイド粉剤，オラクル粉剤などの薬剤を散布し，しっかり土壌と混和する ・土壌水分が高く，混和ムラが懸念される場合は，定植前にオラクル顆粒水和剤またはランマンフロアブルをセルトレイに灌注すると，初期感染の抑制に効果的 ・根こぶ病抵抗性品種の利用 ・夏季にヘイオーツ，おとり大根などのおとり作物を栽培し，土壌中の菌密度を低下させる（ネビジン粉剤を利用している圃場では効果がでにくい） ・トラクターなどの作業後はしっかり洗浄し，他の圃場に蔓延するのを防ぐ
	萎黄病	・萎黄病抵抗性品種の利用
	黒腐病	・クプロシールド，カスミンボルドーにより，予防中心の防除 ・上記薬剤は結球部に薬害が発生しやすいため，結球初期までの使用とする ・雨と風が強いと広がりやすいため，台風などの前後に防除
	菌核病	・定植後の早い段階で，パレード20フロアブルを散布すると，初期感染防止に効果的 ・ウネの上部が外葉で覆われるころから，カンタスドライフロアブル，ベンレート水和剤，ファンタジスタ顆粒水和剤などで防除する ・多発した場合，ミニタンWGを処理することで子のう盤形成を減少させ，次作以降の発生抑制に効果的
害虫	ハイマダラノメイガ	・育苗初期にプリンス粒剤またはミネクトデュオ粒剤を散布し，初期の食害を確実に防ぐ ・高温期に心葉に寄生，食害するため，定植後も定期的な防除を行なう
	シロイチモジヨトウ	・卵塊で産卵され，孵化直後の若齢幼虫のうちは集団で行動するため，その間に発見，除去する ・グレーシア乳剤，ブロフレアSC，ディアナSC，アニキ乳剤，コテツフロアブルなどで防除する
	ハスモンヨトウ	・卵塊で産卵され，孵化直後の若齢幼虫のうちは集団で行動するため，その間に発見，除去する ・グレーシア乳剤，ブロフレアSC，マッチ乳剤，プレバソンフロアブル5，トルネードエースDFなどで防除する
	コナガ	・薬剤抵抗性がつきやすいため，同じ系統の薬剤を連用せず，ローテーション防除に努める ・密度が高くなってからの薬剤散布では効果が劣るため，早めに防除する ・他の害虫と比べ，低温になっても発育，活動を継続するため，冬になっても発生状況に注意し，状況により防除する ・グレーシア乳剤，ブロフレアSC，ディアナSC，BT剤，アファーム乳剤，リーフガード顆粒水和剤などで防除する ・面的にまとまった圃場では，交信かく乱剤のコナガコンの利用が効果的 ・増殖場所を減らすため，収穫終了後は速やかにすき込むとともに，再生株も放置しない
	アブラムシ類	・玉の内部に入ると防除困難なため，早めに防除する ・コルト顆粒水和剤，ウララDF，スタークル顆粒水溶剤などで防除する

生育前半は黒腐病を対象に、無機銅剤による予防に力点を置く。外葉が大きくなり、ウネ表面を覆うころから菌核病の感染が増えるため、そのころから菌核病の防除を重視する。

同じチョウ目害虫でも、増殖しやすい温度帯が違うため、ハイマダラノメイガ、シロイチモジヨトウ、ハスモンヨトウ、コナガの順に発生のピークがずれていく。一部の薬剤を除き、害虫ごとに効果的な薬剤が変わるため、発生している害虫に効果的な薬剤を選定する。また、多発してからでは防除効果が低くなりがちなため、発生初期の防除が大切である。

(2) 農薬を使わない工夫

育苗ハウスの開口部に1㎜目合い程度の防虫ネットを張ることで害虫の飛び込みを防ぎ、被害を減らすことができる。ただし、キャベツの生育適温より気温が上昇する時期の育苗であり、防虫ネットを張ることにより風通しが悪くなるため、ハウス内温度が高くなりすぎないように注意が必要である。

図7　黒腐病が多発したキャベツ畑

ハスモンヨトウ、シロイチモジヨトウ、オオタバコガなどは夜間を中心に活動し、ヤガ類に分類される。このため、育苗場所などに黄色防蛾灯を設置して夜間に点灯することにより、ヤガ類の活動が抑制され、被害を抑えることができる。

根こぶ病の病原菌は中性から酸性側の土壌で活発に活動し、発病が多くなる。一方、アルカリ側では活動しにくく、pHが7・2以上になると発病が少なくなるため、pH7・2を目標に酸度矯正をする。酸度矯正には一般的に炭酸苦土石灰などの石灰資材が利用されるが、転炉スラグを利用することで効果的に発生を抑えることができる。砂質土壌のpHを1上昇させるのに、10a当たり0・5~1tと多量の転炉スラグを施用する必要があるが、その効果は長く続き、数年にわたって適正なpHを維持することができる。

5 経営的特徴

直接経費である種苗費、肥料費、薬剤費の合計は10万円弱であり、その他の経費は出荷方法や機械装備により変わってくる。経営指標は3ha程度の大規模経営で、農協出荷を前提としたものである（表8）。あまり機械装備を持たず、直接販売するような場合は、経費が少なくなり、所得金額や所得率も高くなる。

（執筆：森下俊哉）

表8　夏まき秋冬どり栽培の経営指標

項目		
収量（kg/10a）		6,500
単価（円 /kg）		90
粗収入（円 /10a）		585,000
経営費	種苗費（円 /10a）	34,500
	肥料費	25,000
	薬剤費	28,600
	農具・諸材料費	4,000
	動力光熱費	8,800
	修繕費	20,100
	減価償却費	51,000
	出荷経費	221,000
	地代・土地改良費	8,000
	その他	11,000
	合計	412,000
農業所得（円 /10a）		173,000
労働時間（時間 /10a）		90

秋まき春どり栽培

1 この作型の特徴と導入

(1) 作型の特徴と導入の注意点

秋まき春どり栽培は、10月から11月中旬にかけて播種を行なう。収穫時期により定植時期が異なり、3月から4月中旬に収穫するためには年内定植、4月下旬から5月に収穫するためには1月から3月にかけて定植する（図8）。

キャベツは緑植物春化型植物で、一定以上に育った苗が低温に長期間遭遇すると花芽分化し、その後の高温、長日条件で抽台、開花する。この生理的特性を回避した栽培が求められる。

10月から2月までは気温低下期にあたり、生育は緩慢となるが、3月以降は気温上昇期となるため、急速に生育が進む。この気象条件にあわせて生育が進み、病害虫が発生するため、それぞれの時期にあった栽培管理を行なう必要がある。

また、キャベツの生育限界温度は5℃といわれており、一般的には暖地や温暖地に適する作型である。

(2) 他の野菜・作物との組合せ方

4月までに収穫が終了する作型では、後作にスイカ、カボチャなどのウリ科野菜や、トマト、ナス、キュウリ、ピーマンなどの果菜類が栽培できる。5月以降に収穫が終わる作型であれば、トウモロコシ、エダマメ、オクラ、モロヘイヤなどを作付けできる。コマツナ、ホウレンソウの葉物野菜やコカブ、ニンジンなどの根菜類は、年内収穫する作型であれば夏から秋にかけて栽培できる。

秋まき春どり栽培の年内定植までにダイコンやキャベツが収穫できれば、ウリ科野菜の夏1作、年内どりダイコンもしくはキャベツと春どりキャベツの冬2作を合わせて年3作の作付けを行なうことも可能である。

図8　キャベツの秋まき春どり栽培　栽培暦例

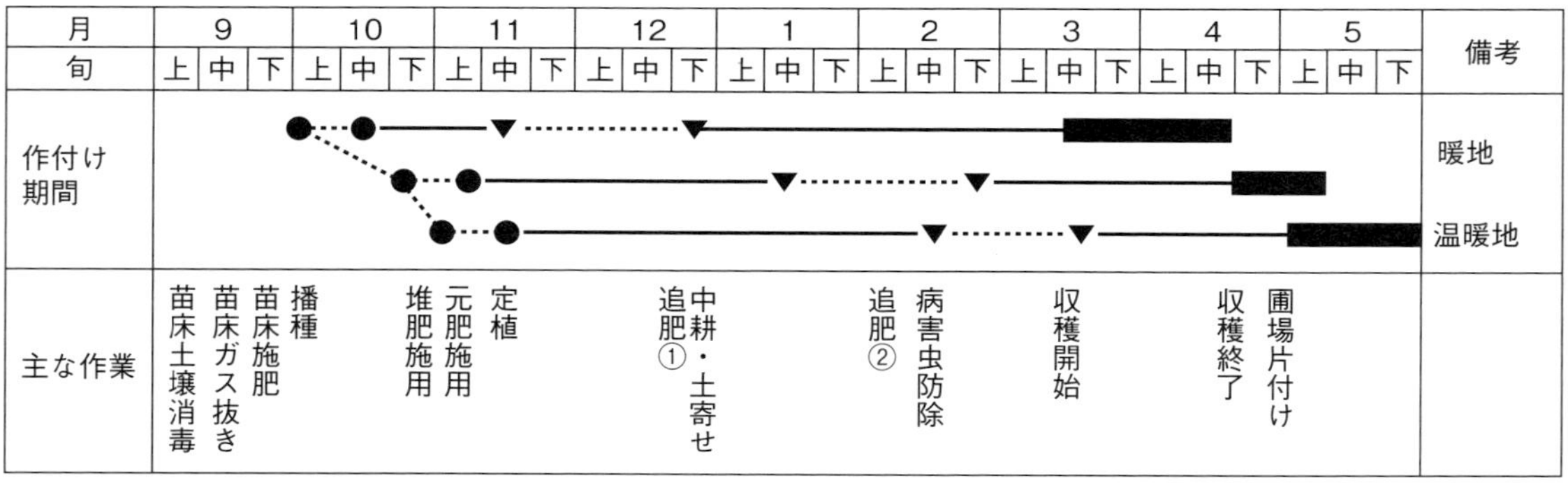

●：播種，▼：定植，▬：収穫

2 栽培のおさえどころ

(1) どこで失敗しやすいか

①育苗期

土壌消毒期間が短かったり、ガス抜きが不十分だと発芽不良を引き起こす。再播種するには気温が低く、苗の確保が困難となるので注意する。肥切れや病害虫の発生は生育不良の原因となる。液肥や早期防除でしっかりと対応する。

図9　秋まき春どりキャベツの栽培風景

②播種および定植期

播種や定植を早めた場合、生育が進み過ぎて厳寒期に寒害を受けたり、春先に抽台を起こして収穫できない場合がある。収穫期を前進化させるためには作型を変える必要がある。とくに温暖な地域を除き、極端な早播きは避け、適した作型で栽培することが重要である。

③生育期

鳥獣により被害を受けることがある。対象鳥獣を明らかにして必要な対策を行なう。厳寒期には病害の発生が増え、春先の気温上昇期には害虫の発生が急激に増加する。圃場での観察を怠らず、早期防除に努める。

④収穫期

収穫時はキャベツの生育が早いため、収穫適期が短い。とり遅れて裂球すると商品価値を失う。

(2) おいしく安全につくるためのポイント

健全な苗つくり、排水性がよい肥沃な土壌、適正な施肥量、生育に合わせた追肥、病害虫の早期防除、適期収穫を心がけることがポイントである。また、この作型で用いる品種は葉が柔らかく、みずみずしいのが特徴である。おいしさをしっかり出すためには、結球の巻きを緩めに収穫するとよい。巻き過ぎると品質が悪くなるので注意する。

(3) 品種の選び方

この作型に求められる品種特性として、育苗期から生育期にかけて耐寒性が高く、春の気温上昇期からの生育が早い早生性や、花芽分化や抽台が発生しにくい晩抽性を持つことがあげられる（表10）。

栽培できる品種が限られるので品種の選択には留意する。

3 栽培の手順

(1) 育苗のやり方

①地床育苗の準備

日当たりや排水性がよい圃場を選び、土壌病害回避のために薬剤による土壌消毒を行なう。しっかりとガス抜きした後、堆肥などの

表9　秋まき春どり栽培のポイント

	技術目標とポイント	技術内容
育苗の準備	◎育苗圃の選定	・日当たりや排水性がよく，土壌病害が発生していない圃場を選ぶ
		・灌水施設が近くにあるとよい
	◎土壌消毒	・土壌病害回避のために薬剤により土壌消毒する
		・土壌水分が高い状態で薬剤を処理し，ビニール被覆する
	・ガス抜き	・2週間程度被覆後に耕うんし，しっかりとガス抜きする
		・ガス抜きが不十分だと発芽不良となる可能性があるので注意する
	◎施肥，ウネ立て	・堆肥，苦土石灰，化成肥料，農薬などを施用する
		・10a当たりの窒素成分量は5～10kg程度とし，ベッド幅は1m，ウネの高さは10cmとする
		・ガス抜き時に同時に施肥，ウネ立てを行なうこともできる
育苗方法	◎播種	・播種機を用いて条間10cm，株間5cmで播種する
	・水分管理	・播種後はしっかりと灌水を行ない，発芽するまで水分管理に留意する
	・病害虫対策	・播種時に害虫対策や水分保持のために防虫ネットや寒冷紗でベタがけもしくはトンネルがけする
		・発芽後の灌水は控えめにする。過剰灌水は病害の発生要因となる
	◎定植前の管理	
	・根切り処理	・定植前に根切り処理を行ない，発根を促す
	・被覆資材の除去	・定植前に被覆資材を除去し，環境に慣らす
	・病害虫対策	・定植までに農薬の地床灌注を行なう
	◎セル成型苗	・128穴程度のセルトレイを用いて育苗することもできる。ただし，育苗施設と資材が別途必要となる
定植の準備	◎圃場の選定と土つくり	・保肥力や排水性がよく，土壌病害が発生していない圃場を選ぶ
	・圃場の選定	・排水不良の場合，深耕による心土破壊を行なう，もしくは高ウネとする
	・土つくり	・土壌分析を行ない，堆肥や苦土石灰などを施用することでバランスのよい土壌をつくる
	◎施肥	・施肥基準に従って適正量の施肥に努める
		・石灰や苦土の吸収量が多いので，不足しないようにする
定植方法	◎苗の選び方	・定植時は低温のため，小苗より大苗で定植する
		・本葉7～8枚程度，徒長せず，がっちりして大きさの揃った苗を選ぶ
	◎定植	・栽植距離はウネ間50cm，株間35cm，10a当たり約5,700株を標準とする
	・定植方法	・手植えもしくは半自動定植機を用いて定植する
		・手植えの場合，縄や線引きをウネ間と株間方向に引っ張り，交点を定植位置として植える
		・定植はやや深植えとする。浅植えだと強風で回されたり，乾燥の影響を受けて活着が悪くなる。深植えだと株が腐敗することがある
		・定植後に灌水し，寒冷紗などで被覆し，活着後に除去する
	・防除	・定植時の粒剤施用により，定植初期の害虫防除を行なう
定植後の管理	◎追肥1回目	・定植1カ月後を目安に追肥を施用する
	・中耕，土寄せ	・追肥時に雑草防除をかねて，管理機で中耕，土寄せを行なう
	◎病害虫防除	・厳寒期には菌核病などの病害が増加する
		・春の気温が高くなる時期にはコナガなどの害虫が増加する
		・圃場での観察をしっかりと行ない，早期発見，早期防除に努める
	◎追肥2回目	・外葉の大きさなど生育状況を見て結球初期までに2回目の追肥を施用する
	◎鳥獣害対策	・ウサギやイノシシなどの哺乳類，ヒヨドリやカラスなどの鳥類により被害を受ける可能性がある
		・侵入防止柵や防鳥網の設置など地域にあわせた対策を講じる
収穫	◎適期収穫	・手で触って内部の詰まり具合を確認し，適期で収穫する
		・収穫は拾いどりする
		・春先は気温が高くなり，生育が早いため，収穫遅れにならないように注意する
	・収穫，調製方法	・株を引き抜き，包丁で茎を切断，結球部に外葉を2枚程度残して除去し，茎の切り戻しを行なう
		・葉の間に土が入っている場合は水に沈めて取り除く
	・残渣	・残渣は葉を切断しておくと乾きが早い

土壌改良資材や肥料、農薬などを施用して耕うん、ウネ立てする。10a当たりの窒素成分量は5～10kg程度とし、ベッド幅は1m、ウネの高さは10cmとする。

②播種

播種機などを用いて、条間10cm、株間5cmで播種する。播種後は灌水し、害虫対策や水分保持のために防虫ネットや寒冷紗を用いてベタがけ、もしくはトンネルがけを行なう。発芽するまでの水分管理には留意する。

表10　秋まき春どり栽培に適した主要品種の特性

品種名	販売元	早晩性	草姿	球形	球重
金系201号	サカタのタネ	極早生	やや開	腰高	1.4kg
金系201号EX	サカタのタネ	極早生	やや開	腰高	1.4kg
中早生2号	サカタのタネ	中早生	やや開	扁円	1.4kg

注）販売元のホームページなどから一部改変して引用

③発芽から定植までの管理

過剰な灌水は病害の発生要因となるため、発芽後の灌水は控えめにする。定植前に被覆資材を除去し、栽培環境に慣らす。また、根切り処理を行ない、発根を促す。適宜観察して病害虫の早期防除に努めるとともに、定植までに農薬の地床灌注を行なうとよい。

④セル成型育苗

128穴程度のセルトレイを用いて育苗することもできる。ただし、育苗施設と資材が別途必要となる。また、水分管理や定植前の順化などの作業も必要である。

(2) 定植のやり方

①圃場の準備

定植の1カ月前に堆肥や苦土石灰などを施用し、定植の1週間前までに元肥施肥を行なう（表11）。平床でもよいが、排水対策のために10cm程度の高ウネにしてもよい。

②定植

定植時は低温のため、小苗より大苗で定植する。苗は本葉7～8枚程度、罹病や徒長していないがっちりとした大きさの揃った苗を選ぶ。栽植距離はウネ間50cm、株間35cmを標準とし、手植えもしくは半自動定植機で定植する。手植えの場合、縄や線引きを用いて定植位置に印を付け、植穴に殺虫剤の粒剤処理を行なうと定植するときに位置がわかりやすい。定植はやや深植えとする。浅植えだと株が強風で回されたり、乾燥の影響を受けて活着が悪くなり、深植えだと腐敗することがある。定植後には必ず灌水を行ない、寒冷紗などで被覆して活着後に除去する（図10）。

(3) 定植後の管理

①追肥1回目、中耕、土寄せ

定植1カ月後を目安に追肥を施用する。追肥時に雑草防除をかねて、管理機で中耕、土寄せを行なう。

②追肥2回目

外葉の大きさなど生育状況を見て、結球初期までに2回目の追肥を施用する。外葉が大

表11　施肥例　（単位：kg/10a）

	肥料名	施肥量	成分量		
			窒素	リン酸	カリ
元肥	堆肥	1,000			
	苦土石灰	100			
	複合燐加安555号（15-15-15）	67	10	10	10
	ハイマグB重焼燐（0-35-0）	46		16	
	硫酸カリ（0-0-50）	12			6
追肥	NK化成2号（16-0-16）	88	14		14
施肥成分量			24	26	30

きくなると追肥がしにくくなり、作業性が悪い。

③鳥獣害対策

ウサギやイノシシなどの哺乳類、ヒヨドリやカラスなどの鳥類により鳥獣被害を受ける可能性がある。侵入防止柵や防鳥網の設置など、地域の実情にあわせた対策をとる（図11）。

図10　定植後に寒冷紗を被覆して活着を促進

(4) 収穫

収穫は拾いどりとし、手で触って内部の詰まり具合を確認して適期で収穫する。春先は気温が高くなり、生育が早いため、収穫遅れにならないように注意する。包丁で茎を切断、結球部に外葉を2枚程度残して除去し、茎の切り戻しを行なう。葉の間に土が入っている場合は水に沈めて取り除く。

4 病害虫防除

(1) 基本となる防除方法

育苗期は苗立枯病や根朽病の発生がみられる。土壌病害を回避するためにも播種前に苗床の土壌消毒はしっかりと行なう。

生育期は気温低下期に当たるため、害虫の発生は少なくなる。年内に防除を行なうこと

表12　病害虫防除の方法

	病害虫名	主な発生時期	被害症状	薬剤防除
害虫	コナガ	生育期～収穫期	葉に寄生して表皮を残して食害する	・アファーム乳剤 ・スピノエース顆粒水和剤
害虫	アオムシ，ヨトウムシ類	生育期～収穫期	葉に寄生して食害する	・アファーム乳剤 ・ディアナSC
害虫	アブラムシ類	生育期～収穫期	吸汁により葉の縮れやウイルス病を媒介する	・モスピラン顆粒水溶剤 ・ウララDF
害虫	アザミウマ類	生育期～収穫期	葉に寄生して吸汁することでかすり状の白斑を生じる	・モスピラン顆粒水溶剤 ・カスケード乳剤
病気	苗立枯病	育苗期	苗の地際から褐変して萎れや枯死する。高温多湿条件下で発生しやすい	・フロンサイド粉剤 ・バスアミド微粒剤
病気	根朽病	育苗期	苗の地際が水浸状となり，くびれて萎れや枯死する	・ベンレート水和剤 ・ダコニール1000
病気	べと病	育苗期～生育期	葉に褐色の丸い斑点が生じ，多角形の病徴を示す	・ヨネポン水和剤 ・ランマンフロアブル
病気	菌核病	生育期～収穫期	下葉基部に水浸状病斑を生じ，葉の萎れや結球部が腐敗する。ネズミ糞状の菌核を形成	・アミスター20フロアブル ・ロブラール水和剤 ・ミニタンWG
病気	黒斑細菌病	育苗期～収穫期	葉に黒褐色の小斑点が生じ，次第に拡大する	・Zボルドー

注）2022年3月現在の登録情報に基づき記載，倍率などの使用法は販売元や農薬登録情報提供システムなどのホームページを参照のこと

で生育期の害虫は抑えられる。一方、厳寒期には菌核病が増加し、春の気温上昇期にはコナガなどの害虫が増加する。圃場での観察を徹底し、早期発見、早期防除に努める。

菌核病は、罹病残渣のすき込みにより翌年度も発生が助長される恐れがある。発生が確認された圃場は作付けを控えたり、微生物農薬の施用により対処する。

図11　鳥獣害対策として防鳥網を被覆したキャベツ

(2) 農薬を使わない工夫

キャベツは農薬を使用しないで栽培することはむずかしいが、農薬の使用量を減らす工夫はできる。育苗期には防虫ネットや寒冷紗などを被覆し、物理的に害虫を防除する。また、性フェロモン剤の利用によるチョウ目害虫の密度抑制や蛍光灯、ＬＥＤなど黄色光源による夜行性ヤガ類に対する忌避なども効果がある。ＢＴ剤による生物的防除法も利用できる。

表13　秋まき春どり栽培の経営指標

項目	
収量（kg/10a）	5,500
単価（円 /kg）	111.5
粗収入（円 /10a）	613,250
経営費（円 /10a）	276,009
物財費	92,653
種苗費	13,200
肥料費	28,393
農薬費	18,264
諸材料費	4,121
施設費	3,181
農機具費	21,278
光熱水費	4,216
出荷費	183,356
出荷資材費	79,750
出荷運賃	38,560
出荷手数料	65,046
農業所得（円 /10a）	337,241
時間当たり所得（円 / 時間）	2,858
労働時間（時間 /10a）	118

注）「神奈川県作物・作型別経済性標準指標（2017）」より引用

5 経営的特徴

この栽培の経営指標は表13のとおり。キャベツ栽培の中でも病害虫の発生が比較的少なく、花芽分化や抽台を回避できれば容易に取り組むことができる。基本的に施設は必要ない。作業時間は主に定植と収穫が大部分を占めるが、収穫適期が短いため、収穫作業に労力が集中する。

近年、地球温暖化により暖冬の年が増えており、本栽培では収穫期が前進化する傾向がある。一定期間に収穫量が急増すると単価が下がり、農業所得が減少して農家経営に悪影響を及ぼすことがある。契約出荷など多様な販売経路を確保してリスク分散を図る。

（執筆：太田和宏）

寒玉系4～5月どり栽培

1 この作型の特徴と導入

(1) 作型の特徴と導入の注意点

キャベツの寒玉系4～5月どり栽培は、主に8月に播種し、冬に結球したキャベツを4月まで圃場に置いて収穫する夏まき4月どりの作型と、10～11月に播種し、4～5月に収穫する秋まき4～5月どり作型の、大きく2つに分けられる。キャベツは一定以上の大きさに育った状態で低温に遭遇すると花芽分化し、その後の高温・長日により抽台する。この作型はとくに抽台の危険性が高く、栽培しにくい作型である。また、秋まき作型は冬季温暖な暖地でしか栽培できず、適地と栽培品種を選び、適期に播種・定植することが重要となる。導入の際は、中間地（年平均気温12～15℃）と暖地（15～18℃）に分け、栽培可能な作型を理解する必要がある。

(2) 他の野菜・作物との組合せ方

夏まき4月どり作型では栽培期間が9～4月の長期となり、前作に水稲が作付けできないが、後作に夏野菜（トマト、ナス、ピーマン、キュウリなど）を栽培することは可能である。また、秋まき4～5月どり作型では、前作に12月どりレタスの栽培が可能で、レタス栽培後のマルチトンネルをキャベツ栽培に再利用することで、栽培コストを抑えた寒玉系キャベツの4～5月どり栽培に取り組むことができ、水稲、レタス、キャベツの輪作ができる。

2 栽培のおさえどころ

(1) どこで失敗しやすいか

播種・定植時期　夏まき作型では、播種、定植が遅れると花芽分化をして、抽台することにより結球に必要な葉数が確保できずに、充実した球に生長しない。秋まき作型では、収穫を早めるために播種、定植日を早めると冬の間に生育が進み過ぎ、抽台を起こす。また、チャボ玉と呼ばれる、外葉が発達せず早期に小玉に結球する障害や尖り玉などの変形球、凍害に起因する細菌性の腐敗、チップバーンが発生する。商品性のあるキャベツを収穫するためには、地域に適した播種、定植日を厳守する必要がある。

被覆時期　秋まき作型で5月上旬収穫を狙うには、不織布によるベタがけ保温が必要であるが、早期出荷を狙い、定植直後の早期から被覆を開始すると、前記と同じ理由により抽台などによる不良球が発生しやすいので、早期から被覆しないようにする。

(2) おいしく安全につくるためのポイント

生育を早めるための過剰な施肥や播種、あるいは定植の早期化により病害の発生を助長することがある。スムーズな生育と安定した収量、品質を確保するためには、排水対策の徹底、完熟堆肥の散布、ソルゴーなど緑肥のすき込みにより、地力と土壌の物理性を改善

図12　寒玉系キャベツ4～5月どり栽培　栽培暦例

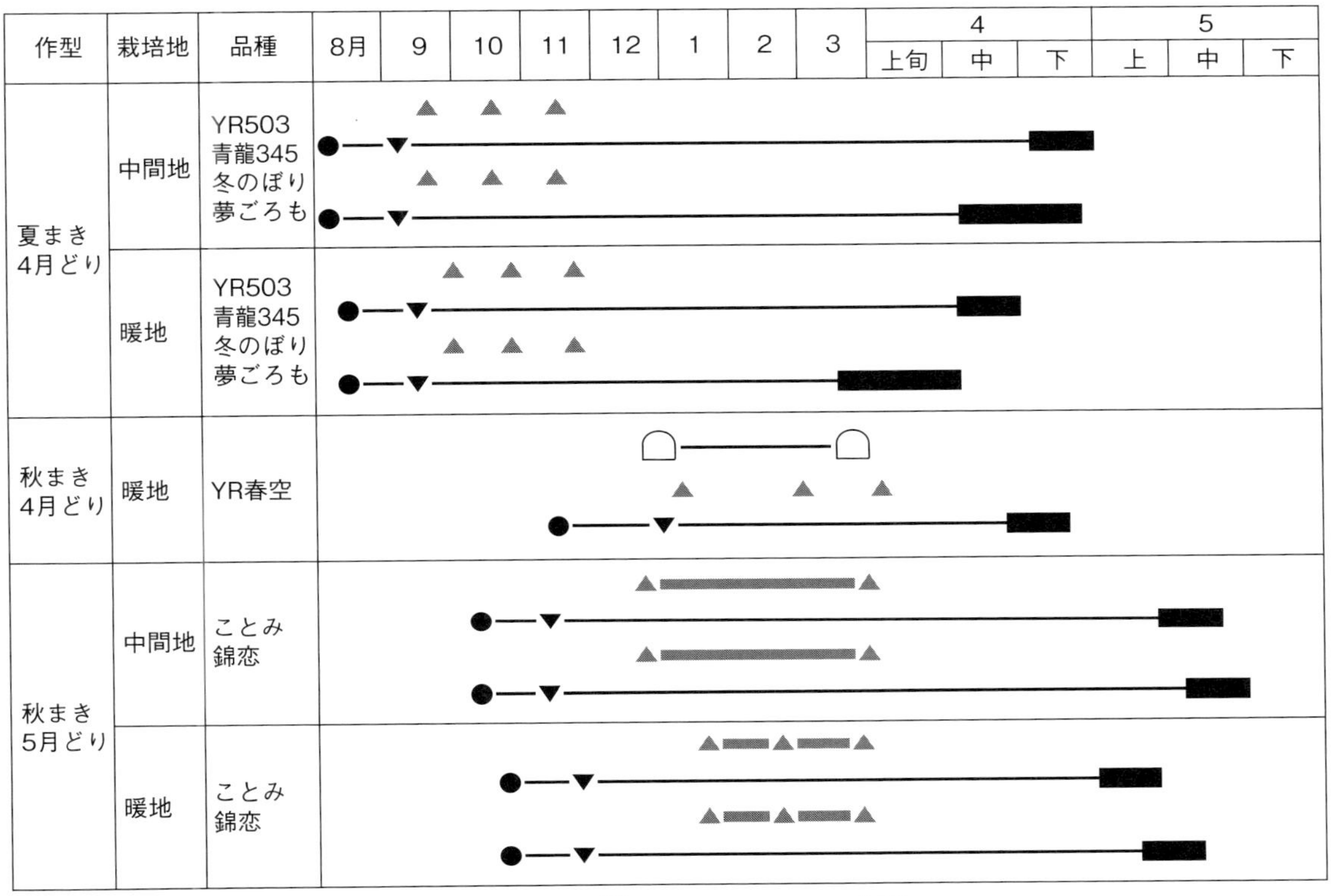

●：播種，▼：定植，▲：追肥，▬：ベタがけ，⌒：トンネル，■：収穫

することが重要であり、これらは減農薬につながる取り組みといえる。また、秋まき作型については収穫適期が短いので、収穫適期を逃さないことが良食味キャベツ栽培のポイントである（表14）。

(3) 品種の選び方

夏まき作型では晩抽性と在圃性に優れ、低温耐性のある晩生品種を選定する。冬季の凍傷害に起因する細菌性の腐敗や結球内部の黒変が少ないことが、加工・業務用需要に応えるためにも必須条件である。一方、秋まき作型では晩抽性に加えて、結球の早生性が求められる。作型は大きく分けて2つあり、本作型に適する品種栽培方法を以下に示す（図12）。

①晩抽性の晩生品種を利用した夏まき4月どり作型

品種　8月上旬に播種し、冬の低温期に入るまでに八分ほどまで結球させ、3月には収穫期に達したキャベツを4月まで収穫延長する作型である。極めて強い晩抽性と低温耐性、裂球しないことが品種に求められる。品種は、'YR503'、'青龍345'（以上、石井育種場、図13）、'冬のぼり'（野崎採種

表14　寒玉系4～5月どり栽培のポイント

	技術目標とポイント	技術内容
定植の準備	◎圃場の選定と土つくり	
	・圃場の選定	・排水性，保水性，日当たりがよい圃場を選定する
	・土つくり	・完熟堆肥を施用し，可能であれば深耕する
	◎施肥基準	・土壌酸度の確認。土壌pHが低い場合はアルカリ性の土壌改良剤（苦土石灰120kg/10a）を散布し，pHを6.0～6.5に調整する
		・水田（灰色低地土）の場合は窒素施肥量は総量で35kg/10a，畑地（黒ボク土）の場合は20kg/10aを目安に施肥する。元肥は窒素量で10kg/10aを目安とし，残りを2～3回に分けて追肥する
	◎整地，ウネ立て	・ウネ幅60cm（1条植え）～135cm（2条植え）にウネ立てをする
		・根こぶ病の多発圃場では整地前にフロンサイドSCなどの薬剤で土壌消毒する
育苗方法	◎播種の準備	・128穴セルトレイに，市販の育苗培土を均一に充填する
	・ハウス育苗，トンネル育苗	・育苗トレイは地面から離して並べ，根への通気に配慮する
	◎播種作業	・コート種子専用の播種板を使うことで省力化できる
	・播種時の灌水量	・播種後の1回の灌水量はセルトレイの下穴から水が出るまでに留め，灌水しすぎないようにする
		・発芽後の苗出しは高温の時間帯を避け，徒長させないようにする（とくに8月上旬播種では苗出し後の高温による枯死が発生しやすい）
	◎健苗育成	・決められた播種日，定植日を守る
	・病害虫防除	・高温期（8月上旬播種）のハウス育苗は徒長しやすいので，矮化剤（スミセブンP液剤）を利用することで徒長を抑制できる
		・育苗期にセルトレイに散布，灌注できる薬剤を使用し，根こぶ病，虫害を予防する
定植方法	◎定植	・本葉5葉を基準にセルトレイから抜けるようになった若苗を定植する（育苗期間約30日）
		・根鉢の表面が浅く隠れる程度に定植し，深植えにならないように注意する（深植えにすると株が腐敗することがある）
		・条間60cm（1条植え）または40cm（2条植え），株間35～40cmの栽植密度を目安に定植する
		・レタス栽培後のマルチに定植する場合は追肥する位置のウネ表面部分のみマルチを切るか，くちばし型のアルミ製追肥器具でウネの側面から穴肥として，元肥，追肥を施用する
	◎活着確保	・定植後，十分に灌水し活着を促進する
定植後の管理	◎追肥1回目	・定植後1カ月を目安に追肥する
	◎ベタがけ被覆	・秋まき作型では1回目の追肥後，パスライトなどのPP不織布で被覆する
		・定植直後の早期から被覆すると球内抽台などの原因となるので行なわない
		・ベタがけ被覆前には除草と病害虫防除を徹底する
	◎病害虫防除	・気温が上昇する春先は菌核病やアブラムシ類，ナメクジ類が多発することがあるので早期防除に努める
	◎追肥2，3回目	・前の追肥から1カ月を目安に2，3回目の追肥を行なう
		・夏まき作型では追肥の間隔を5～10日早め，葉重を確保し，年内に結球させる。また，その後も肥切れしないよう生育状況を見て必要であれば追肥を施用する
	◎灌水	・結球後に乾燥が続く場合は，石灰欠乏症対策にウネ間灌水を行なう
収穫	◎適期収穫	・結球部を上から押さえ，球が硬くなったものから順に収穫していく
		・とくに秋まき作型では収穫適期が短いので，収穫遅れによる裂球に注意する
片付け	◎収穫後の残渣処理	・菌核病や根こぶ病が発生した圃場では収穫後の残渣が次作の病害発生源となるので，圃場外に持ち出す

場）、'夢ごろも'（タキイ種苗）などを使用している。

栽培方法　中間地で8月上旬播種、9月上旬定植、暖地では8月中旬播種、9月中旬定植と地域によって播種・定植時期が異なるが、4月上中旬に収穫できる。栽培期間が長いため、大玉となり、収量が多く、目標収量は7～10t／10aである。

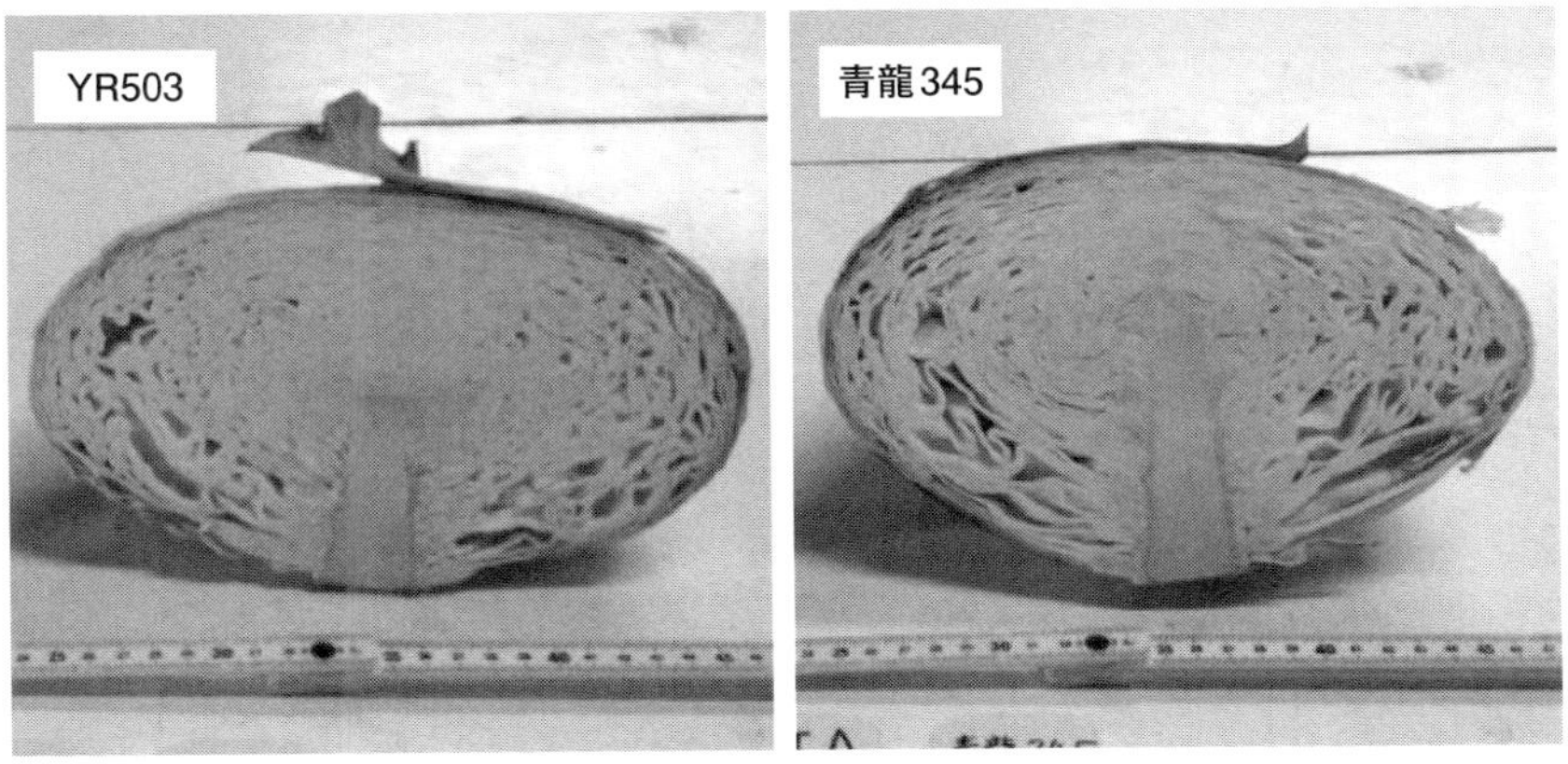

図13　夏まき4月どりキャベツの球の断面の様子（4月中旬収穫）

②晩抽性の早生品種を利用した秋まき4～5月どり作型

品種　10月中旬に播種、11月に定植し、春の生育適温期に一気に結球させ、4月下旬～5月上中旬に収穫する作型である。強い晩抽性と結球肥大の早い早生性を持った寒玉系品種が求められる。品種は'YR春空'（タキイ種苗）、'ことみ'（日本農林）、'錦恋'（トーホク）などを使用している。

図14　レタス後のトンネル・マルチを利用したキャベツの4～5月どり栽培風景

栽培方法(1)　トンネル・マルチを利用した4月どり栽培（図14）　暖地では、レタス後のマルチとトンネル、ビニールを再利用し、コストを抑えた寒玉系キャベツのトンネル栽培が普及している。1作目のレタスを年末に収穫した後、年明けにキャベツを定植する。'YR春空'を11月中旬に播種し、年末～1月上旬に定植することで4月中下旬の収穫が可能となる。兵庫県の栽培例では、マルチはポリエチレンの黒マルチ（130cm幅）でトンネルは農ビ（幅：150cm、厚さ：0.075mm）を使用している。抽台させないように、トンネル被覆は定植時から3月いっぱいは閉めきり、4月上旬に1週間程度裾換気で順化の後、全開にする。

栽培方法(2)　ベタがけを利用した5月どり栽培　中間地では、10月中旬播種、11月中旬定植で年末～3月下旬まで不織布でベタがけを行ない、5月下旬に収穫できる。暖地では10月中下旬播種、11月下旬～12月上旬定植で、1月中旬～3月下旬まで不織布でベタがけを行ない、5月上中旬に収穫できる。

3 栽培の手順

(1) 育苗のやり方

①播種方法

育苗培土は、ピートモス主体の市販品を使用する。未開封の育苗培土でも1年以上経過すると水分が抜け、発芽率の低下につながるため、播種前に十分灌水を行なう。セルトレイに培土を充填し、軽く鎮圧した後、目の粗い、水抜けのよいアンダートレイの上に置き、プラグトレイの底穴から水が抜ける程度を目安に灌水する。培土に水がしみ込むまで静置後、鎮圧ローラーで播種用の穴をあけ、セルの中心にコート種子を1粒播種する。決められた播種日、定植日を守る。秋まき作型での早まき早植えは抽台、チャボ玉の原因となるので注意する。

②播種後の管理

播種後、セルトレイ当たり500mlを目安に灌水し、発芽まで乾かさないようにセルトレイを積み重ね、ビニールなどでくるむ。その間、発芽適温の20℃となるよう保つ。春どり作型の場合、播種が低温期になるので、水稲の育苗器に入れるなどして保温し、発芽揃いをよくすることがポイントである。発芽を確認後、苗出しを行ない、セルトレイをベンチに並べる。苗出しの際、覆土としては撥水しにくいパーライトが便利である。覆土が厚いと、過湿により発芽揃いが悪くなることがあるので注意が必要である。苗出しのタイミングは、播種後1～2日を目安に遅れないようこまめに生育の状態を観察する。とくに夏まき4月どり作型では、苗出し後の高温による枯死が発生しやすいので注意する。トンネル育苗またはハウス育苗により保温を行なう。高温期（8月上旬播種）のハウス育苗は徒長しやすいので、矮化剤（スミセブンP液剤）を利用することで徒長を抑制できる。

灌水は上水（水道水）が望ましく、天候に合わせて1日数回行なう。夕方には培土が乾く程度の灌水とし、気温の低下とともに灌水量は減らしていく。

肥切れしないよう、本葉2枚展葉ころから、窒素成分10％程度の液肥を300～400倍に希釈し施肥する。定植前には外気に慣らす順化を行ない、苗がセルトレイから抜けるようになったら定植する。老化苗は活着不良になりやすく、初期生育が低下するので注意する。育苗日数の目安は、夏まき作型で30日、秋まき作型で30～45日である。定植前には、育苗期にセルトレイに散布、灌注できる薬剤を使用し、根こぶ病、虫害を予防する。

図15　育苗方法の種類とセルトレイの設置

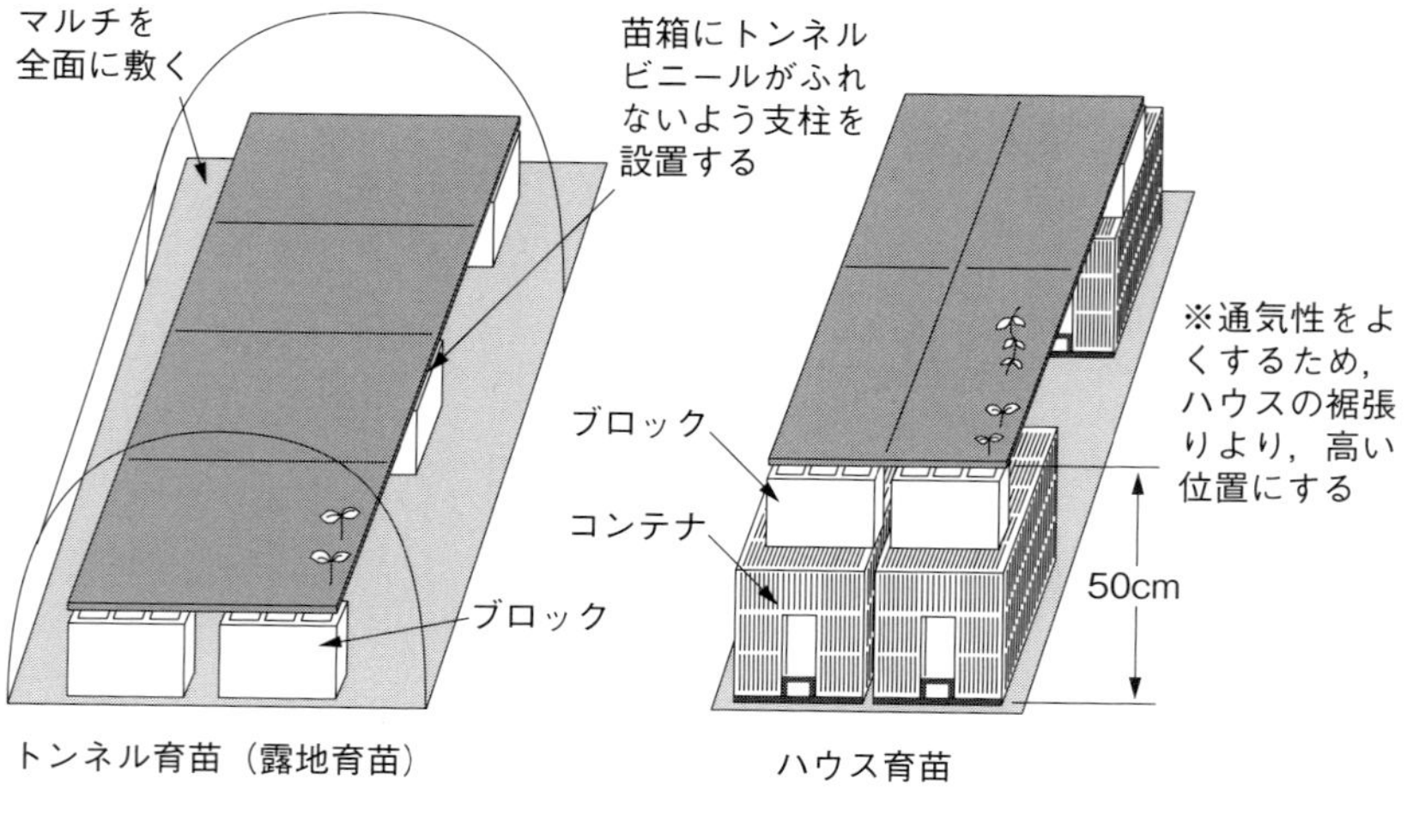

(2) 定植のやり方

本葉4～5葉を基準に、セルトレイから抜けるようになった若苗を定植する。根鉢の表面が浅く隠れる程度に定植し、深植えにならないように注意する。1条植えの場合は、条間60cm、2条植えの場合は条間40cm、株間35～40cmの栽植密度を目安に定植する（図16）。レタス栽培後のマルチに定植する場合は、追肥する位置のウネ表面部分のみマルチを切ってはがすか、くちばし型のアルミ製追肥器具でウネの側面に穴肥として施用する。窒素施肥量は、畑地の場合、総量で20kg／10a、水田裏作の場合は総量で35kg／10aを目安とし、元肥に3分の1、残りを2～3回に分けて追肥する（表15）。定植後、十分に灌水し活着を促進する。

図16　ウネ幅と条数の違い

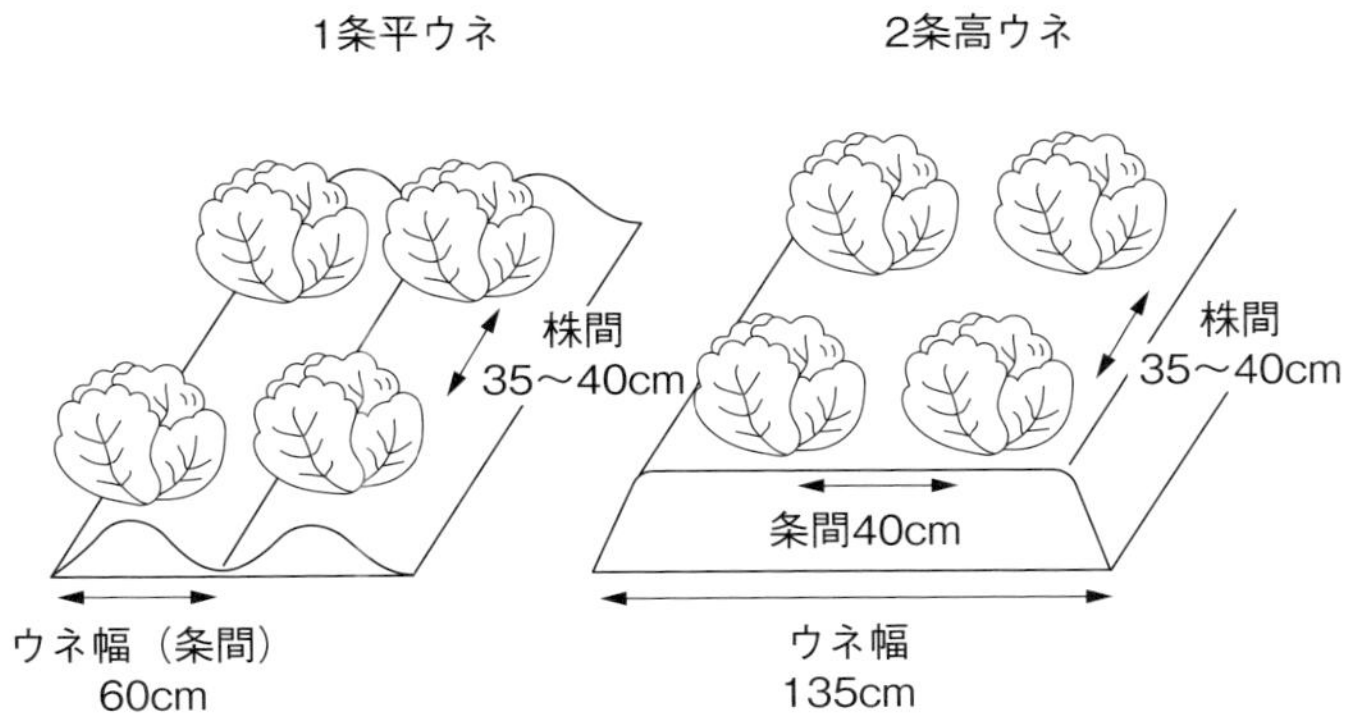

表15　水田裏作での施肥例　（単位：kg/10a）

	肥料名	施肥量	成分量		
			窒素	リン酸	カリ
元肥	牛糞堆肥	2,000			
	苦土石灰	100			
	複合燐硝安カリ	100	15	10	10
追肥（1回目）	複合燐硝安カリ	60	9	6	6
（2回目）	NK化成808	60	10.8	0	10.8
施肥成分量			34.8	16	26.8

注）夏まき作型では生育の状況をみて追肥を3～4回実施する

(3) 定植後の管理

定植後1カ月を目安に、1回目の追肥をする。雑草防除を兼ねて、1条植えでは管理機で中耕・土寄せを、2条植えでは小型の一輪管理機で条間を中耕後、施用する。秋まき作型では1回目の追肥後、保温と鳥害対策を兼ねて、パスライトなどのPP不織布でウネ全体の被覆を行なう。定植直後の早期から被覆すると、球内抽台、変形球、チャボ玉、細菌性の腐敗の原因となるので行なわない（図17）。ベタがけ被覆前には除草と病害虫防除を徹底する。

前の追肥から1カ月間隔を目安に2、3回目の追肥を行なう。2条植えでは可能な限り2回目も条間に追肥を行ない、3回目以降は谷溝に追肥する。追肥後、除草を兼ねて管理機で中耕、土寄せを行なう。

生育後半、秋まき作型では、初期の生育が進みすぎ、冬季の低温に遭遇すると脇芽が発生する場合がある。キャベツの脇芽が伸びると球肥大に悪影響を与えることがあるので、脇芽をかき取る。定植後に乾燥が続く場合は、チップバーン（図17）対策にウネ間灌水を行なう。〝YR春空〟はチップバーンの発生が比較的少なく、〝ことみ〟は発生がみられることがある。

(4) 収穫

収穫は結球部を上から押さえ、球が硬くなったものから順に収穫していく。外葉を2枚程度残し、株元を包丁で切って収穫する。市場出荷の場合はダンボールに詰め、加工・

図17　秋まき作型において早期播種，早期のベタがけ設置で問題となる生理障害，病害

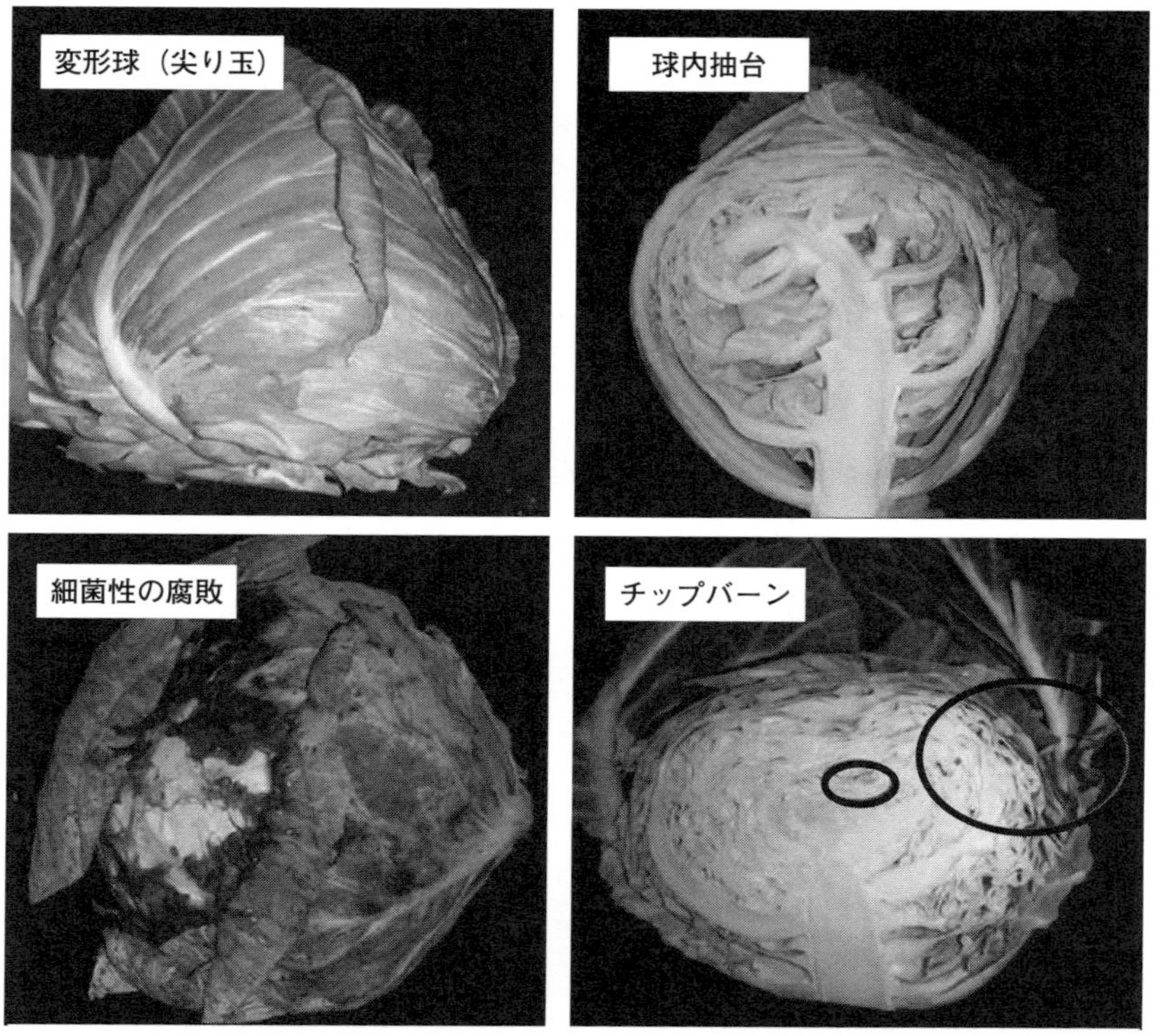

業務用の場合は鉄コンテナに入れて出荷する。とくに秋まき作型では収穫適期が短いので、収穫遅れによる裂球に注意する。目標とするキャベツ1個の重さは1・5kgで目標収量は夏まき作型では7t、秋まき作型では5tである。収穫後に予冷をかけて出荷する。

4　病害虫防除

(1) 基本になる防除方法

定植が早い夏まき作型では根こぶ病が問題になることがあるので、オラクル顆粒水和剤をセルトレイに灌注する。汚染度の高い圃場では、フロンサイドなどを併用する。低温期から春先にかけて菌核病や株腐病が多発することがあるので、結球初期から定期的にアフェットやリゾレックスなどの薬剤を散布する。

　夏まき作型の高温期と秋まき作型の春以降に問題となるコナガは薬剤抵抗性が発達しやすいので、同系統の薬剤は避け、ローテーション散布を心がける。また収穫期の4～5月はアブラムシ類やナメクジ類が発生しやすいので注意して観察し、早期防除に努める（表16）。山際の圃場では、2～4月にヒヨドリによる鳥害を受けやすい。被覆資材を使用しない場合は防鳥ネットの設置が必要となる。

(2) 農薬を使わない工夫

　菌核病は、夏季に湛水できる圃場において、水温20℃で14日以上湛水することで、菌核が死滅し、発生を減らすことができる。また、虫害では苗床を中心に黄色灯を利用して、ハスモンヨトウやオオタバコガの光防除も行なわれている。

表16　病害虫防除の方法

	病害虫名	防除法		適正使用基準
病気	根こぶ病	フロンサイドSC	全面散布土壌混和 500cc/100ℓ	播種または定植前，本田1回
		オラクル顆粒水和剤	200～500倍灌注	定植前，1回
	根朽病	アフェットフロアブル	2,000倍	収穫前日，3回
	菌核病	トップジンM水和剤	1,000倍	収穫3日前，2回
	べと病	ダコニール1000	1,000倍	収穫14日前，2回
	株腐病	リゾレックス水和剤	500～1,000倍	収穫7日前，3回
	黒腐病 軟腐病 黒斑細菌病	バリダシン液剤5 カセット水和剤	800倍 1,000倍	収穫7日前，5回 収穫7日前，3回
害虫	アブラムシ類	ミネクトデュオ粒剤	育苗トレイ1枚40g	播種覆土後～育苗期後半まで，1回
		ベリマークSC	400倍灌注	育苗期後半～定植当日，1回
		アディオン乳剤	2,000倍	収穫3日前，5回
		パダンSG水溶剤	1,500倍	収穫14日前，4回
		モスピラン顆粒水溶剤	4,000倍	収穫7日前，5回
		リーフガード顆粒水和剤	1,500倍	収穫7日前，3回
	コナガ アオムシ ヨトウムシ類	ミネクトデュオ粒剤	育苗トレイ1枚40g	播種覆土後～育苗期後半まで，1回
		ベリマークSC	400倍灌注	育苗期後半～定植当日，1回
		プレオフロアブル	1,000倍	収穫7日前，2回
		トルネードエースDF	1,000倍	収穫7日前，2回
		アディオン乳剤	2,000倍	収穫3日前，5回
		ディアナSC	2,500倍	収穫前日，2回
		アニキ乳剤	2,000倍	収穫3日前，3回
		アファーム乳剤	2,000倍	収穫前日，3回
		フェニックス顆粒水和剤	2,000倍	収穫前日，3回
	ナメクジ類	スラゴ	1～5g/m^2	—
		パダンSG水溶剤	1,500倍	収穫14日前，4回

表17　寒玉系4～5月どり栽培[1)]の経営指標[2)]

項目	
収量（kg/10a）	5,250
単価（円/kg）	100
粗収入（円/10a）	525,000
種苗費（円/10a）	16,331
肥料費	33,239
農薬費	15,606
資材費	9,262
動力光熱費	8,755
農機具費	40,857
施設費	14,411
流通経費	47,799
荷造経費	116,361
管理費[3)]	65,219
農業所得（円/10a）	157,160
労働時間（時間/10a）	88

注1）収穫時期：4月1日～5月10日まで
注2）自家育苗，ダンボール詰め個選JA出荷の試算
注3）租税公課，社会保険料，その他として経費の13%を計上

5　経営的特徴

夏まき作型では、秋まき作型と比べ、トンネルやベタがけなどの被覆にかかる資材費、労力が抑えられるメリットがある。一方、夏まき作型では球が肥大しすぎ、青果として出荷できないことがあるので、加工・業務用としての出荷先も確保しておく必要がある。

寒玉系キャベツの端境期となるため、単価は高値安定で収量も期待できる。粗収入がキャベツ栽培の中では比較的多く、経済的な作型である。ただし、5月中旬以降は市場価格は低下するので、5月上旬までに出荷できるよう、前記の基本的な対策を講じる（表17）。

（執筆：中野伸一）

春まき夏どり栽培

1 この作型の特徴と導入

(1) 作型の特徴と導入の注意点

この作型は、高冷地などの夏期冷涼な気候の地域で栽培が行なわれる。シーズンを通して、キャベツは旺盛な生育をするので、順次播種・定植を行ない、圃場を移動しつつ連続して収穫する栽培計画が立てられるのが特徴である（図18、19）。キャベツは結球しても生長し続けるため、圃場での収穫可能期間は比較的短く、裂球などで品質が落ちる前に収穫しなければならない。そのため、収穫できる量から逆算して、播種・定植する時期や量を計算して栽培することが重要である。

栽培期間は、基本的に、その地域で春の霜の害を受けなくなるころから、晩秋のキャベツが凍結する前までになるが、この作型では、低温から始まり、気温の上昇、梅雨の長雨、盛夏の高温、台風シーズンを経て、気温が下降していくという気象条件の中で栽培が行なわれる。そのため、時期別の品種選定が重要なポイントになる。春から気温が上昇していく場面での適品種、梅雨後にやってくる盛夏の高温でも安定して結球する品種、台風の影響や、夜間の高湿度の耐病性の高い品種を組み合わせて栽培することが必要となる。

この作型では、盛夏期の高温で、軟腐病などの細菌性病害が発生しやすいことから、圃場の環境で栽培の可否が分かれる。例えば、標高300～600m程度の中山間地の場合では、前記した理由で盛夏期の栽培は困難になるため、8～9月収穫の作型は避ける必要がある。

なお、本作型の場合、栽培期間が夏期にかかるため、害虫、病害、雑草の発生が多いことも特徴である。害虫では、コナガやタマナギンウワバ、ヨトウガ、オオタバコガなどのチョウ目害虫やアブラムシ類など、多くの害虫の盛期と重な

図18　キャベツの春まき夏どり栽培　栽培暦例

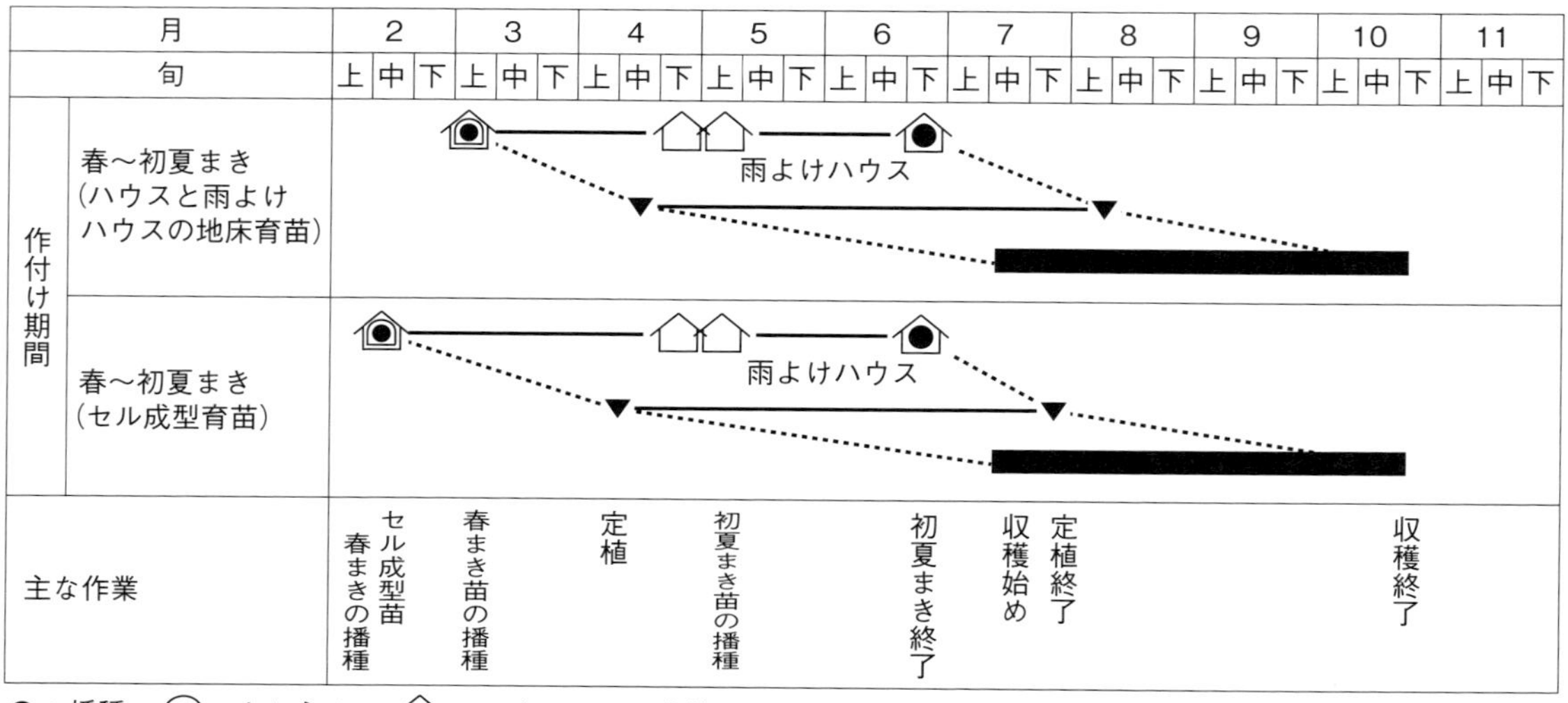

●：播種，◯：トンネル，⌂：ハウス，▼：定植，■：収穫

る。くわえて、栽培期間中は高温であり細菌性病害などが発生しやすい環境になる。そのため、病害虫防除対策は必須であり、効率的に防除をするための準備が必要である。また、根こぶ病を始めとした土壌病害にも注意したい。

(2) 他の野菜・作物との組合せ方

アブラナ科の作物には共通する病害虫が多く、これらの連作や混植により、菌密度や害虫数が増加する。とくに本作型の場合、アブラナ科の連作障害の一つである土壌病害の根こぶ病は、収穫皆無になることがある病害であり、一度発生してしまうと根治はむずかしい。それを防止するために、できるだけ連作を避けることが必要である。なお、この作型は高冷地での栽培となるので、輪作品目としてスイートコーンや、エン麦、ライムギなどの緑肥作物が導入されている。

図19　生育期のキャベツ畑

2 栽培のおさえどころ

(1) どこで失敗しやすいか

品種　前記したとおり、この作型では適した品種を選ぶことが大切である。例えば、秋どりに適した品種を盛夏どりで栽培すると結球が不十分になり、その逆では病害が発生しやすいなどの弊害が起きやすい。

育苗　健全な苗を植えることは病害虫防除の第一歩であるが、この作型ではとくに重要である。防除が不十分で、根こぶ病などの土壌病害に罹病している苗や、コナガなどの害虫に寄生された苗を定植してしまうと、防除が大がかりになるだけでなく、収穫ができないほどの被害となることがある。

栽培圃場の選択　実際に栽培する圃場は、前作の病害虫の履歴を把握して作付けをすることが望ましい。土壌病害に対しては、定植前の薬剤と耕種的防除法を組み合わせる必要がある。なお、根こぶ病は防除の失敗で大きく減収する病害である。本病の薬剤は土とどれだけ触れているかが効果のポイントとなるので、粉剤を処理する際は、均一に土壌に散布し、ロータリー耕を丁寧に行なって土とよく混和することが重要である。土壌水分が多くて土塊が残るような場合は効果が落ちるので、土壌水分が下がってから処理をしたほうがよい。

定植後の管理　キャベツは比較的移植に向いた野菜だが、5月ころは乾燥しやすく、苗が活着できず欠株になることがある。圃場が乾燥している場合は、地床苗では定植後に十分な灌水を行なうか、セル成型苗を利用するとよい。

早期防除　生育が夏期にあたるため、この作型では防除時期が遅れると収穫不可能になる場合が多い。時期ごとの定期散布を行ない、よく作物を観察し、適宜防除する。また、集中豪雨や台風などの強風雨後には、細菌性の病害（軟腐病、黒腐病）の感染が起きやすいので、速やかに防除を行なう。

作付け計画　収穫の労力に見合わない作付けをすると、適期収穫ができずに販売できなくなる。そして、収穫作業の遅れが次に収穫予定の圃場にも影響して、収穫遅れとなる連鎖が起きることがよくある。収穫労力を上回る作付けをしないよう、一回の定植面積をその労力に見合ったものとする作付け計画を立てることが重要である。

(2) おいしく安全につくるためのポイント

用途別の品種選定　キャベツには、葉が薄く柔らかい食感で生食に向く春系の品種と、加熱調理に向く寒玉系の品種、そして、その中間タイプの品種があり、用途によって品種を選択する。なお、春系の品種は、盛夏期に栽培がむずかしい傾向がある。

病害虫防除の工夫　薬剤による防除だけでなく、あらかじめ耕種的防除を取り入れておくと、防除がやりやすくなる。まず、この作型では、萎黄病抵抗性品種を栽培することで、萎黄病の発生はほぼなくなる。また、輪作や対抗植物の導入など、耕種的防除法を導入すると、菌密度が上がらないため防除がやりやすくなる。例えば、育苗ハウスに性フェロモン剤を利用することで、育苗中のコナガ発生量を抑えることができるし、また、根こぶ病に対して、菌密度を減少させる効果のある青首ダイコンの導入がある。

病害と品種選定　盛夏期は病害が多く発生しやすい環境になるが、品種によって耐病性や病害抵抗性は異なるので、対象の病害を十分考慮して品種選定を行なうことで、管理が容易になり、防除回数も減らすことができる。

(3) 品種の選び方

キャベツ栽培では、栽培のしやすさ、外観、品質、収量などが、品種によって大きく変わってくる。この作型では、品種の選定はとくに重要な事項である。キャベツは利用目的から、柔らかい食感で主に生食に利用される「春系」と、調理などに利用される「寒玉系」、それらの「中間タイプ」の品種が流通している。利用目的によってこれらの品種を選択するのだが、とくに、春系は盛夏期の栽培で、軟腐病などが発生しやすく、栽培は一般的に困難である。

また、この作型は必然的に高気温になることから、萎黄病抵抗性の品種を選択するようにする。萎黄病抵抗性品種は各種苗会社から多数販売されているので、品種選択には困らない。なお、萎黄病抵抗性品種には、環境に

表18　春まき夏どり栽培に適した主要品種の特性（群馬県）

品種名	販売元	特性
YR 青春	渡辺採種場	4月～定植，6～7月どりで栽培される。食味の良い春系品種。生育が早く，早どりに向くが，収穫可能期間が短いので，1回の作付け量に注意する
初恋	トーホク	多収性の品種。生育は旺盛で，玉伸びがよい。定植後70日程度で収穫となる。4～5月定植の気温が上昇する時期（春～夏）にかけての作型での適応性が高い
葵	カネコ種苗	5月植え8月どりの作型に適応している品種である。梅雨とその後の高温を結球状態で経過する作型は適応品種が少ないが，本品種は安定して栽培できる
涼嶺41号	サカタのタネ	多収性の品種。結球特性から収穫可能期間が比較的長く，9～10月どりに向く。サクセッション系
青琳	サカタのタネ	気温が下がってくる8月中旬～10月どりに向く。錦秋系の中では生育が早く，揃いがきわめてよい。裂球も遅いので収穫期間が長い。腰高の草姿のため，倒伏に注意する

よらず抵抗性を示すAタイプと、高温では発病することのあるBタイプがあるので、品種選択時には注意する。また、気象条件に合った品種を選ぶことも重要で、春は霜害に強く、気温の上昇する環境の中で安定して結球・肥大する品種を選ぶ。続いて、梅雨の低温に感応して抽台することなく、梅雨明け後の高温でも安定して結球する、盛夏に適応した品種、気温が下がっていく中で株腐れや菌核病、黒腐病などの耐病性のある品種などを選択しておくのがよい。

3 栽培の手順

(1) 育苗のやり方

キャベツは、葉菜類の中でも、比較的移植性のよい作物であり、地床育苗による裸苗と、セル成型苗に代表されるポット苗の利用があるので、それぞれ紹介したい（表19）。

①地床育苗の場合

地床育苗は、日々の灌水管理が煩雑でないことや、とくに早春に温暖な地域へ出耕作して育苗できること、比較的大きな苗でも一度に大量に扱えるメリットがある。

播種床の準備　本畑10ａ当たり播種量は70～90mlで、必要な播種床面積は30㎡を目安に準備をしておく。キャベツの発芽適温は15～20℃なので、早春の播種はハウスに育苗床を準備しておく。

播種床での連作を避けるのはもちろん、過去に根こぶ病などのアブラナ科に共通する土壌病害の発生がない圃場を選ぶ。根こぶ病、立枯性病害などの土壌病害や、雑草種子を防除するため、播種床の土壌消毒をしておく。

播種　90～120cm幅のベッドをつくり、そこへ条播する。発芽を揃えるため10～15mmの深さに播種し、覆土後に鎮圧する。播種作業は手押しの播種機やシーダーテープ加工したものを利用すると省力的である。播種後は、乾燥を防ぐためにタフベルや寒冷紗をベタがけし、十分に灌水する。発芽が確認されたら、速やかにベタがけを除去して徒長しないようにする。また、ハウスを用いない場合は、コナガなどの侵入を防ぐため、寒冷紗や防虫ネットなどでトンネル被覆しておく。

育苗中の管理　発芽直後から本葉が出るころは、キャベツ苗の最も凍霜害を受けやすい時期になる。ハウス内であっても注意し、気温が下がる場合は、保温資材の利用などを行なう。

日中のハウス内の気温は25℃を上限とし、換気などの管理を行なう。灌水は午前中を基本にし、やりすぎないようにする。気温の管理が高めで灌水が多いと、軟弱徒長苗になるので注意する。軟弱徒長苗は活着が悪くなり、乾燥に対しても弱く、定植後に凍霜害の被害を受けやすいので、締まったよい苗になるよう心がける。

採苗の1週間前程度になったら、条間にずらしを入れて発根を促す。ずらしは、条間に鎌などを入れて根を切ることで、新しい根が発生し、より活着しやすくなる。また、早春のハウス育苗では、このころから外気へ馴らすため、徐々に外気にさらして順化作業を行なう。

育苗中は集約的に病害虫の管理ができるので、育苗中に発生しやすいコナガや、べと病、立枯性病害などの防除を徹底し、健全な苗を生産することを心がける。

採苗　キャベツでは、形質の揃った苗を定植することで、生育も揃うことが知られている。苗床から、茎の色合い、葉の形状、苗の大きさなどが揃った苗を採苗することで、生

表19　春まき夏どり栽培のポイント

	技術目標とポイント	技術内容
播種の準備	◎適品種の選定 ・栽培時期に適応する品種を選定する ◎育苗の準備 ・育苗床や培養土は無病なものを用意し，使用する資材も清潔なものを利用する	・気温上昇していく場面での適品種，梅雨後，盛夏の高温でも安定して結球する品種，秋にかけては耐病性の高い品種を組み合わせて栽培する ・地床育苗では，土壌病害の懸念される圃場を避け，育苗床の土壌消毒を行なう。セル成型苗では，無病の培養土を利用する ・セル成型苗では，セルトレイなどの資材はよく洗った清潔なものを使用する
育苗方法	◎施肥，灌水 ・灌水はやや控えめにし，徒長しないようにする ◎病害虫防除 ・育苗中の集中して管理できるメリットを活かして，健全な苗をつくる	・地床育苗では，本畑 10 a 当たり播種量は 70～90ml で，必要な育苗床面積は30㎡を目安に準備をしておく。育苗床の施肥量は，窒素：3g/㎡程度とする ・セル成型育苗では，ピートモス主体の培養土を密度が均一になるよう充填し，1粒まきする。培養土の窒素量は200mg/ℓ を基準とする ・ハウス内の気温は25℃を上回らないようにする ・灌水は午前中を中心に行ない，軟弱徒長しないよう控えめに管理する ・育苗期間中には，べと病やコナガの発生が懸念される。集中して管理できる時期なので，防除はしっかり行なう。なお，セル成型苗の場合，トレイ処理ができる剤があるので，有効に利用したい
定植の準備	◎圃場の選定 ・土壌病害の発生に注意 ◎圃場の準備 ・土壌分析の実施	・アブラナ科との連作は避けることが望ましい ・過去に根こぶ病の発生した圃場の場合は，あらかじめ土壌消毒などを行なっておく ・土壌分析を行ない，土壌改良することが望ましい。石灰と苦土の欠乏症は比較的出やすいので注意する ・元肥は定植直後はやや控えめで，外葉形成期に吸収のピークになるよう，速効性と緩効性の肥料を組み合わせる
定植方法	◎栽植密度 ◎活着促進 ・低温時注意	・ウネ間45cm×株間30～33cmの比較的密植栽培が慣行である ・春は，定植直後に降霜があると被害が大きくなるので，温暖な日が続く時に定植して，なるべく速く活着するよう心がける ・地床苗は圃場が乾燥している場合，萎れやすいので，定植後に灌水を行なう ・深植えにならないよう注意する ・セル成型苗の場合，苗が老化していると，萎れにくい反面，活着に時間がかかるので注意する
定植後の管理	◎除草 ◎追肥 ◎病害虫防除	・除草剤を用いる場合は，定植活着後に茎葉処理剤と土壌処理剤を用い，キャベツにかからないようにウネ間散布する ・定植後 25～30 日のころ，伸長が悪い株や圃場のその部分を中心に適宜施用する ・害虫は，主にコナガを中心に防除する。梅雨明け後から増殖するので，圃場を観察して早期防除に努める ・集中豪雨や，晩夏からの夜間の高湿度で病害が発生しやすくなるので予防防除に努める。集中豪雨や台風など，茎葉に傷ができた場合は，細菌性病害の防除を速やかにしておく
収穫	◎適期収穫	・収穫適期になったら，適宜収穫する ・品種によって収穫の適期や収穫可能な期間が異なるので注意する ・収穫残渣は放置すると病害虫の発生源になるので，すみやかに処理する

育が斉一化し、一斉収穫をしている産地もある。

②セル成型苗の場合

育苗施設や資材の準備　セル成型苗では、基本的にハウスでの育苗となる。ハウスには、病害防除や灌水管理のため、セルトレイを地面から離して置くベンチを設置する。この作型で利用されるセルトレイは、早い時期の育苗には128穴を用い、主には200穴を用いる。培養土はピートモス主体の市販のものを用意し、覆土はバーミキュライトを用いる。

なお、育苗ハウスは常に清潔を心掛け、病害虫の温床になる雑草やその他の作物の管理は徹底する。トレイやアンダートレイは反復使用するので、しっかりと洗浄し清潔なものを準備しておく。

トレイに培養土を充填する際、トレイ全体が同様の密度になるように充填する。とくに手詰めの場合はムラができやすいので注意する。培養土が密なセルと粗なセルが混在していると、その後の灌水管理がむずかしくなるので、均一な培養土の状態になるようにする。また、培養土は乾燥させてしまうと、水をはじく特性があり、灌水してもなかなか培養土に水が入らない。トレイと培養土の管理には注意する。

播種　トレイに播種穴をあけ、そこへ1粒ずつ播種する。コート種子を利用すると、播種板でトレイ単位の播種ができる。また、大規模栽培の場合では、播種機も利用できる。播種が終わったら、バーミキュライトで覆土し、ハウス内のベンチへ並べて灌水しておく。なお、灌水は、種や培養土が流れてしまわないよう、数回に分けてしっかり行なう。

育苗中の管理　温度管理は地床育苗と同様であるが、セル成型苗では、苗が地面から離れているので、低温の影響は大きい。気温が下がる場合は、積極的な保温に努める必要がある。

灌水は朝から午後2時ころまでを基本にする。1日の灌水回数は、灌水方法にもよるが、晴天時で3～5回で、天候により増減する。ベンチの周辺部分や、前記した培養土の密度の差、個々のハウスの癖などが原因で乾きやすい部分ができるので注意する。

セル成型苗の場合、トレイ灌注処理などの防除方法の選択ができるので、上手に利用したい。

苗の差し替えと順化　キャベツの発芽は100%ではないことや、斉一な生育をするために、揃った苗を準備する。セル成型苗の場合1粒播きをするので、トレイの中で発芽していないセルや、定植するに値しない形質の苗ができてしまう。全自動の定植機を利用している場合は、とりわけトレイによい苗が100%収まっていることが望ましい。そこで、育苗中に発芽しなかったセルや、形質の異なる苗を健全な苗と差し替えて、トレイ単位で揃え、その後の定植作業の効率化と生育の斉一性を高める。

なお、セル成型苗の場合も、地床育苗と同様、定植1週間ほど前から、トレイを暖房設備のない簡易なハウスなどに移動し、順化を行なう。

(2) 圃場の選定と施肥

連作によって圃場の病害虫密度が上がっている場合は、防除が困難になり、それだけ生産コストも高くなる。アブラナ科の連作とならないよう圃場を選ぶ。

キャベツの施肥体系は、定植後は肥効をやや抑え、外葉形成後期から結球始期にかけて吸収のピークになるようにして、結球後期に入ったら肥効が緩慢になり、収穫可能期間が長くなるようにするのが理想である。

元肥は、速効性肥料と緩効性肥料を組み合わせて、作条施肥か全面施用にする。早い時期には、低温でも吸肥されるように速効性肥

図20　セル成型育苗の様子

表20　施肥例　（単位：kg/10a）

	肥料名	施肥量	成分量		
			窒素	リン酸	カリ
元肥	堆肥・緑肥など	1,000～1,500			
	炭カル	100～150			
	苦土重焼燐	100		35	
	BM2号（10-13-12）	160	16	20.8	19.2
追肥	NK17号（17-0-16）	40	6.8		6.4
施肥成分量			22.8	55.8	25.6

図21　施肥と定植

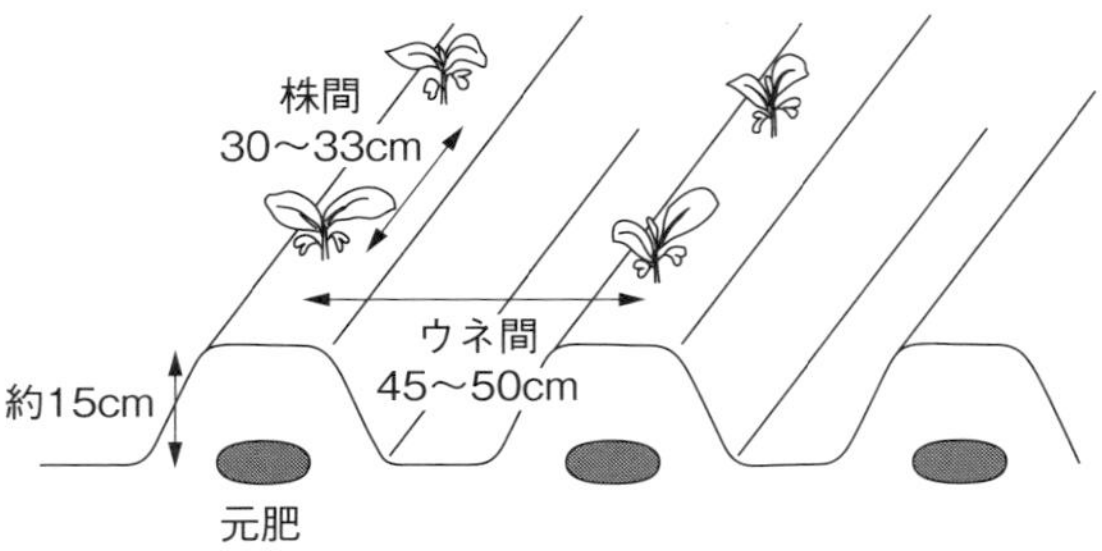

料の割合を増やす。10ａ当たり、窒素を15～20kg、リン酸を20～25kg、カリを15～20kgを基準とする（表20）。

(3) 定植のやり方

栽植密度は、ウネ間45～50cm、株間30～33cmとする（図21）。疎植にすると大玉になる傾向があり、品種の特性に合わせて栽植密度を決定する。定植は、苗の本葉が埋まらないように、適湿時には浅植えにし、逆に乾燥時には深植えにする。セル成型苗の場合は、鉢土の培養土が畑の土の中に入るよう注意する。定植したら、株元の土を抑えて鎮圧しておく。とくに、土が乾燥ぎみの時には強く抑える。

(4) 定植後の管理

①除草

この作型では、雑草の発生が多いため、除草は重要な管理作業である。除草剤を用いる場合は、定植活着後に茎葉処理剤と土壌処理剤を用い、キャベツにかからないようにウネ間散布する。また、梅雨時期の雨の都合で、ウネ立てから定植まで時間がかかる場合は、定植前に処理する薬剤もあるので、状況によって利用するとよい。また、管理機を利用した中耕除草をする場合は、葉を傷めないよう注意して作業し、傷が細菌性病害の原因になるので、防除を行なっておく。

図22　定植直後のキャベツ

②追肥

定植後25～30日になって伸長が悪い株や圃場のその部分を中心に、生育を促進するためウネ間に適宜施用する。

(5) 収穫

品種によって収穫の適期や幅が大きく異なる。先にあげた品種は、概して適期幅の大きいものが多いが、他の作型よりかなり短いので注意する。収穫適期は、球を手で上から押さえて締まっていることで確認する。結球に最も近い葉（かぶり）を1～2枚残して収穫する。

4 病害虫防除

(1) 基本になる防除方法

栽培期間は夏期のため病害虫の発生は多く、防除は重要な管理である（表21）。害虫は、梅雨明け後から急に増殖するので、圃場を観察して早期防除に努める。主にコナガに注意して防除を徹底する。また、梅雨後半の集中豪雨や、晩夏から夜露がつくような湿度の高い状態が原因で、病害が発生しやすくなる。対象の病害が発生する時期を把握して、予防防除に努める。なお、集中豪雨や台風など、茎葉に傷ができるような事象があった場合は、細菌性病害の防除を速やかにしておく。

(2) 農薬を使わない工夫

抵抗性品種利用で最も有効なのは、萎黄病抵抗性品種の作付けである。そのことで、キャベツでは萎黄病の発生をほぼ回避できる。抵抗性とまではいかなくとも、耐病性の品

表21　主な病害虫と生理障害

	病害虫・生理障害名	発生の特徴と被害	防除方法・対策
病気	根こぶ病	・土壌中の原因菌が根に侵入し，根を肥大させてこぶをつくり，やがて腐敗・脱落する ・土壌水分が多い圃場で，水はけの悪い部分で発生し，被害が出やすい ・アブラナ科の連作で菌密度が高まることで発生する ・劇症で，収穫皆無となる場合がある ・8月以降の作型で被害が大きくなる傾向がある	・アブラナ科を連作せず，輪作に努める ・青首ダイコンは根こぶ病は発病せず，菌密度を徐々に下げていくので，輪作作物の一つとして効果が高い ・土壌酸度をアルカリ性に矯正する ・ネビジン粉剤やフロンサイド粉剤などの防除薬剤は，均一に散布し，ていねいにロータリー耕を行ない，土とよく混和する
	黒腐病	・葉縁からV字型に病斑が現われ，維管束が株の中心部に向かって褐変していく。病状が進むと出荷ができなくなる ・豪雨などの土の跳ね上がりが原因で罹病する	・雨よけ育苗を行なう ・予防防除に努める ・集中豪雨や台風などで傷ができた時には，すみやかに銅水和剤などで防除を行なう
	立枯性病害	・育苗中に苗が立ち枯れて倒伏する。原因となる菌は，ピシウム，リゾクトニア，ホーマなど複数ある	・育苗床の土壌消毒を行なう ・セルトレイはいつも清潔に保ち，トレイ表面に残渣や畑の土などが残っていないよう洗浄しておく
	軟腐病	・軟腐病の菌は風雨によりできた傷や，害虫の食害跡などの傷口から侵入し，発病する ・結球期に発生し，病気の進展が早く，特有の異臭を放ち短期間で腐敗する ・盛夏期，春系品種での発生が多い	・窒素過多にならないようにする ・集中豪雨や台風などで傷ができた時には，すみやかに銅水和剤などで防除を行なう
	菌核病	・梅雨や秋雨の低温多湿条件での発生が多い ・軟腐病のような腐敗をともなうが，軟腐病のような腐敗臭はない。症状が進むとネズミの糞状の菌核を形成する ・地中で菌核として越冬し，まとまった降雨後に子のう盤（きのこ）が発生し，そこから胞子が飛ぶことで発生源となる。品種間差がある	・結球開始ころから予防防除を行なう ・ロブラール水和剤やカンタスドライフロアブルなどの薬剤による防除効果は比較的高いので，発病が確認されたら防除を行なう ・発病した圃場では，翌年にも発病しやすいので，注意する
	株腐病	・8月中旬から発生が多くなる ・軟腐病，菌核病と同様に結球部に腐敗を伴う症状だが，軟腐臭はなく，菌核も形成しない。品種間差がある	・症状が出てからでは防除効果が劣るので，結球始期ころからリゾレックス水和剤などを用いて予防防除を行なう ・耐病性の品種を作付ける

（つづく）

病気	べと病	・育苗中に発生することが多く，とくにハウス育苗では注意が必要。一部の品種では生育後半でも発生する ・葉裏に白いビロード状のカビが発生し，小さい苗の場合，被害が大きくなる場合がある	・育苗ハウスは高温・高湿度にならないよう管理する ・発生する場所が決まっているようなら，循環扇を設置して通風を促すと効果的 ・発病を確認したら，プロポーズ顆粒水和剤などの適用薬剤で防除を行なう
	萎黄病	・盛夏期に発生する ・土中の菌から感染し，導管を閉塞しながら進行していき，葉の大きさが偏ったり，萎れ，結球が歪むなどの症状がでる ・激発すると，収穫皆無になることもある	・萎黄病抵抗性品種を栽培する ・国産のキャベツの場合，抵抗性を持たない品種があるので，注意する
害虫	コナガ	・高冷地の発生は，5月ころの小さなピークがあり，梅雨明け後の大きなピークがやってくる。降雨が少なく，高温だと発生が多くなる傾向がある	・被害が大きい状態になると防除が困難になる。発生初期をとらえて防除を行なう ・薬剤の感受性が低下しやすいので，系統の異なる薬剤をローテーションして防除する（例：BT→コテツフロアブル→ディアナSCなど） ・苗床を防虫網で被覆して物理的に侵入を防いだり，育苗ハウスで性フェロモン剤の設置をし，苗に寄生されないようにする
	タマナギンウワバ，ヨトウムシ類，オオタバコガ	・これらの大型のチョウ目は，食害の量が多いので被害が大きくなる	・食害の様子がコナガと異なるので，よく観察して被害が確認されたら幼齢のうちに防除を行なう。フェニックス顆粒水和剤などのジアミド系を用いるとよい
	アブラムシ類	・降雨が少なく，乾燥状態が続くと発生が増える	・結球葉の中に入ってしまうと防除が困難になるので，早めに適用薬剤で防除を行なう
生理障害	ふち腐症	・石灰の欠乏により発生する生理障害である。症状は葉縁部が腐敗する ・春系の品種で発生することが多い ・雨天が多い場合と乾燥が続くような極端な天候の時に発生しやすい ・石灰の不足だけでなく，窒素やカリ，マグネシウムの過剰でも発生する	・土壌分析を実施し，塩基バランスを整えておく ・多窒素にならないように施肥する

種を用いることで、発病を抑え、防除回数を減らすことができる。

また、育苗床をネットで被覆して害虫の侵入を防止することや、対抗作物を輪作体系に導入するなども農薬削減に有効である。

5 経営的特徴

労力　この作型で最も労力が必要なのは収穫・出荷調製作業である。この作業時間を基準に定植量を算出し、それをもとに経営面積が決定される。キャベツ専作では8ha程度の大規模経営の例が多いが、そこでの労働時間は10a当たり50～60時間である。

経費　大規模栽培の事例では、収穫作業の労力を雇用に頼らざるを得ないことから、雇用費が多くかかる傾向がある。また、市場出荷だけでは価格変動が大きいので、価格の安定する契約販売や直売、出荷調製を簡略化した業務向け販売などを導入し、経営の安定化を図る。

販売先とその工夫　この作型は産地が少ないので、全国へ出荷されている。キャベツの消費形態は関東、関西で地域差があるといわれ、関東方面では春系～中間タイプの品種を加えている。また、盛夏期の出荷であることから、鮮度保持や傷みを防止するため、予冷、保冷は必須である。

目標収量　10a当たり目標収量は7000kgとする。

（執筆：小林逸郎）

表22　春まき夏どり栽培（夏秋どり・高冷地）の経営指標

項目	
収量（kg/10a）	7,000
所得（千円 /10a）	101
所得率（%）	17.1
単価（円 /kg）	85
単位当たりの生産費（円 /kg）	80
1時間当たりの所得（円）	2,232
労働時間（時間 /10a）	52

メキャベツの栽培

1 この栽培の特徴と導入

(1) 栽培の特徴と導入の注意点

メキャベツはキャベツの変種で、茎がキャベツより長く伸び、葉柄のつけ根から出た脇芽が直径2～3cmに結球（芽球）するもので、子持カンランともいう。英名のBrussels sproutsが示唆するように、ベルギーのブリュッセル周辺で古くから栽培されていたとされる。日本には明治初期に導入され、現在、静岡県を筆頭に、愛知県、長野県などで生産される。芽球はビタミンCをキャベツの4倍、β-カロテンを10倍以上含む緑黄色野菜である。キャベツより硬くて苦みがあり、ゆでたりバターで炒める、シチューやポトフ、スープ、アヒージョなどの煮込み料理のほか、天ぷらにしてもよい。

幼苗期の草姿はキャベツに似ているが、生

図23　メキャベツ夏まき秋冬どり栽培　栽培暦例（ポットに鉢上げする場合）

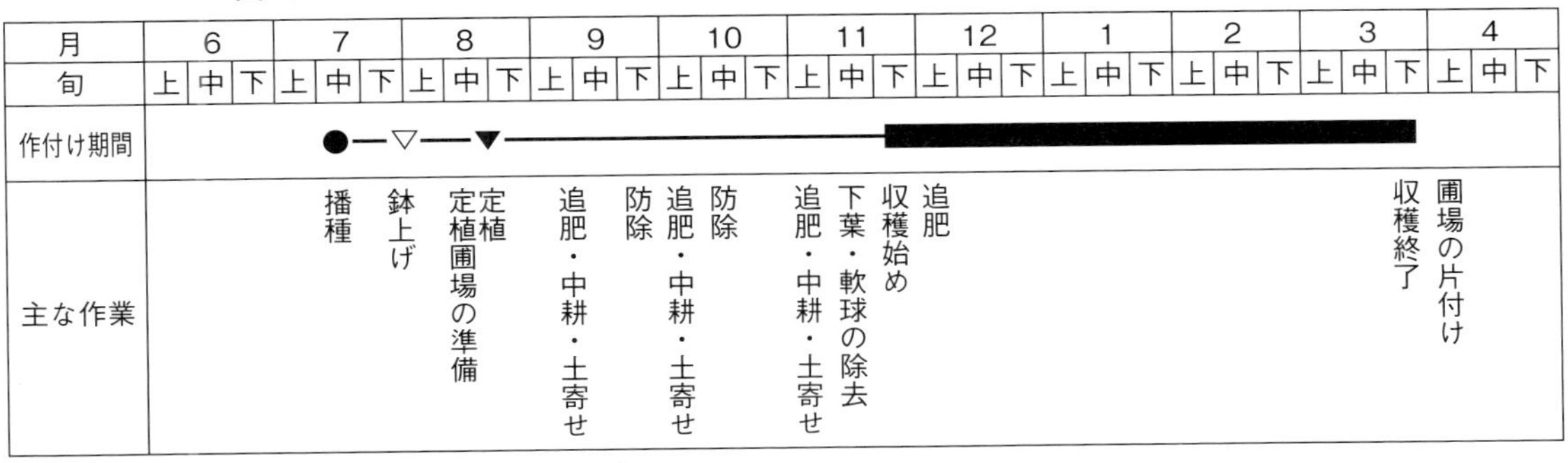

●：播種，▽：鉢上げ，▼：定植，■：収穫

図24　下の芽球から抽台を始めたメキャベツ

育が進むと直立の茎が60～90cm、長いものは1・5mほどに伸長し、葉腋から出る芽が結球する。発芽適温は20～25℃で、30℃以上になると発芽不良になる。生育適温は18～22℃で冷涼な気候を好み、芽球形成期は12～13℃以下になることが必要で、平均気温5～10℃が適温とされ、マイナス5℃にも耐え、キャベツより寒さに強いが暑さには弱い。

土壌はあまり選ばず水田でも栽培できるが、湿害に弱いので排水・保水性のよい土壌が適する。水田裏作では高ウネなどの排水対策が重要である。好適土壌pHは6・0～6・5で、酸性土壌は根こぶ病の発生を助長する。

メキャベツは緑植物春化型植物で、本葉20枚以上になった株が20℃以下に一定期間置かれると花芽分化し、その後高温・長日で花芽の発育・抽台が促進される（図24）。小さな株で越冬しても花芽分化・抽台しやすく、秋まき栽培では4月以降に収穫するのがむずかしい。

北海道では4月播種、6月定植、8～11月どりが行なわれる。関東以西では夏まき秋冬どり栽培が一般的な作型で、7月に播種して8月に定植、12月に収穫を開始して翌年の3月まで行なう。収穫期間は4カ月以上、在圃期間は8カ月に及ぶ。厳寒期の1～2月にも生育して結球が進む冬季温暖な地域が適する。

(2) 他の野菜・作物との組合せ方

連作障害の発生や薬剤抵抗性を持つ害虫を増やさないために、アブラナ科以外の野菜・作物と作付け体系を組む。芽球の収穫は3月に終了するため、後作にスイートコーンやエダマメ、サヤインゲン、モロヘイヤ、オクラなどの播種、トマト、ナス、ピーマン、キュウリ、カボチャ、スイカ、メロンなどの果菜類、サトイモ、ショウガなどを植付けできる。

2 栽培のおさえどころ

(1) どこで失敗しやすいか

極端な早まき　早期出荷をねらって極端な早播きをすると、害虫による被害の多発に加えて芽球形成期の気温が高すぎて、株元に近い芽球の外葉が開いて軟球となってしまう。軟球を取り除くための余分な労力がかかるとともに、株が老化したり、病気が発生しやすくなって減収を招くので、各地の適期に播種・定植を行なう。

虫害を防止する　メキャベツは、使用できる農薬が少ないうえに定植時期は害虫が多発する高温期のため、虫害対策が重要である。害虫の早期発見、早期防除に加え、防虫ネットなどで虫害を回避できる育苗期間を長くするためのポット育苗なども併用するとよい。

過度な密植　芽球に日が当たらないと、締まった硬い芽球にならない。増収を図ろうとして株間やウネ間を狭めすぎると、芽球の充実が悪く品質が低下するので、適度な栽植密度にして株元まで光が十分に当たるようにする。

労力を超えた作付け規模　メキャベツは収穫するまでの労力は比較的少ないが、収穫・調製・出荷の労働時間が全体の80%ほどを占める。労力を超えた作付けをすると収穫・出荷が追い付かず、廃棄したり病気を多発させたりすることになる。収穫・調製・出荷に要する労力を考慮して栽培規模を決める。

(2) おいしく安全につくるためのポイント

品質のよい芽球を多収するためのポイントは、適期に播種・定植し、適切な肥培管理によって本葉が40枚以上展開し、茎径4～5㎝程度の茎が太い大株にすること、株元まで光が十分に当たるようにすることである。

アブラナ科の野菜を連作すると共通する病気の土壌中の菌密度を高め、薬剤抵抗性を持つ害虫を増やして病害虫防除を困難にするので、アブラナ科以外の野菜・作物と作付け体系を組む。病害虫の発生を早期に発見して初期防除を心がけ、適正な肥培管理によって健全な生育を図る。

(3) 品種の選び方

定植後収穫までの期間が90日前後の早生品種と、１００日前後を要する中生品種があり、品種の生態分化は少なく、品種数は多くない。

‘早生子宝’（増田採種場）　耐暑・耐寒性が強く、生育旺盛でつくりやすい早生品種。濃い緑の芽球は形がよい。

‘早生子持’（タキイ種苗）　暑さに強く、１株から90球程度とれる多収の早生品種。高温期でも結球性に優れ、早い時期から締まった球を収穫でき、長期収穫できる。

‘ファミリーセブン’（サカタのタネ）　草勢強く、茎が太くて倒れにくい早生品種で、芽球の締まりや形がよい。

‘ベビースター’（増田採種場）　中生品種で、早生種より裂球が遅く、節間が長いので収穫しやすい。

‘プチヴェール®’（増田採種場）　ケールとメキャベツを交配して育成された、非結球のメキャベツである。種子は入手できないので育成元に苗を注文して栽培する。脇芽の色が緑色の‘プチヴェール’の他、白色の‘プチヴェール・ホワイト’、赤紫色の‘プチヴェール・ルージュ’がある。栽植様式はウネ幅80～90㎝、株間70～75㎝で、その他の栽培方法はメキャベツに準じる。

3 栽培の手順

(1) 育苗のやり方

7月中旬から下旬に播種し、地床育苗とセルトレイ育苗が行なわれる。いずれもキャベツの育苗法に準じる。セルトレイ育苗は、パイプハウスや防虫ネットなどを被覆したトンネルで育苗する。ここではセルトレイで育苗する方法を紹介する。

セルトレイを使用する育苗は、セルトレイのみで定植苗を育成する方法と、途中でポットに鉢上げする方法がある。後者は防虫ネットなどで虫害を回避できる育苗期間が長いため、害虫が多発する高温期に本圃で虫害を受けるリスクを軽減できる。前者は１２８穴のセルトレイを、後者のポットに鉢上げする場合は２００穴セルトレイを使用する。

培養土は50ℓ当たり2・5ℓ程度の水を加えて撹拌後、1トレイに3ℓほど詰めて軽く水をかけ、深さ6～8㎜穴をあける。1穴1粒播種後、粒子のやや大きなバーミキュライトやケイ酸カルシウム資材などで覆土する。播種後は乾燥に注意し、直射日光の当たらない涼しい所に置く。播種後36時間で芽切りを確認したら、ハウスやトンネルなど雨の当たらない場所で、ベンチの上などセルトレイが地面に直接触れないようにして置く。

灌水は1日2回朝たっぷりを基本とし、日中の高温・強日射で培養土が乾けば葉水程度に水をやり、徒長を防止するために午後4時以降は行なわない。播種後10日前後で子葉が黄化してきたら液肥を灌水代わりに与える。べと病が発生することがあるので、予防的に薬剤散布を行なう。ポットに鉢上げする場合は、播種13～15日後、本葉1・5～2枚時に直径7・5～9㎝のポリポットに移植する。

128穴セルトレイの育苗では、育苗日数25日、根鉢ができる本葉3～4枚まで育てる。ポット苗は播種後35～40日、本葉6～7枚まで育苗する。

表23　メキャベツの夏まき秋冬どり栽培のポイント

	技術目標とポイント	技術内容
定植の準備	◎土つくり	・耕土が深く，排水・保水性がよい，風の弱い圃場を選ぶ ・堆肥を2t/10a施用して土つくりを行なう ・苦土石灰などで土壌pHを6～6.5に調整する
	◎元肥施用	・元肥は緩効性肥料を用いる
育苗方法	◎播種	・128穴または200穴セルトレイに播種する
	◎ポットに鉢上げ	・ポットに鉢上げする場合は，本葉1.5～2枚で7.5～9cmポリポットに移植する
定植方法	◎適正な栽植様式	・ウネ間80～100cm，株間60～70cmを目安とする
	◎適期定植	・8月中旬～9月上旬に定植する
	◎適正な深さに定植	・子葉のつけ根が埋まる程度に植え付ける
定植後の管理	◎追肥1回目・中耕・土寄せ（外葉を大きく育てる）	・定植20日後に1回目の追肥を行なう。雑草防除を兼ねて中耕・土寄せを行なう
	◎病害虫防除（早期発見，早期防除）	・圃場をよく見回り，病害虫の早期防除に努める
	◎追肥・中耕・土寄せ	・1回目の追肥から20～30日おきに追肥を行なう
	◎下位葉の摘除	・下位葉と，地際から発生した脇芽を，早めにかき取る ・株の倒伏を防止するため，必要に応じて支柱を立てて誘引する
収穫	◎適期収穫	・球径2.5～3cm（10～15g）で硬く締まった芽球から順次収穫する
	◎調製，袋詰め，出荷	・芽球の切り口を切り直し，黄化葉を取り除く ・階級ごとに分けて袋詰めし，段ボールに入れて出荷する ・収量は10a当たり1～1.5t
片付け	◎外葉などの残渣の片付け	・病気に侵された残渣は，次作以降の病気の発生源になるので，圃場外に持ち出して土中に埋めるなどして処分する

表24　施肥例　（単位：kg/10a）

	肥料名	施肥量	成分量		
			窒素	リン酸	カリ
元肥	牛糞堆肥	2,000			
	苦土石灰	100			
	苦土重焼燐（0-35-0）	30		10.5	
	ジシアン555（15-15-15）	100	15	15	15
追肥	NKグリーン30号（16-0-14）4回	120	19.2		16.8
施肥成分量			34.2	25.5	31.8

(2) 定植の準備とやり方

定植の1カ月前までに堆肥を、1週間前までに元肥を施用しておく（表24）。

8月中旬～9月上旬に定植する。栽植様式は、ウネ間80～100cm、株間60～70cmとし、10a当たり1500～1800株を基準にする（図25）。

定植前に苗に水をやり、子葉のつけ根が埋まるくらいに深植えし、定植後に灌水を行なって活着を促す。

図25　メキャベツの栽植様式

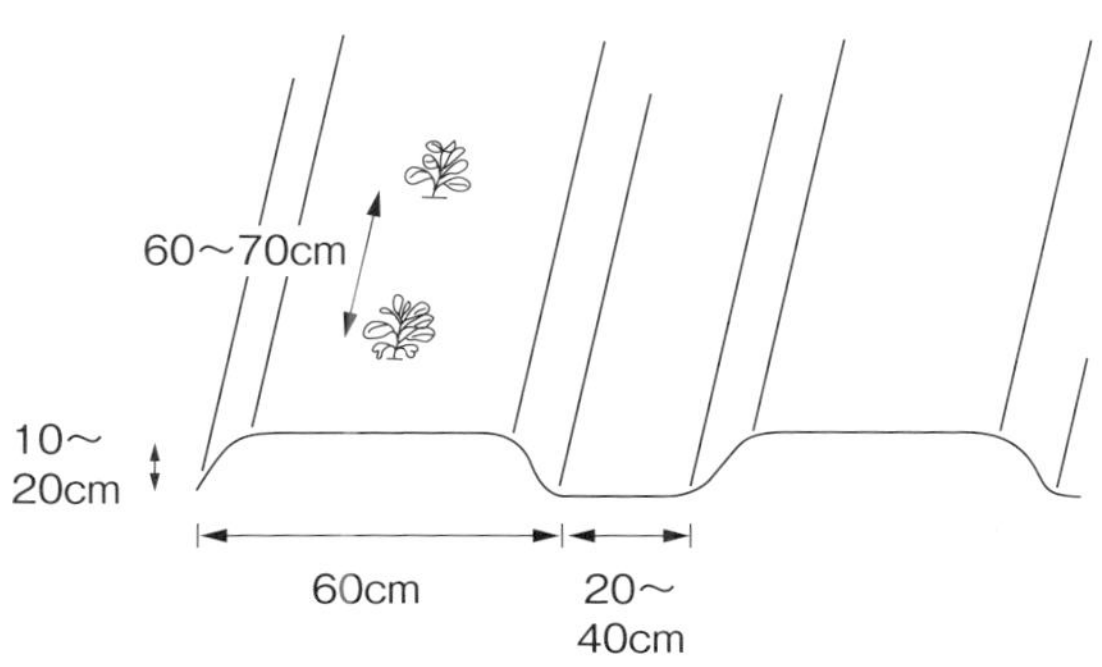

(3) 定植後の管理

定植の20日後に1回目の追肥をウネ間に施用後、中耕・株元への土寄せを行なう。その後、20～30日おきにウネ間に追肥を施し、株が倒れないように中耕と土寄せを行なう。

株が倒伏すると、生育が劣り、芽球の品質が落ち、作業性も悪くなるので、必要に応じて支柱を立てて誘引する。芽球がつき始めるころ（図26、図27）、下位節から結球しない脇芽がでてくるので、地際から7～10cmくらいの古くなって黄変した葉や脇芽をかき取る。芽球が硬く大きくなってきたら、下から数枚、芽球を傷つけないように葉柄を5～6cm残して摘葉する。

図26　定植80日後，芽球の結球初期のメキャベツ
（増田採種場提供）

(4) 収穫

芽球が結球し、直径2・5～3cm、10～15gになったものを、下位節から順次かき取って収穫する（図28）。芽球が大きくなりすぎ

図27　定植90日後のメキャベツ
（増田採種場提供）

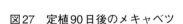

ると商品価値が下がるのでとり遅れないようにする。収穫した芽球は基部を切り揃え、外葉を取り除き、300gずつ子袋に詰めるなどして、10kg入り段ボール箱に入れて出荷する。収穫初期は6～7日おき、収穫最盛期には3～4日おきに収穫する。1株から50～90球収穫できる。10a当たり収量は1～1.5tである。

図28　収穫期のメキャベツ
（撮影用に葉をカットしたもの）
（増田採種場提供）

表25　病害虫防除の方法

	病害虫名	特徴と防除法
病気	苗立枯病	リゾクトニア菌による土壌病害で，地床苗床で発生する恐れがある。苗床は排水のよいところを選び，リゾレックス水和剤500倍液を1㎡当たり3ℓ，播種時に土壌灌注する
	べと病	育苗期に発生しやすい。Zボルドーを予防散布して防除する
	菌核病	発病株を見つけたら，菌核ができる前に圃場外に持ち出し，地下10cm以上の深さに埋める
	黒腐病	細菌による病気で，葉縁部より葉脈に沿ってV字型に枯れる。高温で多湿な環境条件で多発し，風雨の傷跡から感染しやすい。密植を避け，畑の排水性を良好にする。Zボルドー，カスミンボルドー水和剤などで防除する
	根こぶ病	糸状菌による土壌病害で，根にこぶを形成し養水分吸収を阻害する。高温，多湿条件下で発生しやすい。畑の排水性を良好にし，土壌pHを6.5以上にする。定植前にフロンサイド粉剤を散布する
害虫	コナガ	薬剤抵抗性が発達しやすいので，同じ薬剤を連用しない。フェニックス顆粒水和剤，エスマルク，サブリナフロアブルなどのBT剤を散布する
	ハイマダラノメイガ	幼虫が心葉を食害する。高温期に発生が多いので，ポット育苗などで定植時期を遅らせる
	アオムシ，ヨトウムシ類	いずれも幼虫が葉を食害する。若齢幼虫のうちにアファーム乳剤，スピノエース顆粒水和剤，コテツフロアブルなどの薬剤で防除する
	アブラムシ類	ウイルスを媒介する。オンコル粒剤5の定植時株元散布，アドマイヤーフロアブル，モスピラン顆粒水溶剤などで防除する

4 病害虫防除

(1) 基本になる防除方法

育苗期にはべと病、本圃では黒腐病、菌核病の発生がみられる。菌核病の発病株は次作以降の発生源になるので、菌核を形成する前に圃場外に持ち出し、地下10cm以上の深さに埋め込む。

害虫では、ハイマダラノメイガ（シンクイムシ）、コナガ、ハスモンヨトウなどのチョウ目害虫、アブラムシ類の発生がみられる。コナガは薬剤抵抗性が発達しやすいので、異なる系統の薬剤をローテーション散布する。

いずれの病害虫に対しても圃場をよく見回り、早期発見、早期防除が重要である（表25）。

(2) 農薬を使わない工夫

根こぶ病の被害を回避するために、アブラナ科の野菜を4～5年以上作付けしていない圃場を選ぶ。圃場の排水性を良好にし、土壌pHを調整する。育苗期は、育苗施設のハウスの開口部やトンネルに、防虫ネットや寒冷紗を展張することで物理的に虫害を回避する。キャベツやダイコンなどのアブラナ科野菜を合わせて3ha以上栽培する場合は、コナガコン-プラスやヨトウコンH、コンフューザーVなど合成性フェロモンを成分とした交信かく乱剤を使用することができる。これらはコナガやヨトウガ、ハスモンヨトウなどの成虫の交尾を阻害して交尾率を低下させ、幼虫の密度低下を図る薬剤である。合成性フェロモンは毒性がきわめて低く、人畜・作物を含めたすべての環境に安全で、農薬残留などの問題もない。

5 経営的特徴

メキャベツは、収穫前まではキャベツに準じて栽培することができるが、収穫期間が4カ月と長く、このため在圃期間も8カ月と長期にわたる。単価が高いため露地野菜の中では粗収入がかなり多い。労働時間は全体で10a当たり600時間程度で、収穫するまでの労力は比較的少ないが、収穫・調製・出荷の労働時間が全体の80%ほどを占める。1人が1日に収穫・調製できるのは20kg程度とされ、この部分に要する労力を考慮して栽培規模を決める（表26）。

（執筆：川城英夫）

表26　メキャベツの夏まき秋冬どり栽培の経営指標

項目	
収量（Kg/10a）	1,250
価格（円 /kg）	800
粗収益（円 /10a）	1,000,000
労働時間（時間 /10a）	600
うち収穫・調製・出荷時間（時間 /10a）	480

ケール

表1　ケールの作型，特徴と栽培のポイント

主な作型と適地

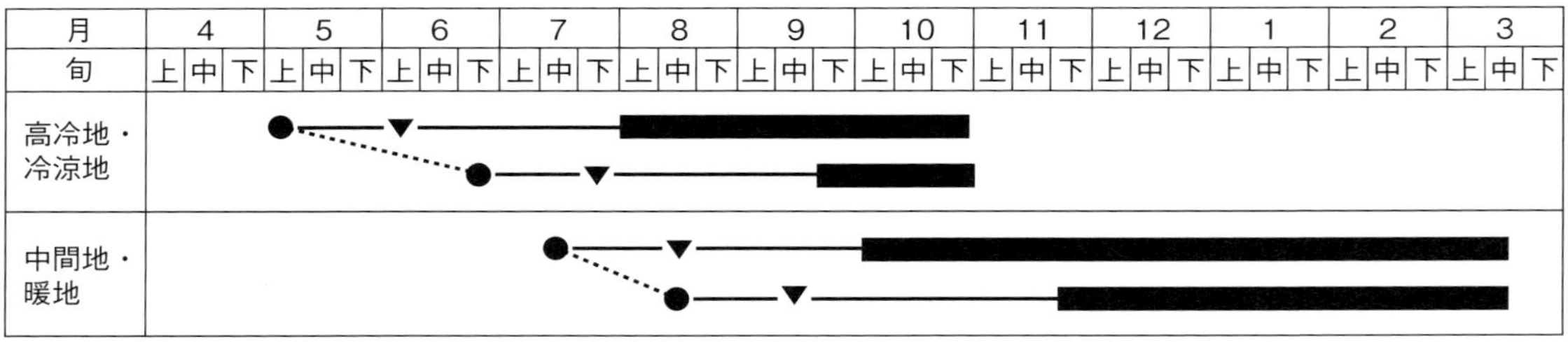

●：播種，▼：定植，■：収穫時期

特徴	・生食用，ジュース用など，種類はさまざま。用途によって使い分けする ・収穫はかき取り収穫。抽台が起きるまでは収穫可能 ・在圃期間が長い ・多湿条件に弱いため，排水性のよい圃場を選択するほか，排水対策も講じる
栽培のポイント	・連作障害を避けるため，アブラナ科の連作を避ける ・元肥，追肥をしっかり施用することで，終盤まで収量を確保できる ・収穫の際は，下葉5～6枚程度を残す ・農薬は，ケール，非結球アブラナ科野菜，野菜類で登録されている農薬を使用する

この野菜の特徴と利用

(1) 野菜としての特徴と利用

①原産と来歴

地中海沿岸が原産地とされ、キャベツやブロッコリーの原種である。栽培の歴史は古く、紀元前２０００年前には、古代ギリシャ人が栽培を行なっていたとされている。ヨーロッパではイギリスやオランダで食用を目的に栽培され、多くの品種が生まれている。日本へは江戸時代後期に渡来したとされ、「大和本草」（１７０９年）にケールを指していると思われるオランダナ、サンネンナの記載がある。しかし、日本人の嗜好に合わなかったため、食用としてはほとんど利用されてこなかった。一方で、紫色や白色、斑入りなどの鮮やかなものは、観賞用ハボタンとして栽培されており、広く知られている。

②現在の生産・消費状況

日本での栽培面積が大きい産地は、鹿児島県（約36ha）、福岡県（約17ha）、大分県（約10ha）となっており、そのほか茨城県、岡山県などでも作付けされている。基本的には野菜ジュースや青汁用としての消費の割合が大きいが、近年の健康志向の高まりから、生食可能なケールの栽培面積も増加しており、スーパーやファミリーレストランでも見かける頻度が高くなっている。

③栄養・機能性

１００g中に食物繊維（３･７g）、ビタミン類、カルシウム（２２０mg）を始め多くの栄養素を豊富に含んでおり（「日本食品標準成分表２０１８年版（八訂）」より）、「緑黄色野菜の王様」とも呼ばれる。日本ではまだ青汁としてのイメージが強いが、海外ではスーパーフードの一つとしてサラダなどに使われる。

(2) 生理的な特徴と適地

①発芽・生育適温

発芽・生育適温はキャベツと同様で、発芽適温は18～25℃、生育適温は20℃前後で、冷涼な気候を好む。生育は旺盛で寒さに強く、暑さにも比較的強いため、栽培は比較的容易である。

ケールはある程度の大きさに達した後に、一定の低温期間にあうと花芽分化し、それ以降の高温長日で抽台、開花する。そのため、温暖な気候であれば一年中栽培可能な地域もあるが、日本では春先に抽台するまでが収穫期間となる。

②土壌適応性

土壌適応性は大きいが、中でも有機質に富んだ砂壌土が適している。多湿条件では湿害

図1　ケール

葉色が左半分は紫，右半分は緑の株

が発生しやすいため、高ウネにしたり暗渠や額縁明渠などの排水対策を講じる。

③主な作型・品種と適地

暖地・中間地であれば露地栽培で冬でも収穫可能であるが、冷涼地・高冷地では11月以降は低温で葉の展開が遅く、収量が下がる。

また、一概にケールと言っても、草丈30～50cmのものから2m以上に達するもの、葉の表面が縮れているものから滑らかなものまでさまざまである。例えば、キッチンケールは草高が低く、葉は楕円形～卵形で、葉に縮みがある。一方で、ツリーケールは草高が高く、2m以上に達し、葉は円形～楕円形で非常に大きく、葉はろう質が強くて滑らかであり、葉縁に縮れや欠刻を生じるものもある（表2）。

（執筆：高橋勇人）

表2　ケールの主な分類とその特徴と品種

主な分類	特徴	主な品種
キッチンケール	・草高は30～50cmと低い ・葉の形は楕円形～卵形 ・葉に縮みがある	キッチンケール（緑），キッチンケール（赤）（増田採種場）
カーリーケール	・葉の形は楕円形～卵形 ・葉に縮みとフリルがある	カリーノケール・ヴェルデ，カリーノケール・ロッソ（トキタ種苗）
コラード	・茎を単一で管理すれば，草高は1m程度に達する ・葉の形は円形～楕円形 ・葉はろう質が強くて滑らか ・葉縁は波状に湾曲，もしくは浅い欠刻がある	サンバカーニバル，スウィートグリーン（増田採種場）
ツリーケール	・草高は高く，2m以上に達する ・葉は非常に大きく，円形～楕円形 ・葉は厚くてろう質が強い ・葉縁の縮れや欠刻が生じるものもある	ジューシーグリーン，ジューシーパープル（増田採種場）
ブッシュケール	・草高は1～2m程度 ・葉は楕円形～広線形 ・分枝は地上20～50cmから始まる ・葉の表面の凹凸が強い	カーボロネロ，カーボログランリーフ（増田採種場） カーボロネロ・フォルツァ（トキタ種苗）
マローケール	・茎が太く，長い ・茎の髄を食用とし，一般的に家畜の飼料として作付けされる	—

夏まき栽培

1　この作型の特徴と導入

(1) 作型の特徴と導入の注意点

ケールは生育が旺盛で寒さに強く、暑さにも比較的強いため、栽培は比較的容易である。播種時期は、同じアブラナ科のキャベツ夏まき栽培に準じ、中間地や暖地では7月中旬～8月中旬に播種を行ない、30～40日間育苗した後に露地圃場に定植する。収穫は10月上旬から始まり、中間地・暖地では冬を越し

図2　ケールの夏まき栽培　栽培暦例

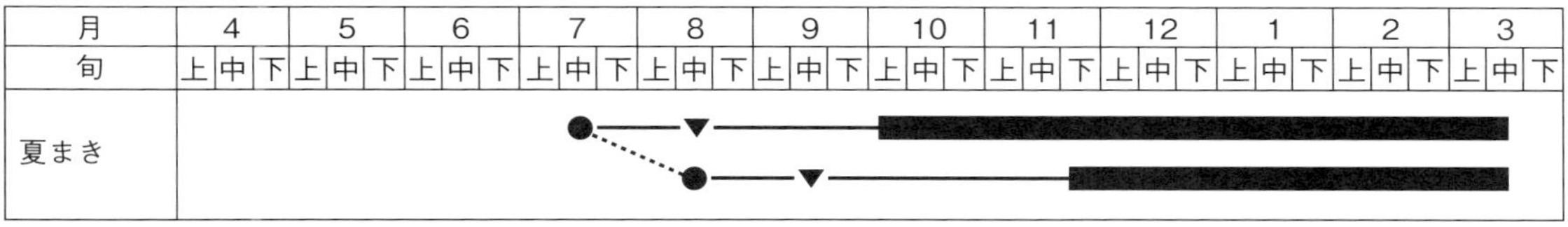

●：播種，▼：定植，■：収穫

表3　夏まき栽培のポイント

作業	技術内容	作業のポイント
播種	・移植栽培を基本とする ・128穴セルトレイに市販育苗培土を充填して，水稲育苗箱に入れる ・1セル1粒ずつ播種する ・播種後は培土が乾かないように灌水する	・セルトレイの端は培土が入りづらいため，注意して培土を詰める ・培土を充填した後に，手で上から軽く叩いて空気を抜く ・たっぷり灌水する。1～2時間置いて水をなじませてから播種するとよい
育苗	・育苗期間は約30～40日 ・灌水は基本的に午前中に行なう。夕方は培土が少々乾く程度でよい ・播種から2～3週間後から液肥を施用する	・夕方に灌水すると，徒長する危険があるため避ける ・育苗期間中は，とくに虫害に注意する
定植	・草丈が低いキッチンケールなどは株間30～40cm，高いツリーケールなどは株間70～80cmとする	・極端な浅植え，深植えを避け，セル専用培土が隠れる程度の深さで定植する ・土壌の水分保持や雑草対策などの観点からマルチを利用するのもよい
収穫	・収穫基準に達した葉から，順次かき取り収穫を行なう	・下位葉を5～6枚を残し，それより上位葉を順次かき取り収穫する。生育とともに，最初に残した下位葉が枯れて黄変するが，その際は新しく展開する葉を残す ・基本的には朝に行ない，日中に収穫して萎れている場合は水に1時間程度浸し，水気を切ってから予冷庫で保管するとよい

抽台が起こる春先まで収穫可能である（図2）。本作型は、梅雨時期～高温期に育苗、定植、株養成を行なうため、苗の徒長や病害虫による被害に注意する。

(2) 他の野菜・作物との組合せ方

ケール夏まき栽培は在圃期間が長いため、他の品目と組み合わせるのはむずかしい。また、連作障害を避けるため、アブラナ科の品目（キャベツやハクサイなど）と作期がバッティングしない、圃場のローテーションを考える必要がある。

2 栽培のおさえどころ

(1) どこで失敗しやすいか

育苗は、雨よけハウスなどで行なうのが望ましい。播種、育苗時期は高温期と重なるため、苗の徒長や乾燥に注意し、灌水量を調整する。育苗中も根腐れや害虫（主にチョウ目）の被害を回避するため、農薬散布を行なう。定植後は適切な管理を行ない、植物体自体を太く大きくつくることが、収量向上をねらううえで重要である。そのため、元肥を適量施用し、定植30日後、50日後、70日後のタイミングで追肥を施用すると、終盤まで収量を確保できる。

(2) おいしく安全につくるためのポイント

最も重要なのは、ケールに合った圃場で、よい苗を植えることである。そのため、定植前に有機物として完熟堆肥、pH矯正やカルシウム施用として苦土石灰を施用する。目安として、圃場面積10a当たり完熟堆肥は2t、苦土石灰は100kgをそれぞれ全面散布し、耕うんする。加えて、ケールは過湿条件に弱いため、額縁明渠や暗渠施行などの排水対策も十分に行ない、ウネを立てる際も高ウネにして排水性をよくする。また、苗つくりも大変重要で、徒長せず生育が揃っていて、葉色が濃い苗を育てる必要がある。

(3) 品種の選び方

生食用として栽培するのであれば、キッチンケールを選択する。野菜ジュースや青汁用として栽培するのであれば、葉が大きくて厚く、搾汁量が多いツリーケールやコラードを選択する。ただし、葉が大きくて厚いツリーケールやコラードでも、生育初期の若葉は生で食すことは可能である。一方で、ブッシュケールは生食には向かないが、炒め物や煮込み料理に向いている（前出表2参照）。

3 栽培の手順

(1) 育苗のやり方

移植栽培を基本とし、育苗は降雨を凌げる雨よけパイプハウスなどを利用して行なう。128穴セルトレイを用い、市販セル専用培土を、端の穴までしっかり詰める。培土を詰める際は、トレイを上から軽く叩き、空気を抜きながら詰めるとよい。

培土を詰めたら、水稲育苗箱へ入れてたっぷり灌水する。灌水後は、セルトレイの上からビニールをかけ、セル専用培土に水がなじむまで半日程度置いておく。水がなじんだら種子を落とすため、セル一つひとつに5㎜程度の穴をあける。指先で押して凹ませてもよいが、トレイの上から押し当てて凹ませる器具や、鎮圧ローラーを用いると、すぐに播種穴をつくることができる（図3）。1セル1粒播種とし、種子は手で一つずつ落としてもよいが、播種板を用いると一度に落とすことができる。

図3　鎮圧ローラー

播種後は穴が隠れる程度に覆土し、上から軽く抑えて灌水する。このとき、灌水の勢いが強すぎると覆土も種子も浮いてしまうため、優しく灌水するよう注意する。灌水後は上から新聞紙を被せて軽く灌水し、水分の蒸発を防ぐ。発芽までは3～5日程度で、その

間に新聞紙の乾き具合を目安に灌水し、発芽後は除去する。育苗中は苗が徒長しないように、灌水量や灌水のタイミングに注意し、播種から3週間後から液肥を週に1回程度施用する（図4）。

(2) 定植のやり方

夏まき栽培だと、播種から30～40日程度で定植できる。堆肥の施用や、湿害を防ぐための額縁明渠や暗渠施行など圃場準備は、定植の1～2週間前までに行なう。元肥量の目安は表4の通り、10a当たり窒素換算で15kg施用する。ウネ幅60cm程度、株間30～40cmの1条植えや、ウネ幅１５０～１８０cm、株間30～40cm程度の2条植えを基本とする。定植する際は、極端な浅植え、深植えを避け、セル専用培土が隠れる程度の深さで定植する。一方、草高が高いツリーケールだと、ウネ幅80cm程度、株間70～80cmの1条植えを基本とする。キャベツで使用するような定植機械を用いることも可能である。土壌の水分保持や雑草対策などの観点からマルチを利用する場合は、黒マルチ、銀黒マルチ（銀色が上側）、白黒マルチ（白色が上側）を用いる。

図4　育苗中のケール苗

表4　施用例　（単位：kg/10a）

	肥料名	施肥量	成分量		
			窒素	リン酸	カリ
元肥	堆肥	2,000	－	－	－
	苦土石灰	100	－	－	－
	CDUS555	100	15	15	15
追肥	りん硝安加里S604	30（10kg×3回）	16	10	14

(3) 定植後の管理

定植から約50～60日後から収穫可能である。収穫までは、植物体を太く大きく生育させることが重要で、品質向上、収量増加につながる。目安として、定植から30日後、50日後、70日後のタイミングで追肥を施用する。追肥量の目安は表4の通り、10a当たり窒素換算で5kg施用する。追肥は、無マルチ栽培の場合は通路に撒き、管理機で土寄せも同時に行なうのがよい。マルチ栽培の場合は、植穴から手を入れ、株元に円を描くように施用する。追肥後は病害虫被害が出やすいため、農薬散布を行なうのがよい。

(4) 収穫

収穫作業は下位葉を5～6枚を残し、それより上位葉を順次かき取り収穫する（図5）。生育とともに、最初に残した下位葉が枯れて黄変するが、その際は新しく展開する葉を残す。夏収穫では葉の展開が早く、葉の縮みが緩くて葉肉が薄く、葉重は軽い。一方で、冬収穫では葉の展開が遅く、葉の縮みが強くて葉肉が厚く、葉重は重い。また、赤色系品種は夏収穫では葉脈が赤い程度であるが、気温が低下するにつれ葉全体が色づき、12月には鮮やかな赤色のケールが収穫できる。収穫作業は基本的には朝に行ない、日中に収穫して萎れている場合は水に1時間程度浸し、水気を切ってから予冷庫で保管するとよい。

図5　ケールの栽培圃場の様子

4 病害虫防除

(1) 基本になる防除方法

多湿条件で根腐れや、べと病の発生リスクが高まる。圃場の排水性向上のために、額縁明渠や暗渠のほか、農薬散布を行なう。虫害では、主にチョウ目とアブラムシ類に注意する（表5）。とくにアブラムシは、葉の裏の農薬がかかりづらい場所に付着しているため、農薬散布時は葉の裏側に噴口を向け、薬液を巻き上げるように散布する。ケールに使用する農薬は、ケール、非結球アブラナ科葉野菜、野菜類で登録されている農薬を使用する。農薬を使用する際は、改めて登録内容を確認する。

表5　ケールで注意する病害虫と使用可能な農薬の一例

病害虫名	農薬の一例
べと病	ドイツボルドーA
チョウ目害虫	プレバソンフロアブル5，ゼンターリ顆粒水和剤
アブラムシ類	ダントツ水溶剤，スタークル顆粒水溶剤

注1）農薬の登録情報は，2022年7月末時点の情報である
注2）農薬を使用する際は，登録情報をよく確認のうえ使用する

5 経営的特徴

10a当たり1.6～2tを目標収量とし、追肥をしっかり施用して収穫終盤まで肥料切れを起こさないようにするのがポイント。かき取り収穫であるため鮮度が落ちやすく、長距離輸送は向いていない。近年生食が可能なキッチンケールはスーパーで見かけるようにはなったが、市場流通量はまだ少なく、顧客を確保しての契約栽培・出荷や産直への出荷を行なうのが理想である。

（執筆：高橋勇人）

ブロッコリー

表1　ブロッコリーの作型，特徴と栽培のポイント

主な作型と適地

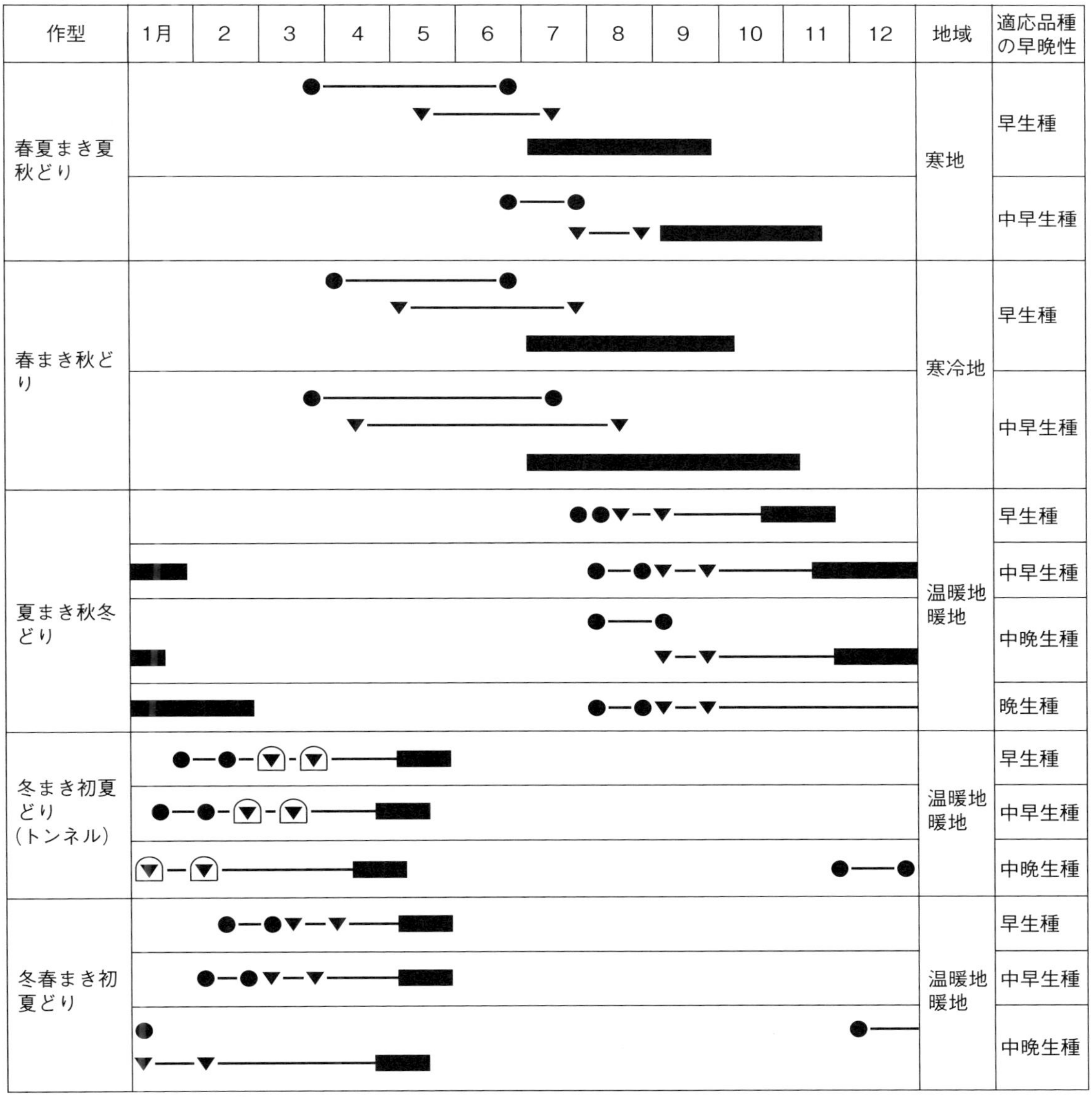

●：播種，▼：定植，⌒：トンネル，■：収穫

（つづく）

名称（別名）	ブロッコリー（アブラナ科アブラナ属），別名：緑花野菜（みどりはなやさい），芽花野菜（めはなやさい）
原産地・来歴	原産地は，北海からヨーロッパの大西洋沿岸・地中海沿岸で，この地域に生育していたケールの野生種が起源とされる。日本には明治時代に導入されたが定着せず，1980年以降に生産が増えた
栄養・機能性成分	カロテン，ビタミンB_9（葉酸）・C，カルシウム，食物繊維が豊富な緑黄色野菜で，辛み成分の一種スルフォラファンも多い
機能性・薬効など	カロテンには抗酸化作用，ビタミンCは免疫力を高める，ビタミンB_9は潰瘍，口内炎を予防する。スルフォラファンには抗酸化作用，解毒作用，ガン抑制効果がある
発芽条件	発芽適温は20～25℃，5℃以下，35℃以上で発芽不良になる
温度への反応	生育適温は15～20℃，5℃以下で花蕾が発育停滞，25℃以上では花蕾の発育・形状不良，−5℃で凍害が発生する
日照への反応	日当たりのよい圃場が適する
土壌適応性	土壌適応性は広いが，耐湿性は高くないので，排水性のよい土壌が適する。好適土壌pHは6.0～6.5で石灰を好む
開花習性	緑植物春化型で，一定の大きさになった株が22℃以下の温度と長日で花芽分化し，その後花蕾を形成する。品種ごとの感応葉齢と感応温度，低温要求量の組合せで早晩性が決まる
主な病害虫	病気：黒すす病，べと病，花蕾腐敗病，根こぶ病 害虫：コナガ，アオムシ，ヨトウムシ類，アブラムシ類
他の作物との組合せ	ブロッコリーの作型に応じてネギやスイートコーンなどさまざまな野菜，水田では水稲と組み合わせることができる。根こぶ病など病虫害が共通するアブラナ科の野菜との組合せは避ける

この野菜の特徴と利用

(1) 野菜としての特徴と利用

アブラナ科アブラナ属の野菜で、キャベツと同一種である。原産地は、北海からヨーロッパの大西洋沿岸・地中海沿岸で、この地域に生育していたケールの野生種が起源とされる。15世紀にイタリアでキャベツから花蕾を食するブロッコリーができ、19世紀にアメリカに導入されて本格的に栽培されるようになった。日本には明治時代にカリフラワーとともに導入されたが定着せず、一般化したのは1960年以降で、1980年以降の緑黄色野菜ブームにのって急速に需要・生産が増えた。

2020年の作付け面積は1万6600ha、出荷量15万8200t、産出額512億円で、近年、作付け面積、出荷量ともに高い増加率を示してきた。作付け増の要因は、手軽に調理できる栄養価の高い緑黄色野菜として需要が増大し価格が安定していた、耐暑性が優れる品種の育成で栽培できる地域が拡大した、多くの資材や高度な栽培技術を要さず導入しやすい、軽作業で高齢者や女性が取り組みやすいことなどがあげられる。現在の主な産地は北海道、埼玉、香川、愛知、長野、徳島、長崎県で、これらで作付け面積全体の約6割を占める。一方、輸入は、生鮮物が7000t、冷凍物が5万8600tもあり、1人当たり年間購入量は1.4kgである。

栄養面では、カロテン、ビタミンB_9（葉酸）とC、カルシウム、食物繊維などが豊富な緑黄色野菜で、ビタミンCはレモンより多い（100g当たりブロッコリーは120mg、レモンは100mg）。抗酸化作用と解毒作用があり、ガン抑制効果があるとされる辛み成分イソチオシアネートの一種であるスルフォラファンが多く、発芽した新芽のスプラウトには、本成分を花蕾の7～20倍含有する。

調理が簡単なゆでて食べることが多いが、炒め物やシチューの具材にもなる。茎も同様にしておいしく利用できる。

(2) 生理的な特徴と適地

発芽適温は20～25℃、生育適温15～20℃、5℃以下で花蕾の発育停滞、25℃以上では花蕾の発育・形状不良、マイナス5℃で凍害が発生するため、温暖な気候が適する。低温下で花蕾にアントシアンが発生して暗紫色に変色するが、この色素が発生しにくい品種も育成されている。

花成は緑植物春化型で、一定の大きさになった株が22℃以下の温度と長日で花芽分化が誘導され、花芽分化後に花蕾を形成する。15℃以下ではほとんどの品種が日長に関係なく花芽分化するが、20℃程度では長日でないと花芽分化しない。感応葉齢、花成誘導温度や花成誘導期間（低温要求量）に品種間差異があり、大苗ほど短い期間で花芽分化する。感応葉齢と感応温度、低温要求量の組合せで品種の早晩性が決まり、早生種ほど幼苗・高温で花芽分化する（表2）。このような特性を持つため、高温期に晩生種を使うと低温不足で収穫が遅れたり、花蕾ができないこともある。

食用部は花蕾と茎で、花蕾は主茎と側枝の先に形成される。花蕾を茎から切り離した小房をフローレット、これをいくつかに束ねたものがバンチと呼ばれる。花蕾粒数は、葉数や茎径、株の大きさにほぼ比例するため、株を大きくしてから花芽分化させると大きな花蕾を収穫できる。

花蕾は呼吸が旺盛で、クロロフィルを分解して花蕾を黄変させるエチレンの生成も多いため、収穫後の鮮度低下が早い。鮮度を大きく左右する呼吸、蒸散、エチレン生成抑制に最も効果的なのが低温である。貯蔵適温は0～2℃、湿度95％で、長距離輸送する場合は氷を詰めて出荷することが行なわれる。

根は比較的浅く張り、土壌適応性は広いが、耐湿性は高くないので、排水性のよい土壌が適する。水田に導入される事例も少なくないが、この場合、暗渠や明渠、高ウネを組み合わせて排水性を改善することが重要である。好適土壌pHは6・0～6・5である。吸肥力が強く、硝酸態窒素と石灰を好み、施肥は花蕾の大きさ、品質に大きく影響する。10a当たり養分吸収量は、窒素13～14kg、リン酸4～5kg、カリ17～18kg程度である。とくに、生育初期は窒素とリン、花蕾肥大期は窒素とカリが必要である。ホウ素要求量が比較的多いためホウ素入り肥料も施用する。

主な生理障害の発生要因と対策は表3のとおりである。

品種は、形状や用途の違いは少なく、主な相違点は早晩性と側枝発生の多寡、低温時のアントシアン生成の多少である。作型に共通して求められる特性は、花蕾がドーム状でボリューム感があり表面に凹凸がなく平滑、花

表2　ブロッコリー品種の早晩性と花芽分化条件（推定値）

早晩性	感応葉齢（枚）	茎径（mm）	感応温度（℃）	低温期間（日）	収穫までの日数（日）
極早生	6～7	3以上	22～23以下	4週間前後	85～90
早生	7～8	3以上	20～23以下	4週間前後	90～100
中早生	8～10	6以上	16～20以下	4～5週間	100～120
中生	10～12	6以上	15～18以下	5週間前後	120～150
中晩生	12～15	6以上	8～10以下	5～6週間	150～200

蕾粒が細かくて締まりがよい、濃緑色、花茎が太くて見栄えがよい、収穫物の揃いがよい、草姿が立性でコンパクトであることなどである（表４）。

夏季は高温、冬季は低温が栽培の規制要因となり、高温期には寒地や寒冷地に、低温期には温暖な地域が適地になるが、北陸で冬季の生産もみられる。

（執筆：川城英夫）

表3　ブロッコリーの生理障害の発生要因と対策

障害名	症状	発生要因	対策
ブラインド	心止まり	育苗期から生育初期に極端な低温もしくは高温によって花芽が座止したもので，日照不足が発生を助長	育苗期から生育初期に極端な低温や高温にしない
ボトニング（バトニング）	早期出蕾で花蕾が小さい	低温や活着不良，肥料切れ，湿害などにより花蕾肥大に必要な葉数を確保する前に花芽分化することで発生	育苗期の夜温を10℃以上に管理する。本圃での低温を避けるため無理な早播きをしない。順調に活着させ，肥料切れ，湿害を防止して出蕾期までに十分大きな株をつくる
リーフィー	花蕾の中に小葉片が発生する	花芽分化時に低温感応が不十分であったり，花芽分化後に高温に遭遇すると栄養生長が助長され，花蕾の中で小葉片が発育する。窒素過多で助長	窒素過多にしない
キャッツアイ	花蕾粒の不揃い。小花蕾中央部に黄緑色の花蕾基部がのぞく	花蕾肥大期の急激な温度上昇を含む高温，窒素，水分過多で発生	適期播種，肥培管理を適切にする
ブラウンビーズ	花蕾が黄変，枯死して褐変する	花蕾肥大期の高温や乾燥，根が障害を受けると発生しやすい	無理な早播きをしない。排水対策を行ない，圃場を適湿に保つ。適期に収穫する
不整形花蕾	花蕾面の蕾の発育が揃わず，花蕾が凹凸になる	花蕾肥大期の高温，窒素過多で生長が早すぎると発生しやすい	肥培管理を適切にし，排水対策を行なう。定植時にスムーズに活着させる
花茎空洞症	花茎の中が空洞化する。水浸状になったり褐変することもある	高温，窒素過多で急激に生長すると発生しやすい。生育旺盛な株に発生しやすい	花蕾発育期に窒素を効かせすぎない
かさぶた症	茎の表面がかさぶた状にコルク化する	花蕾肥大期の高温や極端な低温，窒素過多，ホウ素欠乏，根が障害を受けると発生しやすい	ホウ素資材を施用し，多肥にしない

表4　ブロッコリーの作型に共通して望まれる主な品種特性

時期	望まれる主な品種特性
栽培時	・草姿の揃いがよく，根張りがよい ・草姿コンパクトで，葉のつき方が地面から60度ほどの立性で，倒伏しにくい ・側枝や側花蕾が生じない ・収穫期の早晩性が安定している ・黒腐病，べと病，斑点細菌病などの病害発生が少ない
収穫時	・花蕾の大きさが2L（花蕾径が12～13cm，350～400g）で，揃いがよい ・花蕾がドーム型で形よく盛り上がり，表面が滑らかでボリューム感がある ・ボトニングや不整形花蕾，キャッツアイ，リーフィー，ブラウンビーズなどの異常花蕾が発生しにくい ・蕾粒の大きさが1～2mm程度で締まりがよく，色は濃緑である ・茎内部の空洞がない ・茎が太く，花蕾ドームとのバランスがよい ・花蕾の緑が濃く，アントシアンによる変色がない

夏まき秋冬どり栽培

1 この作型の特徴と導入

(1) 作型の特徴と導入の注意点

この作型は、ブロッコリーの生育に適した気候条件となるため比較的栽培しやすい。

良質な花蕾を得るためには、品種に応じた播種・定植適期を厳守する必要がある。

また、花蕾の収穫適期の幅が短い作物であるため、収穫期の労力配分や連続的に収穫できるよう品種構成に配慮し、計画的な作付けを行なう。

(2) 他の野菜・作物との組合せ方

同じアブラナ科野菜の連作は避け、ネギやスイートコーン、ジャガイモ、エダマメなどと組み合わせるとよい。

2 栽培のおさえどころ

(1) どこで失敗しやすいか

育苗期間が高温になるため、苗つくりに気をつかう。灌水のしすぎによる苗の徒長や、培土の肥切れに注意する。低温多雨の年には苗が軟弱徒長しやすくなるため、定植後の病害発生のリスクが高まることを念頭に置く。

定植後、過度な高温や乾燥状態であると活着が悪くなり、時には苗が枯死することがあるため、灌水作業を要する。一方で、ブロッコリーの根は過湿に弱いため、生育期間中の長雨や台風の大雨による湛水に注意が必要である。水はけのよい圃場を選び排水対策を講じる。

(2) おいしく安全につくるためのポイント

ボリュームのある硬く締まったおいしいブ

図1　ブロッコリーの夏まき秋冬どり栽培　栽培暦例

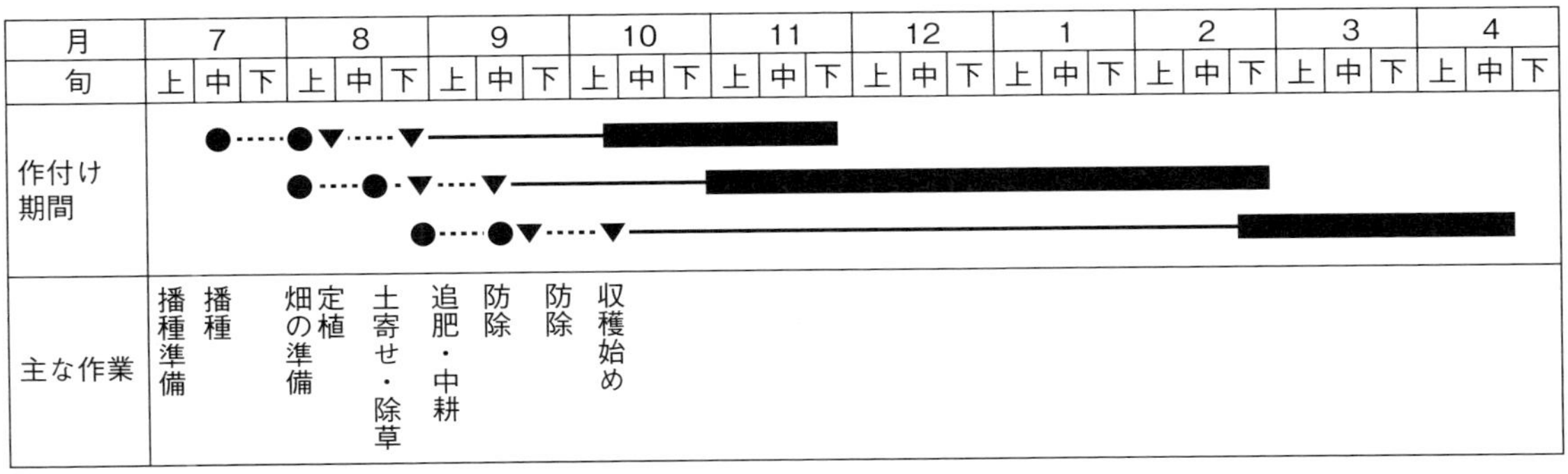

●：播種，▼：定植，■：収穫

ロッコリーをつくるためには、花蕾形成までに株を十分に生育させたい。しっかりと根を張らせるために、堆肥などの有機質資材を投入して土つくりを行なうこと、苗を老化させないよう適期に定植し、速やかに活着させることがポイントである。

(3) 品種の選び方

栽培する地域の気象条件に合わせた品種選定が重要である（表5）。品種ごとに播種か

表5　夏まき秋冬どり栽培に適した主要品種の特性（埼玉県）

品種名	販売元	播種後収穫までの日数	播種時期	収穫時期	草姿など
サマードーム	サカタのタネ	95～105	7月中下旬	10月中旬～11月下旬	極立性，耐暑性
SK9-099	サカタのタネ	85～90	7月下旬～8月上旬	10月下旬～11月	立性，耐暑性，花蕾が緩みにくい，細菌病に強い
あらくさ53号	朝日アグリア	95～100	7月下旬～8月上旬	10月下旬～12月上旬	やや立性，花蕾が緩みにくい，花蕾の着生位置が高い
おはよう	サカタのタネ	95	8月1日～20日	11月～1月	立性，アントシアンフリー，低温伸長性
ファイター	ブロリード	95	8月上旬	11～1月	立性，アントシアンフリー
こんにちは	サカタのタネ	105～110	8月上旬～下旬	11月中旬～1月	立性，アントシアンフリー，草勢がやや強い
グランドーム	サカタのタネ	115～120	7月中旬～8月上旬	11～12月	やや立性，草勢が強い，根張りがよい，耐湿性
こんばんは	サカタのタネ	150	8月中旬	1～2月	立性，アントシアンフリー，低温伸長性，花蕾耐寒性，草勢がやや強い
クリア	ブロリード	145	8月下旬	1～3月	半開帳性，アントシアンフリー，根張りがよい
ウインタードーム	サカタのタネ	150	8月10日～20日	1～2月	立性，べと病耐病性，草勢がやや強い
レイトドーム	サカタのタネ	180	9月上中旬	2月下旬～3月上旬	立性
ゆめさくら	野崎採種場	200～210	9月中旬	3月中旬～4月	立性，根張りがよい
晩緑105	野崎採種場	210～220	9月中下旬	4月中下旬	立性，耐寒性

注）メーカー資料より抜粋

ら収穫までにかかる日数（早晩性）や栽培適期が示されているので、希望する収穫期に合ったものを選ぶ。

厳寒期には、花蕾にアントシアンが出て紫色になることがあるが、取引先がそれを好まない場合は、アントシアンフリーの品種を選ぶ。品種によっては寒さにあたると花蕾の表面が白く変色することがある。

直売経営では、頂花蕾の収穫後に脇芽が育って側花蕾が収穫できる「頂・側花蕾兼用」品種を利用すると、長く収穫・出荷販売することができる。

3 栽培の手順

(1) 育苗のやり方

育苗方法としては、地床育苗、ポット育苗、セルトレイ育苗があるが、育苗面積が少なくてすみ、管理が省力できること、機械移植が可能なことなどから、セルトレイ育苗が一般的になっている。

セルトレイ育苗（図2）は、雨よけハウス内で行なうとよい。露地で行なう場合に

は寒冷紗でトンネルをかける。セルトレイ（128穴、144穴など）に専用培土を詰め、中央につけたくぼみに1穴1粒播き、覆土する。コート種子を用いると、簡易な播種機を利用できる。覆土後、十分に灌水し、新聞紙で被覆する。発芽まで屋内や風通しのよい涼しい場所に置く。2日程度で発芽してくるので、新聞紙を除去しハウス内に並べる。夕方に行ない、日中の強日射を直接当てないようにする。

トレイは地面に直置きせず、ブロックなどに渡した直管パイプの上に並べ、地面との間に空間をつくる。灌水は早朝に行なう。高温期にはさらに1～2回の灌水が必要になることもあるが、夜間は乾き気味になるよう管理する。晴天で高温になる場合には寒冷紗などで遮光するが、光合成促進のため、遮光は午後行なう。苗の徒長を防ぐため、過剰な灌水は避け、風通しをよくする。

育苗培土中の肥料分は約2～3週間で切れるため、育苗後半には生育に応じて液肥を用いて追肥する。育苗日数は22～30日程度で、本葉2～3枚の若苗を定植する（図3）。

表6　夏まき秋冬どり栽培のポイント

	技術目標とポイント	技術内容
定植の準備	◎圃場の選定と土つくり	
	・圃場の選定	・連作を避ける ・排水がよく保水力のある圃場を選定する
	・土つくり	・完熟堆肥を2t/10a程度施用する
	◎施肥基準	・pH6.0～6.5を目安に土壌酸度を矯正する
	◎ウネ立て	・湿害を受ける可能性のある圃場ではウネをつくる
育苗方法	◎播種の準備 ・セルトレイ育苗	・高温期の育苗では白色のセルトレイを使用するとよい ・コート種子は十分吸水させる必要があるため，播種後しっかり灌水しておき，発芽まで灌水はしない ・苗の徒長を防ぐため，育苗中の灌水量は夕方には培土の表面が乾きぎみになるよう調節する ・高温期には遮光し温度を下げる。光合成の促進を図るため午前中は光線をあて，遮光は午後行なう ・育苗後半に肥料切れを起こすと下葉の黄化などがみられるため液肥で補う
定植方法	◎栽植密度	・ウネ間60～70cm, 株間30～40cmとする（4,000～5,500株/10a）
	◎適期定植	・セルトレイ育苗では22～30日の若苗を定植する。曇りの日や夕方に行なうとよい
	◎順調な活着の確保	・定植後は灌水し活着を促す
定植後の管理	◎除草	・定植後10日～2週間後（本葉4～5枚）を目安に，土寄せ・除草を行なう。子葉の上まで土寄せする
	◎追肥	・定植後1カ月ころ（本葉8～10枚）を目安に通路に窒素成分で2～3kg/10a程度の追肥を施し，小型管理機などで中耕し株元へ土寄せする ・遅い作型ではさらに2回目の追肥作業を行なうこともある
	◎病害虫防除	・秋に雨が多い年にはその後の病害の発生が多くなるため，防除を徹底する
収穫	◎適期収穫	・硬く締まった花蕾を収穫する。産地では花蕾の直径12～15cmで収穫しているが，直売では多少大きくてもよい ・水分があると傷みの原因になるため，水滴をよく切る

図2　セルトレイでの育苗

図4　定植作業

図3　健全な苗

表7　施肥例　（単位：kg/10a）

	肥料名	施肥量	成分量		
			窒素	リン酸	カリ
元肥	堆肥	2,000			
	苦土石灰	150			
	BM 有機化成 NN188H	80	8	6.4	6.4
追肥	BM 有機化成 NN188H	40	4	3.2	3.2
施肥成分量			12	9.6	9.6

(2) 定植のやり方

定植圃場には、堆肥などの有機質資材を施用し、元肥を施す。過去にアブラナ科野菜を栽培したことのある圃場ではホウ素欠乏症を防ぐため、ホウ素入りの資材を使用するとよい（表7）。根こぶ病の発生が心配される場合には、石灰質資材で土壌酸度を矯正し、殺菌剤を土壌処理する。

平ウネでも栽培可能だが、湿害を受ける恐れのある圃場では高ウネとする。

栽植密度はウネ間60〜70cm、株間30〜40cmとし、定植が早い作型や開帳性の品種では疎植に、遅い作型や立性の品種では密植にする。

定植後は灌水を行なう。高温乾燥が続く場合には、活着するまで灌水作業が必要になることがある。

(3) 定植後の管理

土寄せ・除草　定植後10日〜2週間後に、土寄せ・除草を行なう。子葉の上まで土寄せする。土寄せの際には茎葉を傷つけないよう注意する。排水性の向上、早期除草の効果がある。

除草剤を使用する場合には定植後、苗がしっかり活着してから処理する。

追肥・中耕・除草　定植後1カ月ころを目安に、通路への追肥、中耕・土寄せを行なう。雑草防除、倒伏防止の効果もある。遅い作型ではさらに2回目の追肥作業を行なうこともある。

(4) 収穫

ブロッコリーの品質は、花蕾が硬く締まっていることが重要視される。生育が進むと花蕾がゆるんでくるため、とり遅れに注意する。

収穫後の花蕾は、呼吸消耗や蒸散作用により、黄化や萎びなど品質の低下が進む。それを防ぐため、気温が高い時期には早朝に収穫するなど、品温を上げないようにする。産地では蒸散を抑制するため花蕾を鮮度保持フィルムで包装し、予冷庫で品温を下げてから流通に乗せている。

また、花蕾が濡れていると傷みの原因となるため、水滴をよく切る。

図5　収穫の様子

4 病害虫防除

(1) 基本になる防除方法

秋に降雨が多い場合には病害の発生リスクが高まるため、定期的に防除を行なう。

花蕾に黒斑症状をもたらし商品価値を下げるべと病、花蕾腐敗病、黒腐病、黒すす病（図6）にはとくに注意が必要で、花蕾形成前までの防除を徹底し、予防に努める必要がある。

害虫ではコナガ、アオムシなどのチョウ目、アブラムシ類が問題となる。花蕾部分に寄生されると商品価値が下がるため、発生初期に防除する。

表8　病害虫防除の方法

	病害虫名	防除法
病気	根こぶ病	連作を避ける。土壌pHを7.0前後に調整する。定植時に薬剤を処理する。オラクル粉剤，ネビジンSC，フロンサイドSC。発病程度が軽い場合，オラクル顆粒水和剤の苗箱灌注や定植後の株元散布も有効
	べと病	10～20℃前後で降雨が多いと発生しやすい。10～11月が低温多湿の場合注意が必要。アミスター20フロアブル，ホライズンドライフロアブル，ピシロックフロアブル，フォリオゴールド
	黒すす病	25℃前後で降雨が多いと発生しやすい。9～10月が多湿の場合に注意が必要。パレード20フロアブル，アミスター20フロアブル，シグナムWDG
	菌核病	多湿条件で発生しやすい。アフェットフロアブル，トップジンM水和剤，シグナムWDG
	黒腐病	残渣とともに土中に残った細菌が伝染源となる。9～11月が温暖・多湿の場合に注意が必要。カスミンボルドー，ヨネポン水和剤，Zボルドー
	軟腐病	土壌伝染性病害。大雨や台風の後に発生しやすい。連作を避け，予防に努める。スターナ水和剤，Zボルドー
	花蕾腐敗病	花蕾形成期が低温・多湿の場合に注意が必要。花蕾形成初期（花蕾径1cm前後）に2回以上予防散布をするとよい。花蕾径5cm以降の銅剤散布は薬害や汚れが生じやすいので避ける。マイコシールド，Zボルドー，コサイド3000
害虫	アオムシ コナガ	発生初期に防除する。苗箱への灌注処理も有効。コナガは薬剤抵抗性がつきやすいため，異なる系統の薬剤を選択する。ジュリボフロアブル，プレバソンフロアブル5，アファーム乳剤，ディアナSC
	ハイマダラノメイガ（シンクイムシ）	育苗期，生育初期に生長点を食害されると被害が大きい。苗箱へ処理が効率的。ジュリボフロアブル，プレバソンフロアブル5，アクタラ粒剤5，ディアナSC
	アブラムシ類	葉裏に寄生するためムラのないよう薬剤散布する。ウララDF，コルト顆粒水和剤，ダントツ水溶剤

(2) 農薬を使わない工夫

根こぶ病などの土壌伝染性病害の発生を防ぐため連作しない。また、土中に残った被害残渣が次作の発病源となるため、発病株は除去し、圃場外で処分する。根こぶ病は、土壌pHを上げる（7・0前後）ことで発病を抑制できる。

花蕾腐敗病に対して有効な微生物資材を活用する。

5 経営的特徴

市場出荷の場合の経営指標は表9のとおりである。労力面では収穫、荷造り作業が約半分を占めている。産地では収穫期を分散し2人の労力で2ha程度の作付けを行なっているが直売では販売可能な数量を考慮して作付ければよい。

（執筆：鳥居恵実）

図6　黒すす病

表9　夏まき秋冬どり栽培の経営指標

項目	
収量（kg/10a）	1,200
単価（円 /kg）	300
粗収入（円 /10a）	360,000
経営費（円 /10a）	200,100
種苗費	12,000
肥料費	25,000
薬剤費	25,000
資材費	9,800
動力光熱費	3,300
農具費	150
償却費	38,000
荷造経費	23,850
流通経費	63,000
農業所得（円 /10a）	159,900
労働時間（時間 /10a）	146

冬春まき春（初夏）どり栽培

1 この作型の特徴と導入

(1) 作型の特徴と導入の注意点

12月～3月に定植し、4月上旬から6月上旬まで収穫する作型である。生育適温を確保するため、定植時期に応じてマルチ、トンネル、ベタがけなどによる保温が必要となる。露地栽培に比べ、資材コストやトンネルの設置作業、換気作業などの労力がかかる。また、厳寒期の育苗となるため、秋冬どり栽培よりも設備や手間が必要となり導入しづらい。

収穫期には気温が高くなるため収穫作業が集中する。計画的な作付けを行なう。

(2) 他の野菜・作物との組合せ方

水田を利用した水稲との組合せを行なっている。アブラナ科との連作は避ける。

2 栽培のおさえどころ

(1) どこで失敗しやすいか

この作型では、品種選定を誤ると、生育量が不十分なうちに花蕾をつけるボトニングを起こすことがあるため、栽培地域や時期に合った品種を選定する。

ハウス内での育苗では、15℃を下回ると葉にべと病が発生しやすくなる。一方、晴天の日には急激に温度が上がるため、育苗トンネルの開閉やハウス換気によるこまめな温度管理が求められる。

本圃のトンネル栽培では高温で異常花蕾が発生することがあるため、換気による温度管理が必要である。

(2) おいしく安全につくるためのポイント

秋冬どり栽培と同様に、茎葉をしっかりと

図7　ブロッコリーの冬春まき春（初夏）どり栽培　栽培暦例

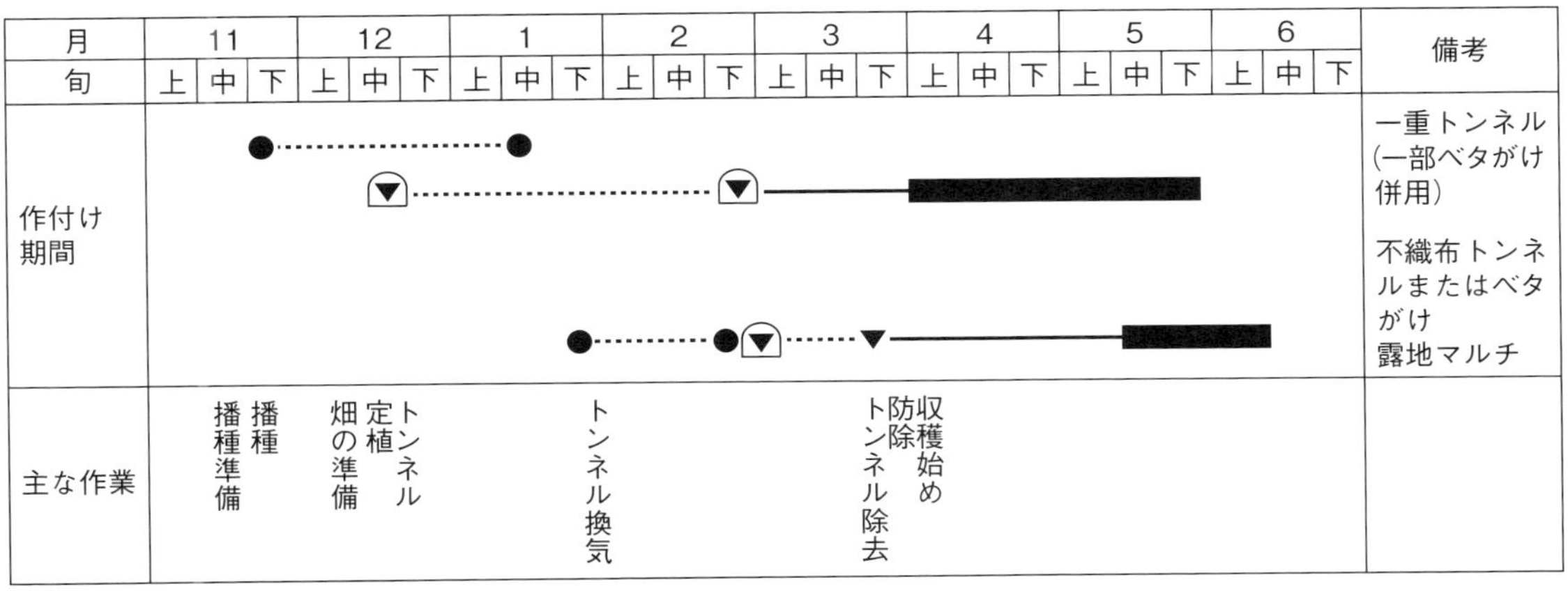

●：播種，▼：定植，⌒：トンネル，■：収穫

育てる。生育前半の防除回数は少ない。

(3) 品種の選び方

ブロッコリーは低温に反応して花芽分化をする性質があり、低温条件下では早生品種ほど生育の早い段階で花芽分化する。茎葉がしっかり育ってから花蕾を形成させたいので、厳冬期の栽培では低温感受性の鈍い中晩生品種などを選ぶ。早生や中早生品種はしっかりと保温するか、やや寒さが緩んでからの栽培に用いる。地域により栽培適性が異なるため、地域で導入実績のある品種を選ぶと安心である。

表10　冬春まき春（初夏）どり栽培に適した主要品種の特性（埼玉県）

品種名	販売元	播種後収穫までの日数	播種時期	収穫時期	早晩性
グランドーム	サカタのタネ	115～120	11月下旬～12月	4月上旬～5月中旬	中晩生
ウィンベル	渡辺農事	105	12月中旬～1月上旬	4月中旬～5月中旬	中早生
ピクセル	サカタのタネ	90	1月上旬～2月中旬	4月下旬～5月	早生
おはよう	サカタのタネ	95	1月上旬～2月中旬	4月下旬～5月	中早生
SK9-099	サカタのタネ	85	1月中下旬～2月	5月上旬～6月上旬	極早生
サマードーム	サカタのタネ	95～105	2月下旬～3月上旬	5月下旬～6月	中早生

注）メーカー資料より抜粋

3 栽培の手順

(1) 育苗のやり方

セルトレイ育苗を行なう。育苗ハウスに苗床をつくり二重トンネルで保温する（図8）。発芽を揃えるため、電床線による加温ができるとよい。トレイは地面に直接触れないよう、直管パイプの上に並べる。苗が徒長しや

表11　冬春まき春（初夏）どり栽培のポイント

	技術目標とポイント	技術内容
定植の準備	◎圃場の選定と土つくり	・連作を避ける
	・圃場の選定	・排水がよく保水性のよい圃場を選定する
	・土つくり	・完熟堆肥を2t/10a程度施用する
	◎施肥基準	・全量元肥とする
育苗方法	◎播種の準備 ◎健苗の育成	・セルトレイ育苗。200穴，144穴トレイを使用 ・育苗ハウス内に苗床を設置し，二重トンネルで保温する ・発芽適温25℃前後，生育適温15℃～20℃。夜間は5～10℃に保つ ・生育後半は徐々に管理温度を下げ，定植に向け順化させる
定植方法	◎栽植密度	・2条植え，3条植えにする。株間30～35cm
	◎適期定植	・定植1週間前までにベッドをつくり，黒マルチを張り地温を確保する。土壌水分がほどよい状態であるときが望ましい
	◎順調な活着の確保	・定植後，灌水を行ない，ただちに保温する。定植時期の気候に合わせトンネルやベタがけ（あるいは両方）などの資材を選択する
定植後の管理	◎トンネル温度管理	・活着後はトンネル内の温度が25℃以上にならないよう換気する
	◎病害虫防除	・トンネルは花蕾の見え始める前に除去するが，急激な温度変化が花蕾に影響することがあるため，徐々に換気量を増やし外気温に十分慣らしてから除去する
収穫	◎適期収穫	・とり遅れに注意する

すいため、灌水は培土の表面が乾いたら行なう程度とし、極力乾かしぎみに管理する。また、灌水ムラは苗の生育ムラにつながるため注意する。生育を揃えるため、育苗途中で苗箱の配置を入れ替えるとよい。育苗後半は徐々に管理温度を下げ、定植に向けて順化を行なう。育苗期間35日程度で本葉3枚の苗に仕上げる。

自家育苗がむずかしい場合、購入苗を利用することもできる。届いた苗はすぐ植えるのではなく、ハウス内で管理し外気に慣らすとよい。

(2) 定植のやり方

施肥はマルチ栽培のため、原則として全量元肥とする（表12）。元肥の施用後、ベッドをつくりマルチを張る。地温を確保するため、定植作業の7日前までに行なうとよい。

定植後、1株ずつ灌水し、速やかにトンネル被覆（あるいはベタがけも併用）する。トンネルの被覆作業に支障が出ないよう、定植は風のない日を選ぶ。手植えの場合には、あらかじめトンネルをかけて準備しておく。

(3) 定植後の管理

日中のトンネル内の温度は、25℃以上の高温にならないよう管理する。無孔トンネルでは、おおよそ1月ころから徐々に裾換気を始める必要がある（図10）。2月に入ると日射量が増え、晴天時には温度が上がりやすくなるため、さらに注意が必要である。急激な温度変化を避けるため、換気は一度に開放するのではなく、開口部を徐々に増やしていく。穴あきの資材（図11）では、初期の換気の回

図8　春ブロッコリーのハウス内育苗

表12　施肥例　（単位：kg/10a）

	肥料名	施肥量	成分量		
			窒素	リン酸	カリ
元肥	堆肥	2,000			
	苦土石灰	150			
	BM有機化成NN188H	140	14	11.2	11.2

図9　定植本数とベッド幅の例

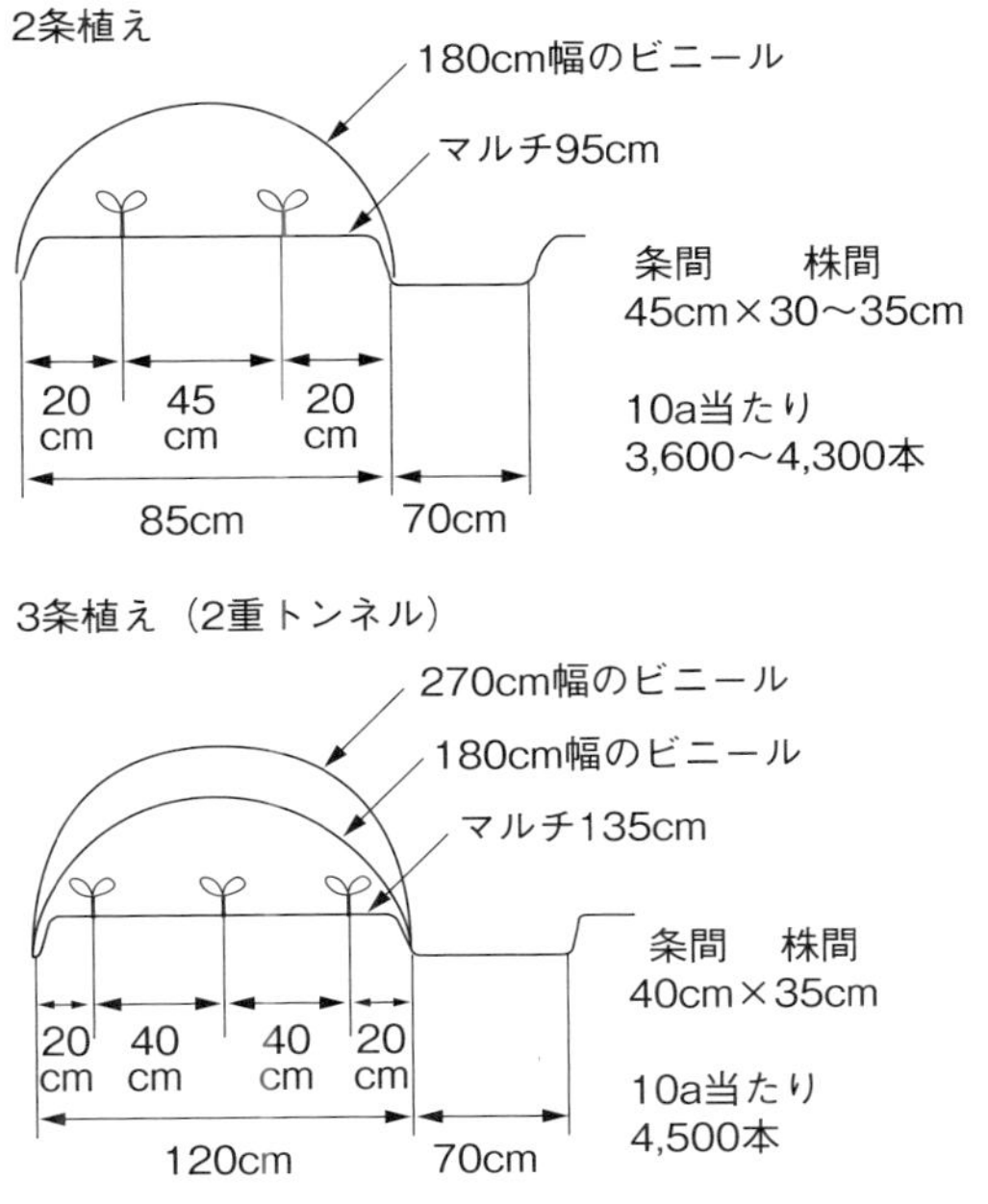

図10　無孔トンネルの例

図11　有孔トンネルの例

数を減らすことができる。

トンネル資材の除去の目安は花蕾が見え始めるころ、または、茎葉が茂り、フィルムに押しつくようになったころ、または4月に入り気候が安定したころである。除去した資材は端に寄せて置き、遅霜の危険性がある時に緊急的に再度被覆できるようにしておくとよい。

(4) 収穫

春には気温が上がり、花蕾の肥大スピードが速くなるため、とり遅れに注意が必要である。

秋冬どりと同様に、花蕾の温度が上昇しないよう朝どりする。花蕾に付着した水滴は腐敗の原因となるため、水気をよく切る。

4 病害虫防除

(1) 基本になる防除方法

育苗期にはべと病が発生しやすい。本圃ではトンネル内が多湿になるため、べと病、菌核病の発生が心配される。暖かくなるとアオムシ、コナガなどの害虫が発生する。

苗箱に薬剤を灌注処理してから定植すると安心である。また、トンネルを除去したタイミングで一度防除を行なうとよい。

(2) 農薬を使わない工夫

育苗期のべと病対策では、ハウスの換気時間や夜間の被覆方法を工夫し、トンネル内が低温多湿になる状態をできるだけ避けるように管理するとよい。

菌核病の発生が心配される圃場では、収穫後の夏期に湛水処理を行なうと発生が軽減される。

5 経営的特徴

市場出荷の場合の経営指標は表13のようになる。産地では2人の労力で1・5ha程度の作付けを行なっている。収穫期が集中するため直売では取組みづらいが市場出荷も考慮して導入するとよい。

（執筆：小山　藍）

表13　冬春まき春（初夏）どり（トンネル）栽培の経営指標

項目	
収量（kg/10a）	1,200
単価（円 /kg）	360
粗収入（円 /10a）	432,000
経営費	239,700
種苗費	11,100
肥料費	30,000
薬剤費	20,000
資材費	380,00
動力光熱費	3,300
農具費	300
償却費	42,000
荷造経費	24,000
流通経費	71,000
農業所得（円 /10a）	192,300
労働時間（時間 /10a）	180

秋まき春（初夏）どり栽培

1 この作型の特徴と導入

(1) 栽培の特徴と導入の注意点

低温期に栽培をスタートし、気温の上昇とともに生育を進め、5月を中心に収穫する作型。太平洋沿岸の温暖な地域では、露地栽培で5月上旬から収穫できる。それより早い時期の収穫をねらう場合、不織布によるベタがけ、マルチ、トンネルなどを利用して栽培することになる（図13）。トンネル栽培で温度が高くなりすぎると花蕾の形状が乱れやすいため、日中の温度が25℃を超えないように換気する必要がある。

生育前半は生育がおだやかで病害虫の発生も少ないため、比較的余裕を持って管理できる。しかし、後半になると生育スピードが早くなり、病害虫の発生が増えるとともに、収穫適期も短いため、余裕を持った栽培計画を立てる必要がある。

図12　ブロッコリーの秋まき春（初夏）どり栽培　栽培暦例

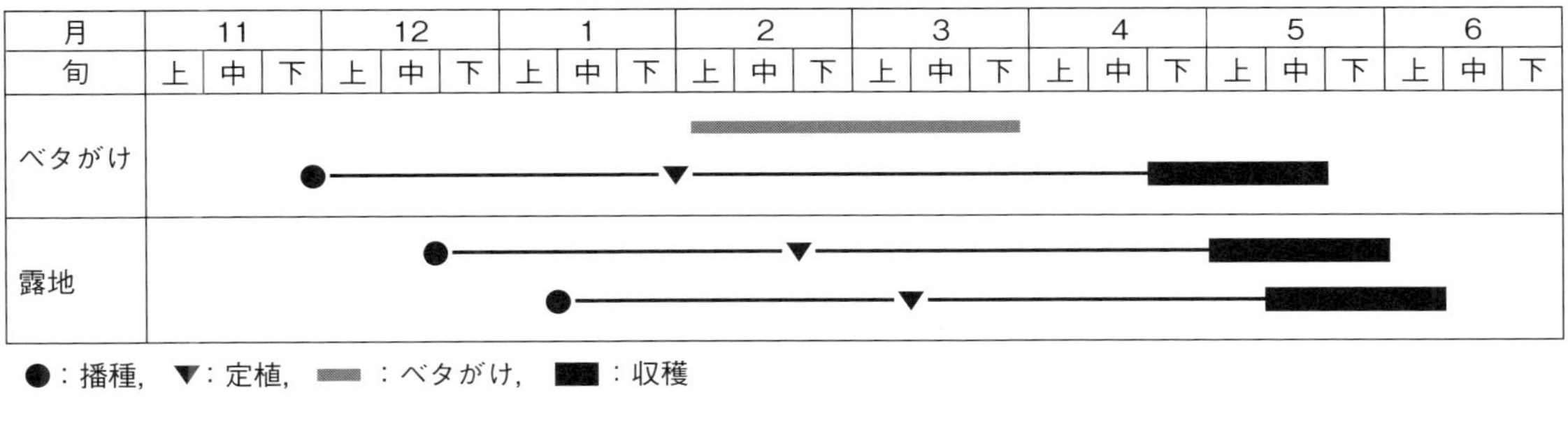

図13　不織布のベタがけ栽培

(2) 他の野菜・作物との組合せ方

経営の主体となる夏まき秋冬どりブロッコリーと組み合わせ、ブロッコリー専作とする事例が多い。

その他、キャベツ、レタスなど、1月までに収穫が終了する秋冬作と組み合わせることができる。

2 栽培のおさえどころ

(1) どこで失敗しやすいか

ブロッコリーは排水性のよい圃場を好み、降雨後に水たまりが残るような場所では、根傷みにより健全な生育は望めず、病害虫の発生も多くなる。このため、本作型終了後、秋冬作の作付けまでの間に、堆肥や緑肥による土つくりに努めるとともに、圃場のでこぼこを直して表面排水を促し、サブソイラーなどにより深耕して排水性を向上させる。

低温期を経過し、花蕾が形成されるころには気温が高くなる作型のため、花蕾品質が低下する障害が発生しやすい。このため、栽培する地域の気象条件、作型に合った品種を選定し、適期に栽培することが重要である。

(2) おいしく安全につくるためのポイント

根傷みなどにより健全な生育を確保できないと、収穫時期がずれたり小玉化するばかりでなく、病害虫の発生が多くなる。収穫まで健全かつスムーズに生育させるため、秋冬作の作付け前に堆肥施用や緑肥栽培することにより、土壌の物理性改善に努める。

ブロッコリーの生育には、適度な窒素の肥効が必要であるが、施肥量が多すぎると軟弱に生育し、病害虫の発生が多くなる。このため、生育に応じて必要量を施肥することが望ましい。窒素が効きすぎることで、花蕾に葉

表14　秋まき春(初夏)どり栽培に適した主要品種の特性(愛知県東三河)

品種名	販売元	特性
恵麟	トキタ種苗	ベタがけ栽培は11月20日～12月10日に播種し，4月下旬～5月中旬に収穫，露地栽培は12月10日～31日に播種し，5月に収穫する。花蕾の締まり，収穫の揃いに優れるが，アントシアンが発生しやすい
ベルネ	トヨタネ	1月1日～20日に播種し,5月中下旬に収穫する。花蕾の形状は安定しているが，低温・寡日照での育苗で心止まりが発生することがある
ボルト	トヨタネ	1月1日～20日に播種し,5月中下旬に収穫する。花蕾の形状は安定しているが，低温・寡日照での育苗で心止まりが発生することがある
サマードーム	サカタのタネ	1月1日～20日に播種し，5月中旬～6月上旬に収穫する。死花の発生が少ないため，遅い時期の収穫に適している

が差し込むリーフィーや花蕾形状の乱れが発生しやすくなる（58ページ表3参照）。

(3) 品種の選び方

栽培地域の状況や作型に合った品種を選定する。低温期に栽培を開始することで、植物体が小さい段階で花芽分化しやすい品種だと、小さい花蕾になるボトニングが発生しやすいため、ボトニングが発生しにくい品種の選定が重要となる。

一方、収穫時期に向けて気温が上昇し、花蕾の一部が枯死するブラウンビーズ、花蕾に葉が差し込むリーフィー、花蕾形状の乱れなどが発生しやすくなるため、これらの障害が発生しにくいことも重要な品種特性となる。

3 栽培の手順

(1) 育苗のやりかた

① 育苗方法

この作型はブロッコリーの生育適温である15～20℃より気温が低い時期の育苗であり、品種によっては低温で心止まり（ブラインド）の発生が多くなるため、保温できる育苗ハウス内で育苗する。育苗方法は、省スペースで省力的な育苗が可能なセル成型育苗が望ましい。

② 育苗の手順

１２８穴セルトレイに市販の育苗培土を軽く詰め、余分な培土を取り除いた後、セルの底面から水が出る程度まで十分に灌水し、ローラーで鎮圧して播種する穴をあける。気温が低く徒長しにくいため、夏まき秋冬どり作型より窒素含量の高い育苗培土を利用してもよい。１つのセルに1粒ずつ播種するため、造粒されたコート種子を利用するのが好ましい。その後、バーミキュライトで各セルの境目が見える程度に覆土し、軽く灌水する。

ブロッコリーの発芽適温は20～25℃程度のため、播種したセルトレイを育苗ハウス内の暖かい場所に積み上げ、発芽を促す。播種後5～7日程度経過したら、種子の芽切りを確認し、地面から離したベンチの上にセルトレイを広げる。

苗場に移動後、発芽が揃うまでの間、基本的には灌水はしない。ただし、種子の周辺が乾燥しすぎると発芽が遅れたりするため、状況に応じて表面の乾燥を補う程度に灌水する。本葉が展開するころになると、葉面積、根量ともに多くなって蒸散量も増えるため、灌水する場合には、セルトレイの底面から水が出る程度にたっぷり行なう。本作型は毎日の灌水は必要ないため、セルトレイの重さを確認し、水分が減少して軽くなったら灌水すればよい。灌水は午前中に行ない、夕方には表面のバーミキュライトが乾く程度とする。

肥料が切れてくると、まず子葉の色が淡くなってくるため、子葉の色を観察しながら追肥のタイミングを判断する。追肥は、窒素成分で１００～１５０ppm程度の液肥を、朝の灌水代わりにたっぷり施用する。夏まき作型と比べて、追肥の効きが十分でない場合が多いため、そのような場合には液肥を2倍程度濃くする、2回続けて追肥するなどの対応をする。

厳寒期なため、保温しながらの育苗になるが、蒸しこみすぎると軟弱な苗になるため、適度に換気する。晴天で風が弱い場合は両サイド、晴天で風が強い場合は風下を少し開けて空気がこもらないようにする。播種から2カ月程度、本葉3枚になったら定植適期である。

表15　秋まき春（初夏）どり栽培のポイント

	技術目標とポイント	技術内容
圃場準備	◎圃場選定	・日当たり，排水性のよい圃場を選定する
		・雨後に水たまりができないよう，圃場のたるみをなくす
	◎土つくり	・秋冬作の前に，完熟堆肥（牛糞堆肥：3t/10a，豚糞堆肥：2t/10a）や緑肥（ソルガム）を利用した土つくりに努める
		・透水性向上のため，サブソイラーなどで深耕する
		・土壌改良資材として，定植２週間前までに炭酸苦土石灰を100kg/10a施用，耕うんする
育苗	◎育苗方法	・128穴セル成型トレイを用い，ハウス内で育苗する
		・地面から30cm以上離したベンチ上で育苗する
		・保温を重視しつつ，日中の温度が25℃を超えないように換気する
	◎品種選定	・栽培地域の気象，作型に合った品種を選定する
	◎発芽促進	・播種したセルトレイを育苗ハウスなどの暖かい場所に積み，乾燥防止と保温により発芽を促す
		・芽切りを確認し，苗場にセルトレイを広げる
	◎灌水	・本葉展開前は，培土表面の乾燥を補う程度の軽い灌水とする
		・本葉展開後は，育苗培土の乾燥程度（セルトレイの重さ）を確認し，乾燥してきたらたっぷり灌水する
	◎追肥	・子葉の色が淡くなったら，窒素成分100～150ppm程度の液肥を，灌水代わりにたっぷり施用する
		・追肥への反応が十分でない場合，続けてもう一度追肥する，次回から窒素濃度を倍程度にするなどの対応をする
	◎病害虫防除	・基本的には防除は不要だが，べと病などの発生により薬剤散布する場合，薬害回避のため，やや薄めの濃度で散布する
	◎順化	・定植数日前に苗をハウスの外に移動させて外気に慣らす
		・播種後２カ月程度，本葉３枚になったら定植適期
定植方法	◎定植準備	・元肥として窒素成分で8kg/10a程度を全面に施用し，しっかり混和する
		・ベタがけ栽培の場合，追肥までの期間が長くなるため，元肥の施用量を増やす
		・ウネ間60cmでウネ立てをする
		・ウネの表面が硬くならないよう，なるべく定植当日にウネ立てをし，定植までの間に雨に当たらないようにする
	◎定植	・株間は35cmと，やや広めで定植する
		・植付けの深さは，子葉が土壌に埋まる程度の深めとし，深くなった場合でも心葉が土壌から出ていれば問題ない
		・定植後すぐに降雨が見込まれる場合を除き，通路部分に水が浮く程度を目安にたっぷり灌水する
定植後の管理	◎追肥，中耕	・生育期間中に２回程度，窒素成分で6kg/10a程度を目安に追肥する
		・１回目の追肥に合わせ，除草を兼ねて中耕し，株元に土寄せする
		・肥切れ（圃場の色ムラ）に注意し，状況に応じて追肥して順調に生育を進める
収穫	◎適期収穫	・やや若どりに努め，花蕾径12cm程度になったものから順次収穫する
	◎鮮度保持	・品質低下防止のため，品温が上がる前の，なるべく涼しい時間帯に収穫する
		・段ボール箱に詰めて流通させる場合，鮮度保持フィルムを利用して品質低下を抑える

(2) 定植のやり方

元肥は窒素成分で10a当たり8kg程度を目安とする（表16）。ベタがけ栽培の場合、不織布を除去するまでの間は追肥できないため、元肥を増量する。

ウネ間60cmの単条栽培を基本とし、元肥を全面に施用してしっかり混和した後、ウネ間60cmでウネをつくる（図14）。排水性が悪い圃場ではウネ間120cmの2条栽培とし、ウネをなるべく高くする。ウネ立て後に降雨があると、ウネの表面が硬くなり、定植作業がしにくくなるため、なるべく定植当日にウネ立てする。

株間35cm、10a当たり4700株程度で定植す

表16　施肥例　（単位：kg/10a）

	肥料名	施肥量	成分量		
			窒素	リン酸	カリ
元肥	苦土石灰 BBB 元肥（14-6-12）	100 60	8.4	3.6	7.2
追肥（1回目）	BB あつみ追肥（16-2-15）	40	6.4	0.8	6.0
（2回目）	BB あつみ追肥（16-2-15）	40	6.4	0.8	6.0
施肥成分量			21.2	5.2	19.2

図14　秋まき春（初夏）どり栽培の定植方法

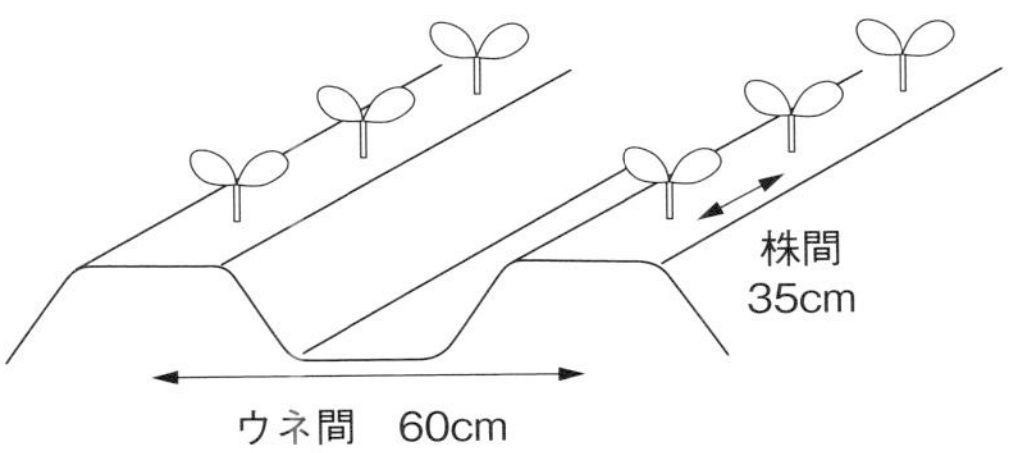

る。定植株数が多い場合、移植機を利用すると省力的であり、歩行型の全自動移植機の場合、10aを90分程度で定植できる。定植後に根鉢の一部が露出している状態だと活着不良や生育ムラの原因となるだけでなく、強風で傷みやすくなるため、なるべく深く定植する。植付けの深さは、子葉が土壌に埋まる程度を目安（図15）とし、深くなった場合でも心葉が土壌から出ていれば大丈夫である。

図15　目標とする深植え

(3) 定植後の管理

定植後、すぐに降雨が見込まれる場合を除き、スプリンクラーなどを利用して灌水し、株元の土壌を落ち着かせるとともに、植え傷みの防止や早期活着を促す。

収穫までの間に、窒素成分で10a当たり6kg前後の追肥を2回程度施用する。追肥の間隔は、作型、栽培期間により調整し、収穫まで肥切れさせないようにする。第1回追肥にあわせて、除草を兼ねて管理機により中耕し、株元に土寄せをする。栽培面積が大きい場合、乗用管理機を利用すると、作業時間の短縮と軽作業化に効果的である。

定植から短期間で収穫にいたる作型であり、初期生育につまずくとボトニング（不時出蕾）の原因にもなるため、定植後は順調に生育を進める。

(4) 収穫

花蕾の直径が12cm程度になったものから順次収穫する。本作型は収穫時期の生育スピードが速いため、とり遅れにならないよう、やや若どりに努める。

収穫は、包丁を持たない手で花蕾をつか

み、包丁で軸の地際近くを切断する。低い位置の茎は硬く、最終的に花蕾の長さ16～18cm程度に調製するため、少し余裕を持つ程度にするとよい。その後、茎から出ている葉の軸を、花蕾の幅よりやや短く切断し、花蕾の長さを整える。

ブロッコリーの花蕾は呼吸量が多く、鮮度が低下しやすい。本作型のように気温の高い時期に収穫する作型は、品温が上がらないよう、なるべく涼しい時間帯に収穫し、速やかに調製、出荷することが重要である。箱に詰める際には、P-プラスなどの呼吸量を抑えて鮮度保持をする鮮度保持フィルムを利用するとよい。愛知県東三河地域のJAでは、この時期は出荷後速やかに真空予冷施設において予冷を行なっている（図16）。

図16　鮮度保持フィルムを利用した箱詰め

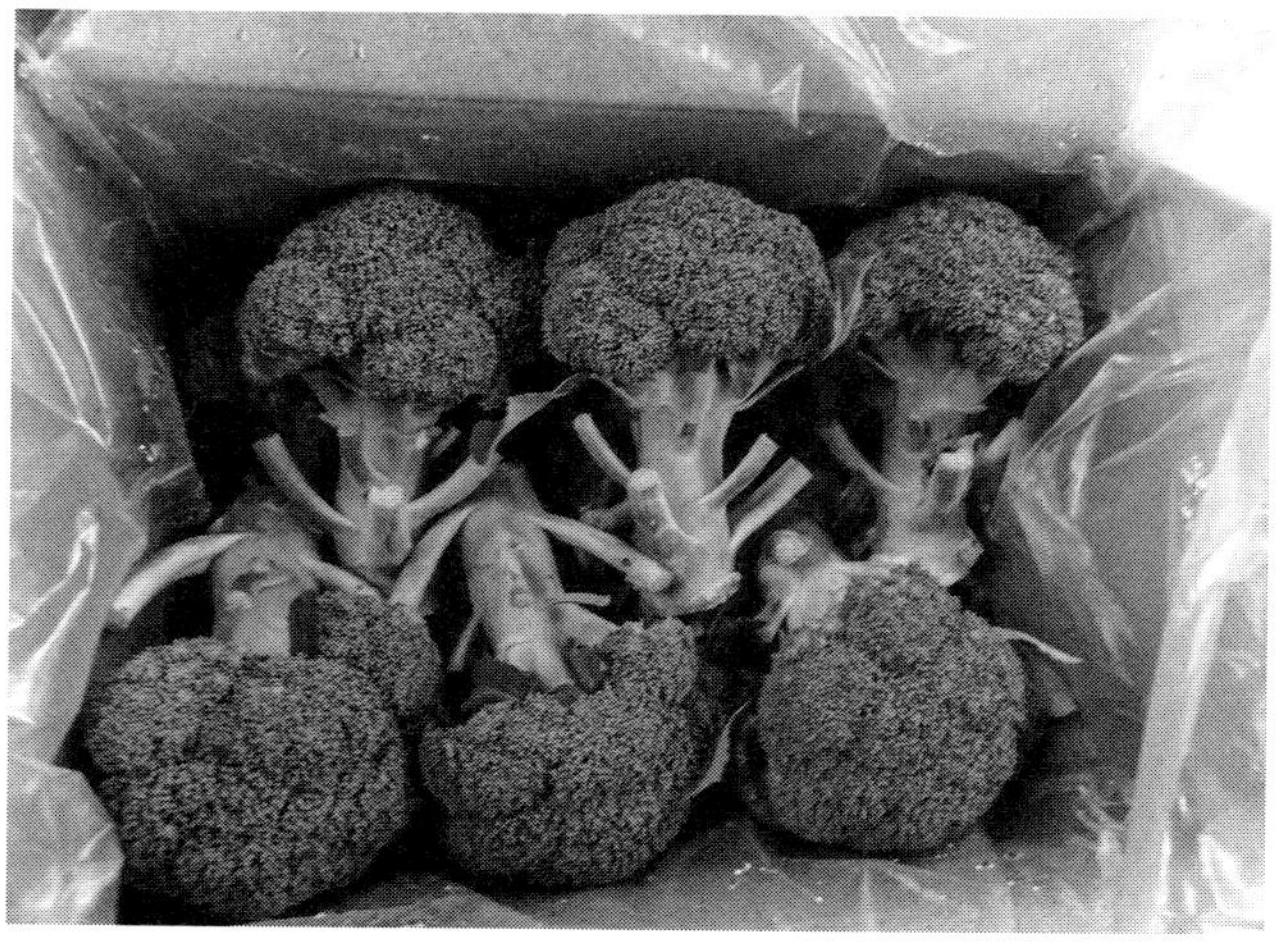

4　病害虫防除

(1) 基本になる防除方法

根こぶ病は、土壌中の菌密度が高いと作後半になって根こぶを形成することがあるが、枯死するほどひどくはならない。しかし、一度発生してしまうと連作により土壌中の菌密度が高まり、年々発生程度が重くなる。この

表17　病害虫防除の方法

	病害虫名	防除法
病気	根こぶ病	・排水が悪い圃場や土壌水分が多い圃場で発病が多くなるため，表面排水を促すとともに，土つくりや深耕により透水性を改善する ・pH7.2を目標に酸度矯正する ・酸度矯正にミネカルなどの転炉スラグを利用すると，その効果が数年維持され，効果的に発生を抑えることができる ・秋冬作で発病の見られた圃場では，ネビジン粉剤を散布し，しっかり土壌と混和する ・トラクターなどの作業後はしっかり洗浄し，他の圃場に蔓延するのを防ぐ
	花蕾腐敗病	・クプロシールドにより，予防中心の防除 ・出蕾以降の無機銅剤散布は，花蕾に薬害が発生する恐れがあるため，それ以前に防除する ・窒素過多は発生を助長するため，施肥量に注意する ・収穫間際に発生が見られた場合，少し小さくても早めに収穫
害虫	コナガ	・薬剤抵抗性がつきやすいため，同じ系統の薬剤を連用せず，ローテーション防除に努める ・密度が高くなってからの薬剤散布では効果が劣るため，4月以降は発生状況に注意し，早めに防除する ・グレーシア乳剤，スピノエース顆粒水和剤，BT剤，アファーム乳剤，リーフガード顆粒水和剤などで防除する ・面的にまとまった圃場では，交信かく乱剤のコナガコンの利用が効果的 ・増殖場所を減らすため，収穫終了後は速やかにすき込むとともに，再生株も放置しない

ため、排水性改善やpH矯正、ネビジン粉剤などの利用により、発生させないことが重要である。

収穫時期に降雨が多いと、細菌が病原菌の花蕾腐敗病の発生が多くなる。無機銅剤による予防中心の防除をするが、出蕾後は花蕾に薬害や汚れが発生しやすいため、それまでに防除しておく。また、窒素過多でも発生を助長するため、後半に効きすぎないようにする。

チョウ目害虫では、コナガが問題になる。生育期間中を通じてコナガは生存可能であるが、気温が上昇してきた4月後半から発生が増えてくるため、発生状況に注意しながら早期防除に努める。

表18　秋まき春（初夏）どり栽培の経営指標

項目		
収量（kg/10a）		1,700
単価（円 /kg）		280
粗収入（円 /10a）		476,000
経営費	種苗費（円 /10a）	19,000
	肥料費	17,000
	薬剤費	12,000
	農具・諸材料費	14,000
	動力光熱費	5,000
	修繕費	20,000
	減価償却費	51,000
	出荷経費	146,000
	地代・土地改良費	8,000
	その他	15,000
	合計	307,000
農業所得（円 /10a）		169,000
労働時間（時間 /10a）		81

(2) 農薬を使わない工夫

収穫時期にコナガの発生が増えてくる。コナガに対してはBT剤やスピノエース顆粒水和剤の効果が高く、これらの薬剤を活用することにより、化学合成農薬の使用回数を少なくすることができる。

根こぶ病の病原菌は中性から酸性側の土壌で活発に活動し、発病が多くなる。一方、アルカリ側では活動しにくく、pHが7・2以上になると発病が少なくなるため、pH7・2を目標に酸度矯正をする。酸度矯正には一般的に炭酸苦土石灰などの石灰資材が利用されるが、転炉スラグを利用することで効果的に発生を抑えることができる。砂質土壌のpHを1上昇させるのに、10a当たり0・5～1tと多量の転炉スラグを施用する必要があるが、その効果は長く続き、数年にわたって適正なpHを維持することができる。

5 経営的特徴

直接経費である種苗費、肥料費、薬剤費の合計は5万円程度であり、その他の経費は出荷方法や機械装備により変わってくる。

経営指標は3ha程度の大規模経営で、農協出荷を前提としたものであり、あまり機械装備を持たず、直接販売するような場合は、経費が少なくなり、所得金額や所得率も高くなる（表18）。

（執筆：森下俊哉）

茎ブロッコリーの栽培

茎ブロッコリーは、葉の付け根から伸びる側花蕾を長期間にわたって順次収穫していく作物である。ブロッコリーの仲間になるため、基本的な栽培方法はブロッコリーに準じて行なう。

代表的な品種は‘スティックセニョール’（サカタのタネ）で、夏まき秋冬どり作型、秋まき春どり作型のどちらとも栽培可能である。茎ブロッコリーの特徴をいかして収穫期間を長くするため、各作型の早い時期に栽培を開始するとよい。

株が大きくなってからも収穫などで圃場に入ることが多いため、ウネ間70～80㎝、株間50㎝程度とやや疎植とする。定植後は肥料切れさせずに順調に生育を進め、頂花蕾の直径が3～5㎝になったら頂花蕾を切り取り、側枝に重点的に栄養が行くようにする。この際、地面と水平に摘心すると切断面に水がたまって腐敗しやすくなるため、斜めに切断するとよい。

頂花蕾を切断した後は追肥し、側枝の生育を促進する。肥料が切れると、側枝や側花蕾が十分に生育しなくなるため、生育期間を通じて肥料切れさせないよう、生育状況を確認しつつ、必要に応じて追肥する。

側花蕾が20㎝程度になったものから順次収穫していく。ブロッコリー同様、品質低下しやすいため、若どりに努めるとともに、とくに気温が高い時期は早朝の涼しい時間帯に収穫する。収穫の際、付け根の葉を2～3枚残すと、条件がよければ、そこから伸びた側枝からも収穫できる。

農薬取締法上の作物名は「茎ブロッコリー」であり、他にも「野菜類」「あぶらな科野菜（花蕾及び茎）」「はなやさい類」で登録された農薬が使用できる。しかし、一般的なブロッコリーと比較すると、使用できる農薬がかなり限られるため、注意が必要である。

（執筆：森下俊哉）

カリフラワー

表1　カリフラワーの作型，特徴と栽培のポイント

主な作型と適地

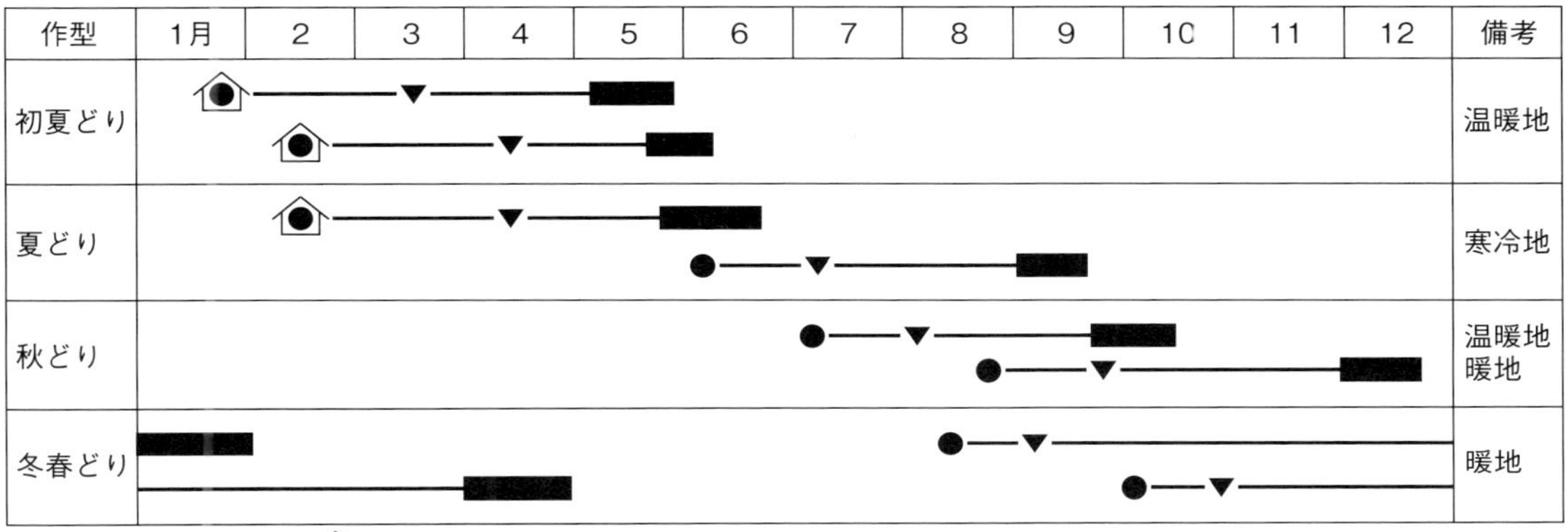

●：播種，▼：定植，⌂：ハウス，■：収穫

特徴	名称	カリフラワー（アブラナ科アブラナ属）
	原産地・来歴	原産地は地中海東部沿岸で，ケール（不結球性野生種）に起源があるとされている。日本へは明治初期に導入されたが一般には普及しなかった。戦後に一般的な栽培が始まり，食生活の多様化に伴い，需要が伸び始めた
	栄養・機能性成分	柔らかな甘みに特徴があり，栄養的にはビタミンB群やビタミンC，食物繊維が多く含まれる
	機能性・薬効など	成人病や便秘の予防効果がある。また，発ガンの原因となる物質を腸内から排出させる働きを持つ。加熱後のビタミンCの損失率はブロッコリーよりも低い
生理・生態的特徴	発芽条件	10～35℃と広い範囲の温度域で発芽可能であるが，20～25℃が最も適している。好光性種子なので，覆土を厚くしない
	温度への反応	発芽適温は20～25℃，生育適温は20℃前後，花蕾の発育適温は葉や茎の生育適温よりやや低い15～20℃
	日照への反応	長日条件で地上部の生育がよく，葉面積も増加し，地下部もよく発達する
	土壌適応性	有機質を多く含む壌土を好む。最適pHは6.0～6.5
	花芽分化，花蕾の発育	花芽分化と花蕾の発育には，一定の大きさの苗が，一定の温度に一定の期間あうことが必要。品種の早晩性により異なる。表2参照
栽培のポイント	主な病害虫	害虫：コナガ，ハスモンヨトウ，アオムシ，ハイマダラノメイガ，アブラムシ類，ネキリムシ類 病気：根こぶ病，苗立枯病，べと病，菌核病，黒腐病，軟腐病
	他の作物との組合せ	ホウレンソウ，タマネギ，キャベツ，ジャガイモ，スイートコーン，エダマメ

この野菜の特徴と利用

(1) 野菜としての特徴と利用

カリフラワーは、アブラナ科でキャベツやブロッコリーと同様、ケールから分化した野菜である。原産地は地中海沿岸の温暖地とされており、冷涼な気候を好む一方で、耐寒性、耐暑性はあまりない。「はなやさい」といわれるが、食用にしているのは花の部分ではなく、茎の先にある花蕾と呼ばれる蕾の集まりの部分である。カリフラワーという名前には「キャベツの花」という意味がある。

2020年の作付け面積は1220haで、出荷量は1万8000tである。東京都中央卸売市場の出荷期別の主な産地は、1～3月は熊本県、徳島県、福岡県、4～6月は茨城県、山梨県、7～9月は長野県、10～11月は新潟県、茨城県、12月は埼玉県、熊本県である。大阪中央卸売市場では、6～9月は長野県、10～5月は徳島県である。

栄養的な面からは、抗酸化作用を持つビタミンCが豊富である。食物繊維も、キャベツやハクサイよりも多い。その他ビタミンB_1、B_2も多く含まれている。

花蕾の形と淡白な味を生かし、クリーム煮、グラタン、サラダなどに利用される。アクが強いので、ゆでて用いるが、花蕾の下の茎もゆでて食べることができる。

(2) 生理的な特徴と適地

① 生理・生態的特徴

種子の発芽適温は20～25℃、生育適温は20℃前後、花蕾の発育は15～20℃で促進される。長日条件で地上部の生育がよく、葉面積も増加し、また地下部もよく発達する。

花芽分化と花蕾の発育には、一定の温度に一定の期間あうことが必要である（表2）。花芽分化と花蕾の発育条件と地域の温度条件、めざす出荷時期により、作型が決まる（表1）。

② 主な作型・適地と品種

初夏どり　暖地の冬春どりと寒冷地の夏どりの間をねらう温暖地での作型。播種期が1

表2　カリフラワーの花芽分化条件と収穫までの日数　（東京都農試，田中一部修正）

早晩性	展開葉数	茎の太さ	気温	低温遭遇日数	収穫までの日数
極早生	5～6枚	4～5mm以上	21～25℃以上	2～4週間前後	70～80日
早生	6～7枚	5～6mm以上	17～20℃以上	3～4週間前後	90～120日
中生	11～12枚	7～8mm以上	13～17℃以上	6～8週間前後	130～170日
晩生	15枚以上	10mm以上	8～10℃以上	8～10週間前後	170～200日

図1　カリフラワーの栽培圃場

月下旬～2月中旬であるため、育苗のためパイプハウスなどを利用する。50日程度育苗を行なって定植し、収穫は5月上旬～6月上旬になる。品種は、早生種のうち初期生育が旺盛で、低温にあまり敏感でないものを選ぶ。

夏どり　秋が早く訪れる寒冷地での作型。播種期が2月中旬～6月上旬となるため、早い時期の育苗にはパイプハウスなどが必要となる。50～30日程度育苗を行なって定植し、収穫は6～9月になる。品種は超極早生種、極早生種、早生種を用いる。

秋どり　温暖地・暖地での作型。播種期は7月上旬～8月下旬で、30日程度育苗を行なって定植し、収穫は9～12月になる。品種は収穫期により超極早生種、極早生種、早生種を用いる。

冬春どり　冬の温暖な気候を利用した暖地での作型。播種期は8月中旬～10月上旬で、30日程度育苗を行なって定植し、収穫は1～4月になる。品種は低温要求量の大きい中生種、晩生種を用いる。

③新たなカリフラワー

硬く締まらない花蕾をスティック状にカットして利用するスティックカリフラワー、花蕾がサザエのような形状のロマネスコカリフラワー、花蕾の色がオレンジや紫色の色つきカリフラワー、草姿が非常にコンパクトな密植栽培用のミニカリフラワーなど、新たなカリフラワーの種類が増えてきている（表4）。

（執筆：隔山普宣）

表3　カリフラワーの作型と品種例

作型	早晩性	品種
初夏どり	早生種	福月，知月
夏どり	超極早生種 極早生種 早生種	ホワイトパラソル バージンロード ホワイトベル，バロック
秋どり	超極早生種 極早生種 早生種	ホワイトパラソル 里月，バージンロード，まり月 NY-7，雪まつり，福月
冬春どり	中生種 中晩生種 晩生種	輝月，珠月，寒月 春月 晩月93

表4　新たなカリフラワーの主要品種の特性（徳島県）

各種カリフラワー	品種	販売元	特性
スティックカリフラワー	カリフローレ60，70，80，90，100	トキタ種苗	品種名の番号は定植後収穫に至るまでの日数。品種を組み合わせ露地栽培では7月上旬～10月下旬播きで10月上旬～4月中旬まで収穫可能である。栽培方法はカリフラワーと同じ。外葉を大きくつくることが栽培のポイント
ロマネスコカリフラワー	ミケランジェロ，ラファエロ	トキタ種苗	7月下旬～9月上旬播きで12月上旬～3月下旬まで収穫できる。栽培方法はカリフラワーと同じ。花蕾肥大初期は淡色だが，収穫期には鮮緑色となる
	スパイラル、ネオ・スパイラル	渡辺農事	花蕾は幾何学的形状で黄緑色。カリフラワーの栽培に準じる。スパイラルは耐寒性，ネオ・スパイラルは耐暑性に優れる
	うずまき，うずまきER，うずまきE	野崎採種場	花蕾は黄緑色で先の尖ったスパイラル状となる。品種を組み合わせて7月下旬～9月中旬播きで11月下旬～3月下旬まで収穫可能である
色つきカリフラワー	オレンジルナ28	野崎採種場	花蕾がオレンジ色。8月上旬～下旬播きで12月下旬～3月中旬まで収穫できる。栽培方法はカリフラワーと同じだが花蕾を心葉で覆う必要がない
	パープルナナ77	野崎採種場	花蕾が紫色でゆでても色が残る。8月上旬～下旬播きで12月上旬～1月中旬まで収穫できる。
ミニカリフラワー	美星	サカタのタネ	定植後70日前後で収穫できる耐暑性に優れた早生品種。直径10cm程度（350g）の花蕾で収穫する
	オレンジ美星	サカタのタネ	定植後65日前後で収穫できる花蕾がオレンジ色の早生品種。直径10cm程度（350g）の花蕾で収穫する

夏まき秋どり栽培

1 この作型の特徴と導入

(1) 作型の特徴と導入の注意点

育苗期と生育前期は高温期となるが、その後、秋から冬にかけては気温が下がっていく時期に栽培を行なう。したがって、この作型は花芽分化に必要な低温条件に必ずあうため、花蕾の形成には好条件であり、比較的栽培しやすい。

(2) 他の野菜・作物との組合せ方

この作型でのカリフラワーの在圃期間は、8～9月の定植から9～12月の収穫までなので、その前後に野菜や作物を栽培することができる。

組み合わせる野菜としては、11月以降に作付けし、8月末までに収穫が終わるホウレンソウ、タマネギ、キャベツなどの葉菜類、ジャガイモなどのイモ類、スイートコーン、エダマメなどのマメ類が考えられる。

徳島県では、前作は水稲を栽培し、後作は初夏どり作型のカリフラワーを栽培している圃場が多い。できれば後作はアブラナ科野菜の連作を避け、ソルゴーなどの緑肥作物を栽培するのが望ましい。

2 栽培のおさえどころ

(1) どこで失敗しやすいか

播種時期による適品種の選定　夏まき作型では、播種時期に合わせた品種選定が重要である。

極早生種の品種を遅まきすると、花蕾にライシー（小花の形成）の発生が多くなり、早生～中生種を高温期に栽培するとヒュージー（毛羽立ち）の発生が多くなるなど、花蕾に障害が出る（表5）。

高温期の育苗　育苗期が高温となるため、

図2　カリフラワーの夏まき秋どり栽培　栽培暦例

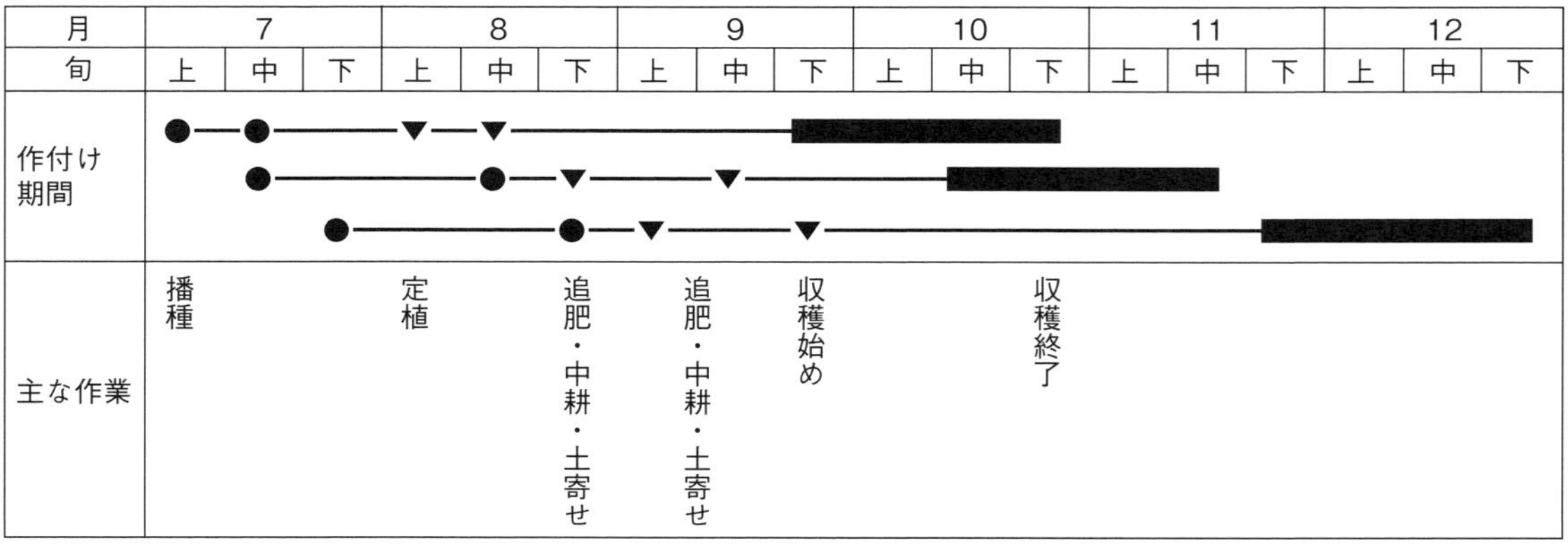

●：播種，▼：定植，■：収穫

日中は寒冷紗などで遮光する。徒長防止のため、灌水は午前中を中心に行ない、夕方は葉水程度とする。

湿害対策　定植後は台風や大雨により滞水すると根が傷み湿害が発生する場合がある。高ウネとし、排水溝の整備など排水対策を行なっておく。

表5　異常花蕾の発生要因と対策

種類	主な発生要因	対策
ボトニング（早期出蕾）	葉数が十分確保されないうちに低温感応したもの。低温下の早期定植。老化苗の定植，過湿，過乾燥，品種選定の誤り	育苗温度最低10℃以上。露地の早植え限界は平均外気温10℃以上で，それ以下の時はトンネル被覆。元肥主体，早い追肥で早期に十分株をつくる
ブラインド	低温感応の不足で花芽が十分分化できず花蕾が発育しない	作型に合った品種選定。春どりの播種期に注意する
リーフィー（さし葉）	花芽分化後の花蕾肥大期の高温。窒素過多，強い栄養生長	品種に合った適期播種。花蕾肥大期の肥効抑制。過度の高温を避ける
ヒュージー（毛羽立ち）	花蕾形成の後期に高温にあい，ごく小さな包葉が花蕾の表面に出る	播種期に合った品種選定。窒素過多にしない
ライシー	花蕾形成後の低温。花芽が粒状の突起となり花蕾表面がザラザラする	播種期に合った品種選定

(2) おいしく安全につくるためのポイント

①健全な生育と高品質な花蕾を生産するため、堆肥など有機物の施用や緑肥作物のすき込みにより、土つくりを行なう。

②アブラナ科野菜の連作を避けるため、イネ科作物やソルゴーなどの緑肥作物、アブラナ科野菜以外の野菜などと組み合わせて輪作を行なう。

③低pHや肥料過多は病気や花蕾品質を低下させるため、作付け前には土壌分析を実施し、適正な施肥管理を行なう。

(3) 品種の選び方

播種期と品種の組み合わせにより、9月下旬から12月まで約3カ月間出荷を行なうことができる。

品種の導入にあたっては、播種時期に適した品種を選定することがポイントである。7月上旬～中旬播種、9月下旬～10月下旬収穫の作型では、品種は‘ホワイトパラソル’（超極早生種）、‘里月’（極早生種）、7月中旬～8月中旬播種、10月中旬～11月中旬収穫の作型では、品種は‘バージンロード’（極早生種）、‘NY-7’、‘雪まつり’（早生種）、7月下旬～8月下旬播種、11月下旬～12月下旬収穫の作型では、品種は‘福月’（早生種）などである（表6）。

表6　夏まき秋どり栽培に適した主要品種の特性（徳島県）

品種	販売元	早晩性	播種期	収穫期	特性
ホワイトパラソル	武蔵野種苗園	超極早生	7月上旬～中旬	9月下旬～10月下旬	生育はやや旺盛で耐暑性，耐湿性に優れる
里月	野崎採種場	極早生	7月上旬～中旬	9月下旬～10月下旬	生育旺盛で耐暑性，耐湿性に優れる
バージンロード	サカタのタネ	極早生	7月中旬～8月中旬	10月中旬～11月中旬	生育旺盛で耐暑性に優れる
NY-7	野崎採種場	早生	7月中旬～8月中旬	10月中旬～11月中旬	草姿立性で栽培管理が容易。異常花蕾少ない
雪まつり	武蔵野種苗園	早生	7月中旬～8月中旬	10月中旬～11月中旬	異常花蕾の発生少なく，品質は良好である
福月	野崎採種場	早生	7月下旬～8月下旬	11月下旬～12月下旬	生育旺盛で花蕾品質がよい。心葉は花蕾をよく包む

3 栽培の手順

(1) 育苗のやり方（セル成型育苗）

① 播種準備

セルトレイは128穴や200穴などを使用し、専用培土（与作、スミソイルなど）を用い、トレイの穴に均一に充填する。

② 播種

播種穴は鎮圧機（板）を用いて均一に開け、8～10㎜程度の深さに播種を行なう。播種は1穴に1粒ずつ播種し、セル間の仕切りが見える程度に薄く覆土を行なう。

③ 育苗管理

播種後は乾燥させないよう、十分灌水し、不織布などで被覆して倉庫などに置く（地面には直接置かず5㎝程度の間隔を保つ）。発芽後徒長させないように、1割程度が土を押し上げたら、被覆資材を取り除き、育苗場所に移す。晴天日の日中は、遮光率40％程度の寒冷紗で遮光を行なう。灌水は午前中を中心に2～3回行ない、夕方には培土の表面が乾燥ぎみになるような量に管理する。播種15日後ころから、液肥（メリット青な

表7　夏まき秋どり栽培のポイント

	技術目標とポイント	技術内容
播種、育苗	◎品種の選定	・播種日に合った品種を選定する
	◎播種準備	・セルトレイは128穴や200穴などを用いる
		・培土は市販の専用培土を用いる
		・10a当たり4,000～5,000株（作型や品種により増減）を確保できるように準備する
		・トレイの穴に均一に培土の充填を行なう
	◎播種	・播種穴は鎮圧機（板）を用い均一に開け，8～10mm程度の深さに播種する
		・播種は1穴1粒播き，覆土はセルの間仕切りが見える程度に行なう
	◎育苗管理	・播種後は育苗箱を倉庫などに置き，不織布などで覆う
		・播種2日目以降発芽が確認できたら，日中を避け速やかに広げる
		・育苗箱は地面に直接置かず，トレイと地面の間に空間をつくるようにする
		・灌水は朝たっぷり行ない，日中は避ける
		・晴天時の日中は，遮光率40%程度の寒冷紗で遮光する
		・播種15日後から5～10日ごとに液肥を施す
圃場の準備、定植	◎根こぶ病対策	・発生の恐れのある圃場では，アルカリ資材（苦土石灰，石灰窒素など）を投入し，土壌pHが7.0以上になるように矯正し，あわせて定植前に殺菌剤（オラクル粉剤など）を土壌混和する
	◎土つくり，施肥	・10a当たり堆肥3t，苦土石灰100～150kg，BMようりん40～60kgを定植1カ月前までに施用する。生ワラをすき込む場合は定植2週間前までとし，石灰窒素を10a当たり20kgを施用し，ワラの腐熟を早める
	◎定植	・播種後25～30日，本葉3～3.5枚の苗を定植する
		・定植前に薬剤をセル成型苗に灌注し，初期の病害虫（チョウ目，根こぶ病など）を予防する
		・定植後は，活着をよくするため，株元に灌水を行なう
	◎栽植密度	・2条植えはウネ幅130～135cm，株間30～35cm，1条植えはウネ幅60～70cm，株間45～50cmとする
定植後の管理	◎除草剤による雑草管理	・定植前にゴーゴーサン乳剤を全面土壌散布する。栽培期間中の雑草生育期にはナブ乳剤を雑草茎葉散布または全面散布する
	◎追肥	・追肥は定植後14～20日後と定植後40～45日後に施用する。出蕾初期を止肥とする
	◎中耕・土寄せ	・追肥後，肥料の混和と除草を兼ねて中耕・土寄せを行なう
	◎病害虫防除	・コナガ，ハスモンヨトウなどの害虫や菌核病，べと病などの病害が発生するので，発生状況を把握して適期防除に努める
	◎軟白	・花蕾の品質保持のため，花蕾がピンポン玉くらいになった時，直射日光に当てないように外葉を2～3枚折り込み，日よけにする
収穫、出荷	◎適期収穫	・直径12～15cmになり，周辺部が盛り上がって，表面に凹凸がなくなってきたころに外葉7～8枚を付けて収穫する
	◎出荷規格	・花蕾の上2cmぐらいに外葉を切り揃え，輸送中に箱内の花蕾が動かないようにきつめに詰める
		・病害虫がなく，色沢良好で花の咲いていないものを秀品とする

ど）を5～10日ごとに灌水を兼ねて施す。

(2) 定植のやり方

①定植の準備

排水のよい、有機質に富んだ保水性のよい圃場を選ぶ。良質堆肥を定植1カ月前までに施用する。根こぶ病発生圃場では、アルカリ資材（苦土石灰、石灰窒素など）を施し（表8）、土壌pHが7・0以上になるように矯正し、あわせて定植前に殺菌剤（オラクル粉剤、ネビジン粉剤など）を土壌混和する。元肥は定植10日位前に全面施用する。乾燥には比較的強いが、過湿には弱いので、高ウネにし、排水溝を整備しておく。

②定植

セル成型苗は苗の引き抜きが可能となった時（本葉3～3・5枚）に定植する。栽植密度は、ウネ幅130～135cm、株間30～35cmの2条植えか、ウネ幅60～70cm、株間45～50cmの1条植えとする。定植後は、株元を中心に灌水を行ない、活着をよくする。

③除草剤の散布

定植前にゴーゴーサン乳剤を全面土壌散布する。栽培期間中の雑草生育期にはナブ乳剤を、雑草茎葉散布または全面散布する。

(3) 定植後の管理

①追肥・中耕・土寄せ

1回目の追肥は定植後14～20日ころに行なう。同時に根張りをよくするために、除草を兼ねて条間を中耕・土寄せする。土寄せは風による倒伏防止のためで、株元にしっかり土寄せする。2回目の追肥は定植後40～45日ころとし、止肥は発蕾初期とする。

②軟白

花蕾がピンポン玉くらいになった時、外葉

図3　ハウス内でのセル成型育苗

表8　施肥例　（単位：kg/10a）

	肥料名	施肥量	成分量 窒素	成分量 リン酸	成分量 カリ
土つくり資材	堆肥	3,000			
	苦土石灰	100～150			
	BMようりん	40～60			
元肥	FTE入り燐硝安加里S604号	100～120	16.0～19.2	10.0～12.0	14.0～16.8
追肥	NK808号	20～40	3.6～7.2		3.6～7.2
施肥成分量			19.6～26.4	10.0～12.0	17.6～24.0

図4　カリフラワーの軟白作業

表9　カリフラワーの出荷規格（徳島県）

	階級	選別基準		摘要
		個数（個）	1個の重量（g）	
秀・◯	3L 2L L M S 2S	4～5 6～7 8 9～10 11～13 14～16	1,200以上 1,000～1,200 750～800 700～750 600～700 500～600	秀：病虫害なく，色沢良好で花の咲いていないもの ◯：品質，その他秀に次ぐもの 外：虫害，色沢の悪いもの，花の咲いたもの
容器・容量	6kg ダンボール			
調製	外葉は7～8枚残して除去し，横から見て花蕾が見えないことを基準とする 詰める時点で花蕾を傷つけない程度の高さに切り落とす			

図5　出荷用段ボールに詰めたカリフラワー

を2～3枚折り込み、日焼けを防ぐ（図4）。軟白をしないと、日に当たったところが黄色くなる。

(4) 収穫、出荷

花蕾の直径が12～15cmになり、周辺部が盛り上がって、表面に凹凸がなくなってきたころに、外葉7～8枚つけて収穫する。花蕾が純白で、表面が緻密なうちが収穫適期である。収穫が遅れると花蕾は大きくなるが、扁平になるため、L級中心の出荷とする。

花蕾の黄ばんだものや着色したもの、毛羽立ちしたものは秀品としないなど、適正に選別を行なう。選別したものを、表9の出荷規格にもとづいて段ボールに詰める。箱詰めの際、外葉は7～8枚を残して除去し、横から見て花蕾が見えないことを基準とする。花蕾の上2cm位に外葉を切りそろえる（図5）。

4 病害虫防除

(1) 基本になる防除方法

病害虫の発生状況を把握して適期防除に努める。病害虫防除所の予察情報などを参照して病害虫の発生状況を把握する。農薬を使用するときは、ラベルをよく確認して農薬使用基準を守る。

主な病害虫の耕種的防除と薬剤防除については、表10に示した。

(2) 農薬を使わない工夫

育苗期に害虫の被害を防ぐため、防虫ネットや寒冷紗でトンネル被覆する。

密植により風通しが悪くなると病害虫の発生原因となるので、適正な栽植密度とする。排水不良は病害が発生しやすくなるため、高ウネにし、排水溝を整備する。夏季に2カ月以上湛水して、苗立枯病や菌核病の菌密度を低下させる。根こぶ病対策として、アブラナ科野菜以外との輪作、おとり作物を前作に栽培、アルカリ資材で土壌pHを上げるなどの対策を行なう。

表10　病害虫防除の方法

	病害虫名	発生要因・特徴	耕種的防除	薬剤防除
病気	根こぶ病	アブラナ科連作，高温，多湿，低pH，土壌伝染	アブラナ科野菜以外の作物と輪作する。排水対策。夏まき作型を避ける。土壌酸度をpH7以上に矯正する。残渣を持ち出す。おとり作物を前作に栽培し，すき込む	オラクル顆粒水和剤，オラクル粉剤，ネビジン粉剤，フロンサイド粉剤
	苗立枯病	畑地，土壌の過湿，未熟有機物の施用，イナワラすき込みの遅れ	夏期湛水状態にする。早めに堆肥やイナワラをすき込む。排水対策	
	べと病	冷涼，多湿，過繁茂，肥切れ	排水対策。肥切れや窒素過多にならないような適正な施肥管理	ダコニール1000，ライメイフロアブル
	菌核病	冷涼，多湿，台風，大雨，スレ，食害痕，畑地	発病地での連作を避ける。発病株は圃場外で処分する。夏期湛水状態にする	アフェットフロアブル，ベンレート水和剤，トップジンM水和剤
	黒腐病	高温，多湿，台風，大雨，スレ，食害痕	多発圃場では残渣を圃場外で処分する。常発地では発病の少ない品種を栽培する	コサイド3000（野菜類登録）
	軟腐病	出蕾以降の降雨，高温	窒素肥料の多用を避ける。降雨直前，降雨中の管理，収穫を避ける。発病株は圃場外で処分する	オリゼメート粒剤，スターナ水和剤
害虫	コナガ ハスモン ヨトウ アオムシ	発生回数が多く，とくに秋と初夏に高温乾燥が続くと多発しやすい	育苗床を寒冷紗や防虫ネットで被覆し，産卵を防止する	ベリマークSC，プレバソンフロアブル5，ディアナSC，グレーシア乳剤
	ハイマダラノメイガ	夏期から秋期にかけて発生が多い	育苗床を寒冷紗や防虫ネットで被覆し，産卵を防止する	プリンスフロアブル，ディアナSC
	アブラムシ類	全期間発生するが，とくに秋と初夏に多発する	シルバーテープなどにより，飛来を防ぐ。畑の周辺に寒冷紗を張るか，障壁となる作物を植える	ウララDF，モスピラン顆粒水溶剤
	ネキリムシ類	カブラヤガ，タマナヤガなどの幼虫が地際部を食害する	栽培前に雑草は早めにすき込んでおく	ダイアジノン粒剤5

表11　夏まき秋どり栽培の作業別労働時間

（単位：時間 /10a）

作業の種類	
育苗管理	32
土つくり	3
施肥・耕うん・ウネ立て	8
定植，灌水	8
追肥，中耕，土寄せ	15
病害虫防除	10
その他管理作業	16
収穫	56
出荷調製	105
合計	253

表12　夏まき秋どり栽培の経営指標

（単位：円 /10a）

項目		
粗収入	714,000	収量3,000kg 単価238円 /kg
経営費	434,000	
種苗費	15,000	コート種子
肥料費	59,000	化成肥料
農薬費	31,000	殺虫剤，殺菌剤，除草剤
動力光熱費	14,000	電気代，軽油，ガソリン
生産資材費	15,000	育苗用資材
荷造費・販売費用	200,000	
減価償却費，修繕費	100,000	
農業所得	280,000	所得率　39%

5 経営的特徴

10a当たりの労働時間253時間のうち、収穫・出荷調製の時間が161時間と最も多く、全作業時間の約6割を占める。次いで育苗の時間が多い（表11）。

また、荷造費・販売費用や減価償却費に多くの経費がかかる（表12）。

（執筆：隔山普宣）

秋まき春どり栽培

1 この作型の特徴と導入

(1) 作型の特徴と導入の注意点

秋まき春どり作型の大きな特徴は、生育期が1～2月と厳寒期に重なることである。そのため、生育期間が長くなる。

栽培適地は、凍霜害が少ない地域となり、東海、四国、九州地方などの暖地が適当であることを念頭において導入する。

(2) 他の野菜・作物との組合せ方

カリフラワーは、キャベツやブロッコリーなどと同じアブラナ科野菜の一種である。発生する病害虫に関してもほぼ同様なので、アブラナ科野菜の連作を避けることで、病害虫の密度を抑制していく。

裏作には、イネ科のスイートコーンやナス科、ウリ科の果菜類などアブラナ科以外の作物を作付けするとよい。

2 栽培のおさえどころ

(1) どこで失敗しやすいか

①品種の選定

品種ごとに、生育適温や花芽分化の感応温度が異なる。そのため、品種の選定を誤る

図6　カリフラワーの秋まき春どり栽培　栽培暦例

月	8			9			10			11			12			1			2			3			備考
旬	上	中	下	上	中	下	上	中	下	上	中	下	上	中	下	上	中	下	上	中	下	上	中	下	
2月どり			●	─	─	▼	─	─	─	─	─	─	─	─	─	─	─	■	■	■	■				輝月、寒月
3月どり			●	─	─	─	▼	─	─	─	─	─	─	─	─	─	─	─	─	─	─	■	■	■	F-085

●：播種，▼：定植，■：収穫

と、株が十分に生育していない段階で出蕾し、充実した花蕾を収穫できなくなる場合がある。こういった失敗を防ぐため、種子や苗を購入する際には、収穫したい時期を明確にして品種を選定する。

②花芽の分化

この作型に適する中生種、晩生種の品種は、前述したように、大株で花芽を分化させないと、大きくて品質のよい花蕾ができない。育苗期が8～9月と高温なので、寒冷紗や防虫ネットなどの使用による遮光や灌水によって、地温と気温を下げ、生育促進を図る工夫が必要になる。

③日焼け対策

カリフラワーは、花蕾が生長してくると、花蕾が露出してくる。そのままにすると、花蕾に日光が当たることで花蕾が黄変して品質が落ちてしまうため、外葉を折り曲げ花蕾を日光から保護する。

④防寒対策

夏に収穫する作型と異なり、冬季、凍霜害を受けて花蕾の品質が落ちる危険がある。そのため、日焼け対策と同様に外葉を折り曲げ花蕾を凍霜害から保護することが重要となる。

(2) おいしく安全につくるためのポイント

良質なカリフラワーの生産には、健全な株の生育と健全な花蕾の肥大が重要である。栽培の手順（表13）にしたがって栽培管理を徹底するようにしたい。

カリフラワーにはアブラナ科野菜を加害する多くの病害虫が発生するので、農薬による防除が重要である。しかし、次の点に注意して、化学農薬の使用回数低減を目指していただきたい。

まず、前後作にアブラナ科野菜を連作しないこと。アブラナ科野菜を連作すると病害虫の密度が高くなり、発病、食害につながる。

次に、肥培管理を正しく行なうこと。窒素肥料が過剰になると病害虫の被害が発生しやすくなる。

害虫は見つけ次第捕殺し、病葉や罹病株は早めに除去し、圃場外に持ち出すようにする

表13　秋まき春どり栽培のポイント

	技術目標とポイント	技術内容
定植の準備	◎圃場の選定	・圃場に関しては日当たりのよさだけでなく，排水性や通風の良好な場所を選ぶ
	・圃場の選定	・前作にアブラナ科野菜を栽培していない場所を選ぶ
	・定植圃の準備	・単条植えならウネ幅65cm程度，2条植えならウネ幅120cm程度にする
	◎品種の選定	・作型に合った品種を選定する2月収穫では中生品種，3月収穫では晩生品種を選定する
	◎施肥と土つくり	・施肥例に準じて元肥および堆肥を施用していく
		・根こぶ病の予防のために土壌pHを矯正する際は，苦土石灰などの石灰質肥料を施用する
定植方法	◎良苗の選定	・本葉2.5枚程度（播種後3～4週間程度）の，病害虫の被害のない生育の揃った苗を選ぶ
	◎良好な苗の活着	・深植えにならないように注意する
		・定植後1～2日はたっぷりと灌水することで早期の活着を図る
	◎栽植密度	・株間は35～40cm程度にする
定植後の管理	◎追肥	・定植後2～3週間と出蕾時期（定植後45日）に追肥を行なう。場合によってはさらに追肥を行ない，肥料切れを防ぐ
	◎花蕾の保護	・花蕾が露出してきたら，外葉を利用して花蕾を保護する（寒害と日焼けの防止）
収穫	◎適期収穫	・葉が開いてきた段階で収穫を行なう
		・花蕾の状態としては表面に凹凸がなく，緻密で締まっている状態がよい
		・収穫適期を逃すと，小花蕾がそれぞれ大きくなり隙間が生じたり，黄変して商品価値が低下するので，こまめに圃場を巡回して適期収穫を心がける

表14　秋まき春どり栽培に適した主要品種の特性

品種名	販売元	特性
輝月	野崎採種場	8月上中旬に播種し，1月上旬～1月下旬まで収穫する。中生品種であり，草姿立性。葉は花蕾をよく包み込む。花蕾は純白で盛り上がりがよく，硬く締まりがある
スノードレス	タキイ種苗	8月上中旬に播種し，1月～2月に収穫する。中生品種であり，草姿が極立性。心葉はよく伸びて花蕾を包被する。花蕾は純白・豊円で形状がよい
寒月	野崎採種場	8月中下旬に播種し，1月下旬～2月下旬まで収穫は可能。中生品種であり，草勢立性。耐寒性が強く，葉は花蕾をよく包み込むので，日焼けの心配が少ない
F-085	野崎採種場	8月中下旬に播種し，3月ころに収穫が開始する品種である。晩生品種であり，耐寒性に優れている。花蕾は硬く締まりがある

こと。捕殺や抜き取りを行なわないと、病害虫の密度が高いままで、薬剤散布が必要以上に増えたり、圃場での被害が増加する。

　収穫は適期収穫を心がけることで、品質のよいものを生産できる。収穫が遅れると、小花蕾がそれぞれ大きくなり、花蕾に隙間ができてしまう。そうすると、商品価値が低下してしまうので注意が必要である。

(3) 品種の選び方

　栽培する品種については、生育期間の気温を考慮すると、耐寒性の強いものを選定する必要がある。表14に一例として品種とその特徴をあげているので、参考にしていただきたい。

　品種に関係なく、気温が氷点下近くになると花蕾が凍霜害を受けるので、外葉による保護などで防寒対策は十分に行なう必要がある。

3 栽培の手順

(1) 育苗のやり方

　ここでは、購入したセルトレイ苗を使用する場合の育苗方法を紹介する。

　本圃10a当たりの必要な株数はウネ間・株間により変動するが、4000～5000株程度確保しておく必要がある。苗を購入した場合、定植までの期間は自身で管理する必要がある。

　管理方法に関しては、圃場に架台などを置き、その上にセルトレイ苗を置く。苗を地面から浮かせることで、風通しをよくして過湿を防ぐだけでなく、セルトレイから根が出て直接地面に張らないようにするためである。

　管理期間中は、セルトレイを防虫ネットで覆うことで、害虫の侵入を防ぎ、被害の低減を図る。

(2) 定植のやり方

　定植のタイミングは、本葉2・5枚程度が目安であり、播種後1週間程度のセルトレイ苗を購入した場合、定植は、購入から2～3週間後（播種後3～4週間）になるため、表15に準じてあらかじめ元肥を施し、圃場の準備をしておく。

　定植苗は、病害虫がなく、生育の揃いがよいものを選ぶことが、定植後の生長に重要である。

　定植の際のウネ幅は、1条植えの場合は65cm、2条植えの場合は120cm程度とし、株間は35～40cm程度にし、苗に十分に灌水した後定植を行なう（図7）。

　定植後1～2日間、萎れを防ぐとともに活着を促すために十分に灌水を行なう。

(3) 定植後の管理

①追肥、中耕・土寄せ

追肥は、定植から約2～3週間後と、出蕾始めの時期（定植後45日ころ）の2回施す。また、この作型は生育期間が長いので、状況によっては、さらに追肥が必要になる場合がある。

除草と株の倒伏防止を兼ねて、1回目の追肥のときに中耕・土寄せを行なう。

②花蕾の保護

日焼けと凍霜害を防止するため、花蕾が露出するようになったら、外葉を数枚折ることで花蕾を遮光し、寒気から保護する（図8）。遮光が不十分だと、光の当たる部分が日焼け（黄変）し、商品価値が低下するので、花蕾の保護は重要な作業の一つである。

(4) 収穫・調製

葉が開いてきたときに花蕾を確認し、周辺部が盛り上がって、表面に凸凹がなくなってきたころが収穫の適期である。ただし、収穫適期は短いので注意が必要である。

収穫が遅れると、小花蕾がそれぞれ大きくなることで隙間が生じたり、黄変し、商品価値が低下してしまう。そのため、こまめに圃場を巡回し、花蕾が緻密に締まっているとき

表15　施肥例　（単位：kg/10a）

	施肥時期	窒素	リン酸	カリ	酸化ホウ素	堆肥	備考
元肥	定植前	18	16	13	0.1	3,000	緩効性
追肥	定植後2～3週間後	5	4	5			有機配合または化成
	定植後45日（出蕾始め）	5	4	5			有機配合または化成
施肥成分量		28	24	23	0.1		

図7　定植のやり方

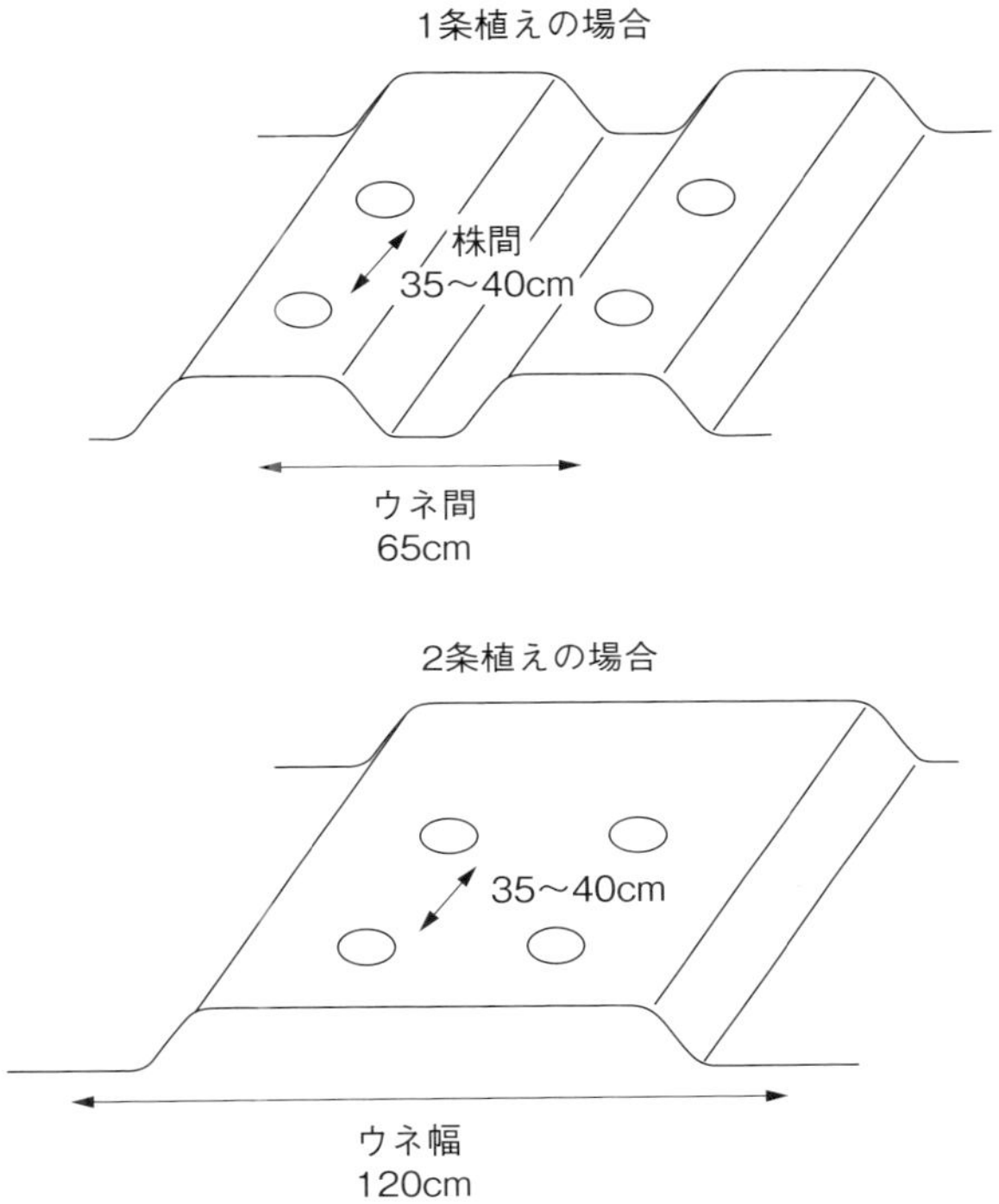

図8　外葉を折って花蕾を保護している様子

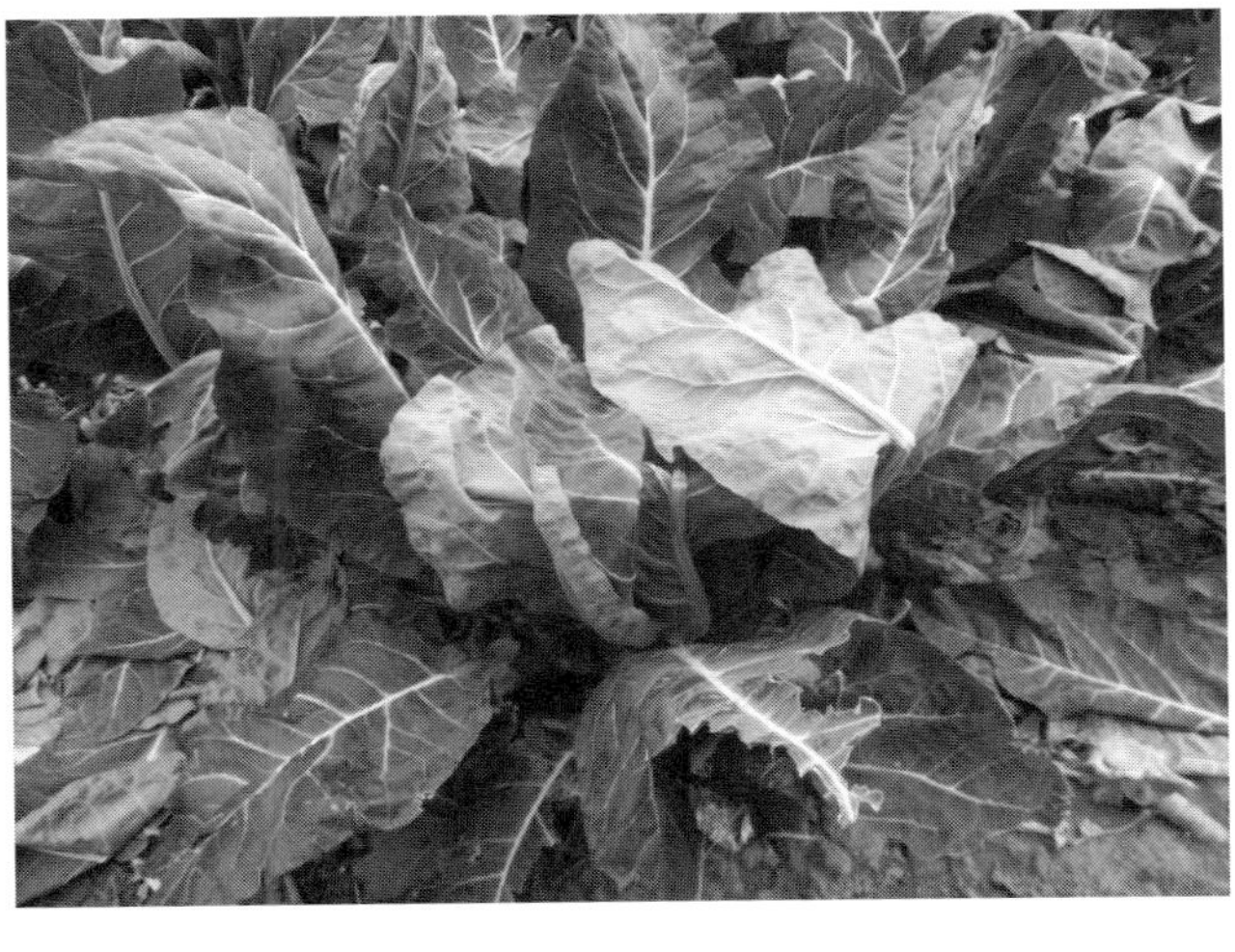

に収穫する。

調製は、同じく花蕾を収穫するブロッコリーのように葉をすべて取らず、花蕾を保護する目的で外葉を数枚つけた状態にする。

4 病害虫防除

(1) 基本になる防除方法

病気は、アブラナ科野菜の連作を避けることにより、発生頻度が低くなる。購入苗を利用することによって立枯病は低減できるが、種から栽培する場合は注意が必要である。

本圃内で発生する病害は、根こぶ病や菌核病、べと病などがあるので、耕種的防除に努めつつ、農薬を用いた予防的な薬剤施用も行なうとよい。

コナガやヨトウムシ類は、定植から生育初期にあたる9~10月にかけて最も発生しやすい。早めの防除を心がける。

(2) 農薬を使わない工夫

苗の段階で害虫による食害を受けると、その後のダメージが大きいので、育苗期間は、

表16　病害虫防除の方法

	病害虫名	発生時期	耕種的防除法	薬剤
病気	黒腐病	比較的気温の低くなる9月〜10月ごろに発生しやすい	・健全な種子を調達する ・種子消毒を行なう ・圃場の排水性をよくする	・野菜種子消毒用ドイツボルドーA ・Zボルドー ・ヨネポン水和剤 ・コサイド3000
	べと病	秋ごろに発生し，とくに気温が10〜20℃くらいの低温で，湿度の高いときに多発しやすい	・発病株を早期に抜き取る ・圃場の排水性をよくする	・ダコニール1000 ・ランマンフロアブル ・Zボルドー
	根こぶ病	土壌pHが酸性寄りの場合発生しやすい	・土壌のpHをアルカリ性（7.5程度）に改良する ・アブラナ科を連作すると発生しやすいので輪作作物の選定は注意する ・収穫後の残渣はできるかぎり圃場外に持ち出し，適切に処分する	・オラクル粉剤 ・ネビジン粉剤 ・フロンサイドSC
	菌核病	秋に発生が多く，気温が15〜20℃で多湿な条件で多発する	・発生した圃場でのアブラナ科の連作を避ける ・発生株は早期に抜き取り圃場外に持ち出す ・圃場の排水性をよくする ・深耕をすることで，菌核を土中深くに埋める ・収穫後の残渣はできるかぎり圃場外に持ち出し，適切に処分する	・アフェットフロアブル ・トップジンM水和剤 ・ベンレート水和剤
害虫	ヨトウガ	8〜11月に発生が多い	・圃場周辺の雑草を取り除く ・葉裏の幼虫を見つけたら取り除く	・プレオフロアブル ・ディアナSC ・ブロフレアSC
	ハスモンヨトウ	8〜11月に発生が多い	・圃場周辺の雑草を取り除く ・葉裏の卵塊や幼虫を見つけたら取り除く	・プレオフロアブル ・ディアナSC ・グレーシア乳剤 ・アニキ乳剤 ・ブロフレアSC
	コナガ	秋に発生が多く，葉を食害する	・圃場周辺の雑草を取り除く ・葉裏の卵や幼虫を見つけたら取り除く	・プレオフロアブル ・ディアナSC ・グレーシア乳剤 ・アニキ乳剤 ・ブロフレアSC

注）薬剤に関しては，つど最新の登録内容を確認すること

防虫ネットで苗を覆うことで害虫の侵入を防ぎ、被害の低減に努める。

また、表16を参考に耕種的防除に努めるとよい。とくに、圃場の排水不良は病気の発生を助長する原因の一つになるので、土つくりの段階で堆肥や土壌改良材の投入、深耕による耕盤層の破砕など圃場の排水性の改善を行なっていきたい。

発病株については、抜き取りなどを行ない、病原菌が圃場内に残らないようにすることで、他の株への伝染や次作への被害の低減を目指す。

5 経営的特徴

種苗や肥料など、資材代が主な生産費である。カリフラワーは、花蕾を保護する目的で葉をつけたまま出荷するため、段ボール箱の使用量が他の大型野菜より多く、出荷にかかる経費の比率が高くなる。

この作型の経営指標は表17のようになっている。

（執筆：佐藤遼一）

表17　秋まき春どり栽培の経営指標

項目		備考
収量（kg/10a）	2,600	
単価（円 /kg）	152	
粗収入（円 /10a）	395,200	
生産費（円 /10a）	118,000	概算数字
流通経費（円 /10a）	102,000	
農業所得（円 /10a）	175,200	
労働時間（時間 /10a）	200	

注）系統出荷（共販）の場合

ハクサイ

表1　ハクサイの作型，特徴と栽培のポイント

主な作型と適地

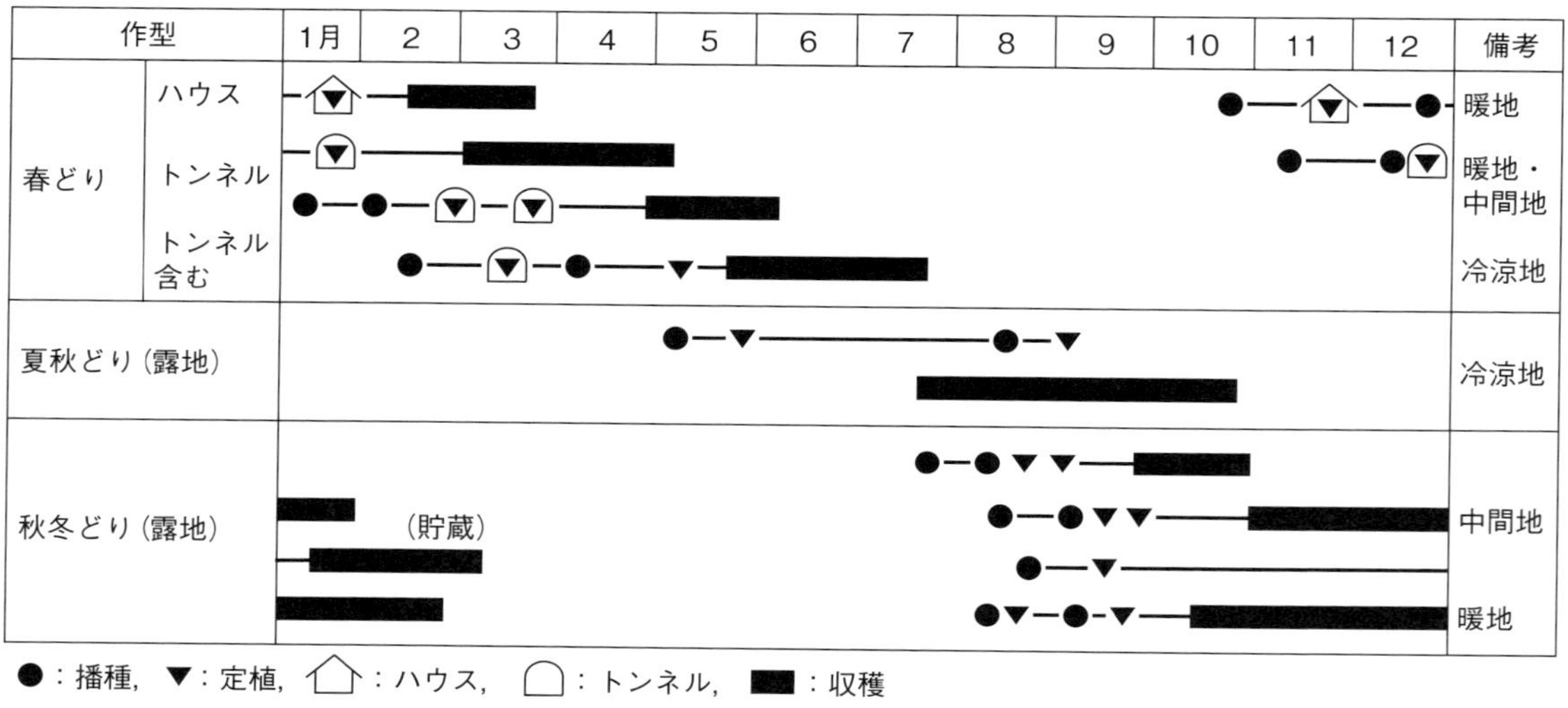

特徴	名称	ハクサイ（アブラナ科アブラナ属）
	原産地・来歴	原産地：中国北部。明治時代に日本に持ち込まれたが，当時の技術水準では結球種の栽培や採種はむずかしく，あまり普及しなかった。大正時代後半になって宮城県・愛知県などを中心に国産品種が育成され，全国的に栽培されるようになった
	栄養性・機能性成分	95% が水分。100g 当たりの糖質は 1.9g，カロリーも 14kcal と低い ビタミン C，カリウム，カルシウム，鉄分が比較的多い栄養成分であり，食物繊維も豊富
	機能性・薬効など	ビタミン C は抗酸化作用があり，鉄分の吸収促進・コラーゲン生成に関わる。カリウムは高血圧の原因となるナトリウムを排出する働きがある。アブラナ科野菜は共通してインドール化合物やイソチオシアネート（辛味成分）が含まれており，ガン，心疾患など慢性疾患予防への効果が期待されている。漢方では「身体の熱を取る」性質を持つと考えられている
生理・生態的特徴	土壌適応性	土壌適応性は広い。水はけがよく肥沃な土壌が適している 土壌酸度は pH（KCl）6.0 ～ 6.5 が適している
	生育環境と温度条件	冷涼な気候を好み，生育期は 20℃，結球期は 15℃が適温。10℃以下では生育が遅れ，4 ～ 5℃以下になると停止する
	生理障害	石灰欠乏による縁腐れ症，ホウ素欠乏によるさめ肌症が発生しやすい。ゴマ症や芯空洞症の発生には品種間差があるが，窒素の過剰吸収が主な要因の一つと考えられる

（つづく）

栽培のポイント	主な病害虫	病害：根こぶ病，黄化病，軟腐病，黒斑細菌病，べと病，菌核病，ウイルス病（モザイク・えそモザイク）など 害虫：アブラムシ類，コナガ，アオムシ，ヨトウムシ類など
	他の作物との組合せ	春・秋冬の年２作栽培では，夏期にスイートコーン，ナス，ネギ，カボチャなどを組み合わせる。年１作では，レタス，ニンジン，キャベツなどと輪作を行なう場合が多い 共通病害虫の多いアブラナ科野菜との連作はなるべく避ける

この野菜の特徴と利用

(1) 野菜としての特徴と利用

ハクサイは英名「Chinese cabbage」と呼ばれ、10～11世紀ごろから中国で栽培されている。起源はパクチョイとカブが自然交雑し、最初は非結球であったものが改良を経て半結球となり、さらに現在一般的に普及している結球性のものになったとされる。

全国作付け面積は、生産農家の高齢化・機械化の立ち遅れなどから他の重量野菜と同様に減少を続けており、２０１８年は1万７０００haであったが（２００３年：２万７０００ha）、出荷量は10年以上70万ｔ程度で推移している。冷涼な気候を好むため、夏期は栽培できる地域が長野県など高原地域に限られるが、一般的には栽培しやすい野菜である。

主要生産地は茨城県（春および秋冬）と長野県（夏）で冬場の鍋もの需要が中心だが、年間通して漬物（とくにキムチ）やサラダで需要が見込める。春どりハクサイではとくに、葉の柔らかさを活かしたサラダレシピを提案し、消費拡大を図っている。

(2) 生理的な特徴と適地

発芽適温20～25℃、生育適温15～20℃、結球適温15～16℃。適温下では播種後３～５日で発芽、播種後30日ころまでが外葉形成期で、一定の葉数が確保されると結球し始める。

結球開始期までは葉の展開速度が遅く、その後急速に速まり、70～80日ころにピークとなる。一般的には広い根域を形成するが、根が細く、断根などの障害を受けた際の再生力は弱いため、土壌条件（湿害・過乾燥）などにより、根傷みからの生理障害が発生することがある。外葉径に比例して結球部の大きさが決まるため、結球開始前に十分な大きさの外葉を育てることが必要である。ただし、肥効（とくに窒素）が強すぎると結球葉自体が徒長した細長い葉となりやすく、結球が小さく締まりも悪くなる場合がある。

種子春化型植物で、発芽した段階から日平

表2　品種のタイプごとの特徴と用途

品種のタイプ	特徴	用途	品種例
円筒型（包被型）	・円筒型（頭部の葉がしっかりと重なった形）と砲弾型（頭部の葉が重ならないため砲弾のように見える）がある ・内部の葉が黄色味を帯びている「黄芯系」が主流	・漬物 ・煮物，鍋など加熱料理 ・サラダ（春どり）	・春どり：菊錦，黄楽，桜こまち，黄良美 ・夏どり：信州大福，黄だて，黄信 ・秋冬どり：秋理想，あきめき，結福，晴黄，きらぼし，初笑，新理想
オレンジ	・内部の葉がオレンジ色で一般的なハクサイが含有しないシスリコピンを含む ・ハクサイ特有の青臭さが少なく，食感がよい	・漬物 ・煮物，鍋など加熱料理 ・サラダ	・オレンジクイン
ミニ	・球重が0.5～1kg 前後の小型品種（一般的な品種は3～4kg 程度）	・煮物，漬物 ・サラダ	・お黄にいり，黄味小町，娃々菜
タケノコ型	・長円筒形のスリムな形 ・球重2～3kg のものと0.8～1kg のミニタイプがある ・水分含有量が一般的な結球ハクサイより少なく，葉肉が硬い	・キムチなどの漬物 ・煮物，鍋など加熱料理	・チヒリ，中国紹菜，プチヒリ

均気温10℃以下の低温にさらされると花芽が分化する。低温ほど花芽分化期は早まり、また、苗齢が進むほど低温感応性は高くなる。花芽ができると葉数の増加は停止する。花芽分化後、低温条件下では花芽の発育と花茎の伸長は緩慢であるが、やや高温条件下（15～20℃）では急速に花茎が発育し、抽台に至る。そのため、春どり栽培では、温床育苗と定植後の保温が必要となる。また、秋冬どり栽培では気温や日照が急激に低下するため、品種や地域の播種限界を確認しておかないと、葉数不足により球の締まりが甘くなり、場合によっては不結球となる。

耐暑性は、高温条件下で結球できるかどうかとほぼ同義であり、極早生・早生品種で強く、中生・晩生品種はほぼ中程度である。耐寒性は極早生・早生品種で弱いものが多く、晩生になるほど強いものが多い。また、耐寒性には結球した状態で寒さに強いタイプと、低温伸長性が高いため遅播きができ、植物体組織が若いので寒さに強いタイプがある。

排水性・通気性がよく、耕土が深い肥沃な土壌が適しており、富栄養下でもある程度の養分バランスがとれていればよく生育するが、ゴマ症や芯空洞症などの生理障害の発生は品種間差が見られる。

（執筆：瀧澤利恵）

夏まき秋冬どり栽培

1　この作型の特徴と導入

(1)　栽培の特徴と導入の注意点

この時期の栽培は大きく分けると、8月下旬～9月中旬に定植して1月までに収穫する（早生、中生）作型と、9月中旬～下旬に定植し、頭部を結束して越冬させ3月上旬ごろまで収穫していく（晩生貯蔵）作型がある。栽培期間中の気候条件はハクサイの生育に好適であるため、つくりやすく、品質のよ

図1　ハクサイの夏まき秋冬どり栽培　栽培暦例

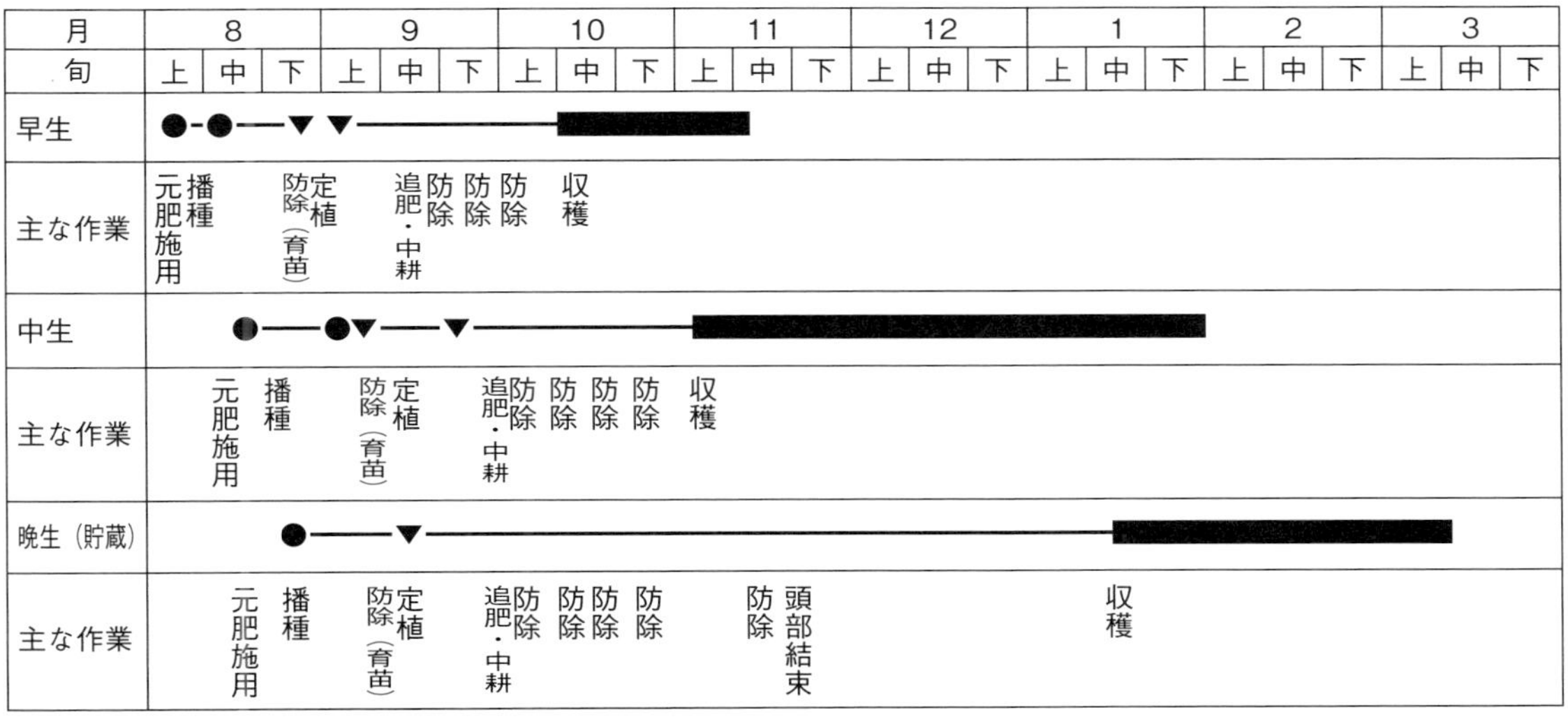

●：播種，▼：定植，■：収穫

いハクサイが収穫できる。栽培の注意点としては、地域・品種に応じた播種期、および定植期を厳守することが基本である。また、栽培期間はチョウ目を中心とした害虫にとっても活動適温であり、近年は異常気象の影響から集中豪雨や連続台風などの被害も見られるため、病害虫の適期防除が重要となる。

(2) 他の野菜・作物との組合せ方

アブラナ科作物の連作を続けると、土壌病害（黄化病・根こぶ病）や共通害虫（コナガなど）の発生が増えるため、レタス、ネギなどの葉茎菜類やスイートコーン、露地メロン、加工トマトなどの果菜類との輪作や土壌改良を兼ねて緑肥の導入を行なう。

2 栽培のおさえどころ

(1) どこで失敗しやすいか

① 適期播種・定植

播種・定植時期が早すぎる場合は病害虫被害が多く、外葉ばかりでなかなか結球しなくなり、遅すぎると低温下で葉が伸びずに小玉や結球の締まりが甘い、もしくは不結球となる。品種の早晩性に応じて適期に播種・定植を行なう。

② 育苗管理

ハクサイは直播きのほうが土中深くまた広く根が張り、栽培は安定しやすい。しかし、この作型の播種時期は気温が高く圃場が乾燥しているため、発芽不揃いや幼苗期の枯死、虫害により生育ムラや欠株の危険がある。そのため、生産を安定させるため、現場では育苗による移植栽培が行なわれる。高温下での育苗では苗が徒長しやすく根張りが悪くなるため、とくに灌水に注意して管理をする。また、定植前にしっかりと順化して、苗を硬く仕上げる（97ページ参照）。

③ 圃場の選定

過湿に非常に弱い野菜であるため、圃場の排水性は重要なポイントとなる。栽培時期は台風や長雨により冠水・滞水の危険があるため、できるだけ水はけのよい圃場を選定する。排水が不安定な圃場の場合は、高ウネの導入、圃場内外の排水対策や有機物の投入、緑肥作物との輪作を行なう。

④病害虫の適期防除

この作型は病害虫の発生が多く、結球葉内部に害虫や病気が入ってしまうと防除できなくなってしまうため、早期発見・初期防除が重要となる。薬剤抵抗性が確認されている害虫（コナガなど）や、効果のある薬剤が限られる細菌性の病害など、防除対象に合わせた薬剤選定と散布タイミングが重要となる。薬剤の特性・効果を把握し、適期防除を心がける。

(2) おいしく安全につくるためのポイント

①輪作の実施

連作することにより土壌病害や害虫の増加、土壌養分の偏りが発生し、収量・品質の低下が起こる。土壌消毒や農薬防除の追加にもつながり、労力や経費もかかることになる。アブラナ科以外の作物または、地力増強や排水改善、土壌病原菌・線虫密度の減少が期待できる緑肥を組み合わせた栽培を行なうことで、薬剤防除を抑えることができる。

②耐病性品種の導入

土壌病害（根こぶ病、黄化病）だけでなく、べと病や軟腐病、ウイルス病、白斑病などに耐病性のある品種が育成されている。自分の圃場や周囲圃場での、前年までの発病履歴と照らし合わせて品種を選定することで、薬剤使用を減らせる。

③適正施肥の実施

ハクサイは耐肥性が高く、多量の養分を吸収することができるため、施肥過剰になりがちである。とくに窒素肥料を過剰に施用すると、収穫時にはひと球が5kgを超えるような生育過剰や、生理障害（ゴマ症・芯空洞症、図2）などの発生が助長される。肥料コストは近年高騰しており、環境への影響も考慮すると、土壌の養分状態に合わせた施肥を行なうことが大切である。

図2　ハクサイ芯空洞症

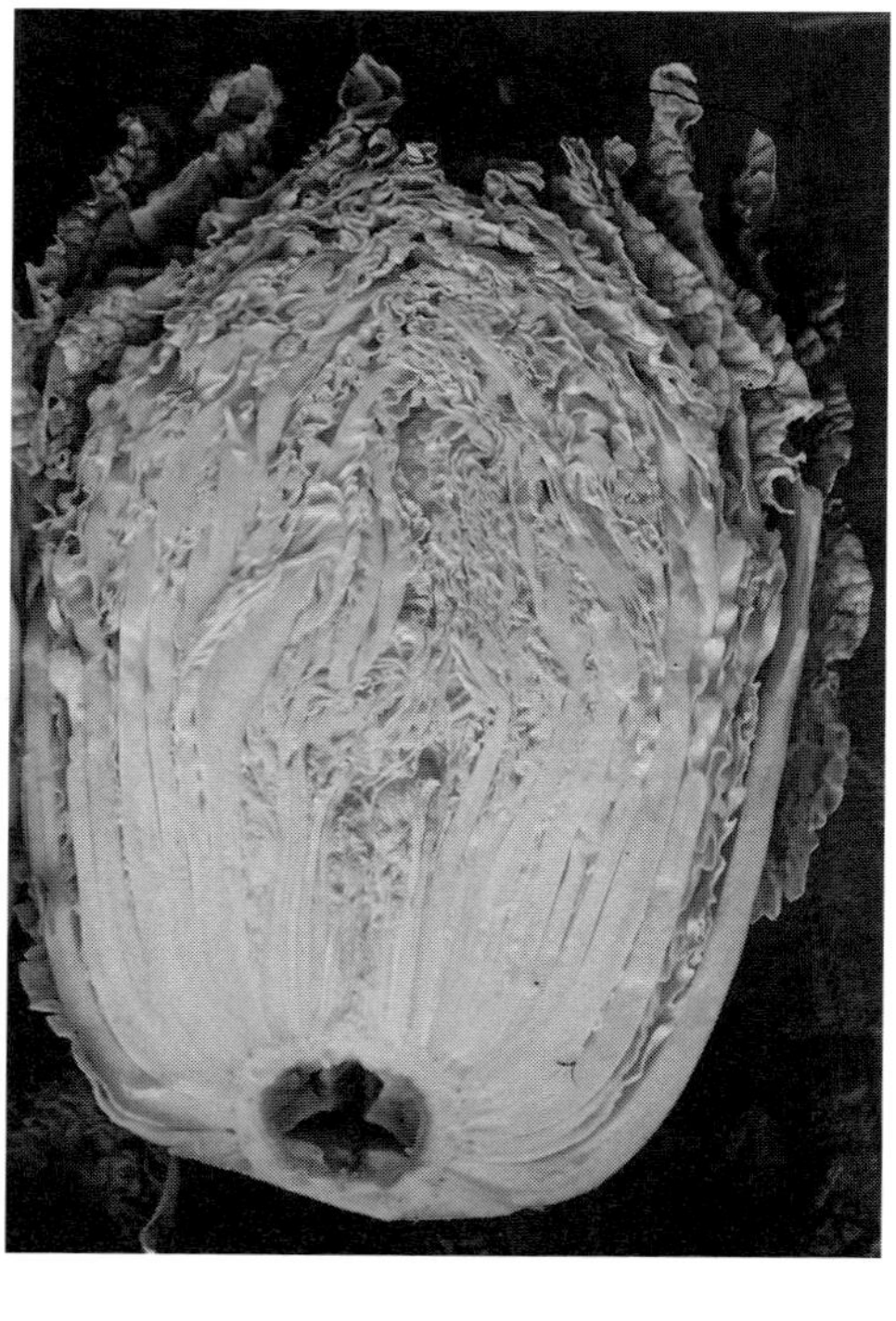

(3) 品種の選び方

秋冬どり栽培に用いる品種は大きく分けると、暑さや病気に比較的強く播種後60～70日程度で収穫できる極早生・早生品種、結球部のボリュームがあり播種後75～80日程度で収穫できる中生品種、寒さに強く圃場での貯蔵性が高い晩生品種がある。早生品種から順に播種・定植し長期収穫する。

各作期に共通して求められる品種特性は、黄芯系で尻張り・胴張りがよく、球重3・0～3・5kg前後。根こぶ病やべと病の耐病性や生理障害が出にくいことも考慮して品種を選定する（表3）。

①早生品種

‘きらぼし65’（タキイ種苗）　根こぶ病の幅広いレースに耐病性を持つ、生育旺盛な65日タイプ。晩抽性があり、石灰欠乏症（縁腐れ・心腐れ）やゴマ症などの生理障害の発生が少ない。球の肥大はよく、尻張り・胴張り

表3　夏まき秋冬どり栽培に適した主要品種の特性

品種名	メーカー	作型	早晩性	熟期	病害抵抗性	備考
きらぼし65	タキイ種苗	秋早どり	早生	65日	根こぶ病	
あきめき	日本農林社	秋～初冬どり	中生	75日	強度根こぶ病・黄化病	
秋理想	日本農林社	秋～初冬どり	中生	75日	黄化病・根こぶ病	
結福78	トーホク	年内どり	中生	78日	根こぶ病・軟腐病・べと病	
きらぼし90	タキイ種苗	年内どり 結束越冬どり	晩生	90日	根こぶ病	耐寒・晩抽性
結福	トーホク	年内どり 結束越冬どり	晩生	100日	根こぶ病・軟腐病・べと病	耐寒・極晩抽性
CR初笑	タキイ種苗	結束越冬どり	晩生	100日		極耐寒・晩抽性

がよい砲弾型。葉質は柔らかい。元肥は控えめにして外葉の過剰生育を抑えるが、結球開始後は早めに追肥を行ない、生育後半まで肥効を保って肥大不足に注意する。

②中生品種

‘あきめき’（日本農林社）　根こぶ病・黄化病に抵抗性を持つ、べと病、ウイルス病にも強い75日タイプ。ほとんどの圃場で根こぶ病対策の化学農薬を用いなくても栽培が可能。球頭が浅く抱合する砲弾型で尻張りがとくによい。外葉は濃緑色。

‘結福78’（トーホク）　軟腐病、べと病に極めて強く、根こぶ病にも安定して強い78日タイプ。石灰欠乏症、ゴマ症などの生理障害の発生が少ない。球の肥大はよく、尻張り・胴張りがよいやや長めの砲弾型。外葉はきわめて強健。

③晩生品種

‘きらぼし90’（タキイ種苗）　幅広い根こぶ病に抵抗性があり、耐寒性・低温結球性に優れる90日タイプ。石灰欠乏症などの生理障害の発生が少ない。球色は濃緑色で、厳寒期でも色あせが少なく、抽台性が安定しているため、心伸びが遅く、品質低下の心配なく圃場における在圃性にすぐれる。外葉が強健で立性なため、追肥、頭部結束などの管理作業がやりやすい。

‘CR初笑’（タキイ種苗）　根こぶ病抵抗性があり、非常に耐寒性が優れる100日タイプ。凍害程度が他の晩生品種よりも軽く、頭部結束のみで2月下旬まで在圃が可能。結球程度はややゆるいが、尻張りがよくやや長めの砲弾型。

3 栽培の手順

(1) 育苗のやり方

コート種子を4000～5000粒準備（必要株数は3200～4600本／10a）、セルトレイ（200穴・128穴）またはペーパーポットに、1穴1粒播種する。培土は市販の園芸用培土（窒素成分100～150mg／ℓ）を用い、播種前に十分灌水した後、専用ローラーで播種穴をあける。播種は種子が1トレイ分落ちる播種機（ポットルなど）を使用すると簡単にできる。播種後にバーミキュライトなどで覆土する。

気温が高すぎる場合は、発芽するまでの2

表4　夏まき秋冬どり栽培のポイント

	技術目標とポイント	技術内容
定植の準備	◎圃場の選定と土つくり ・圃場の選定 ・土つくり ◎施肥基準（品種と作型に応じた施肥量とする） ◎ウネ立て（圃場が乾燥している場合は定植直前にウネをつくる）	・連作を避ける ・排水がよく肥沃な圃場を選定し，圃場内外に排水路を設置する ・完熟堆肥を2t/10a施用する ・石灰資材で酸度を矯正する（pH6.0～6.5目標） ・前作や圃場の地力窒素によって元肥・追肥量を加減する ・定植10～7日前に元肥を全面全層施用する ・ウネ幅57cm（早生）または60cm（中生・晩生）でかまぼこ型のウネをつくる ・ウネ立て時期は圃場の水分状態を考慮して決める
育苗方法	◎播種準備 ・発芽の斉一化 ◎健苗育成 ・苗の生育に応じた灌水 ・定植前に順化の徹底 ・病害虫防除	・育苗場所は高温・強日射を避ける（白・シルバーの遮光ネット利用） ・ハウスの場合，サイドビニールを除去して風通しをよくする ・セルトレイ（200穴・128穴）やペーパーポットを使用する ・播種後しっかり灌水，発芽までは乾燥させない ・苗トレイの下に十分な空間を取る（浮かし育苗） ・苗の倒伏を避けるため，目の細かいハス口を使用する ・灌水は天候を見ながら，基本的に午前中に実施 ・トレイ端は乾きやすいので注意する ・定植5～7日前から屋外で風・夜露にあて，徐々に灌水量を減らす ・べと病，ハイマダラノメイガ，コナガに注意する
定植方法	◎適期定植 ◎病害虫防除	・育苗日数は15～20日程度（200穴セルトレイ） ・定植前に十分に灌水を行なう（通常は定植前日，高温期は定植3～4時間前） ・定植作業は夕方に行ない，高温乾燥時に日中定植は避ける ・定植数日前から当日までに苗処理できる殺虫・殺菌剤を使用 ・根こぶ病発生が懸念される圃場では定植前にフルスルファミド剤やフルアジナム剤，アミスルブロム剤を土壌混和する
定植後の管理	◎適正な外葉形成 ・適期追肥 ◎除草 ◎凍霜害の防止 ◎病害虫防除	・結球開始期前に，ウネがふさがる程度に十分な外葉をつくる ・1回目の追肥は本葉12～14枚が目安（結球葉が立ち上がる前） ・草勢を見ながら速効性肥料で追肥し，除草を兼ねてウネ間を管理機で中耕する ・中生・晩生品種は草勢に合わせて2回目の追肥を行なう（結球開始期） ・1月以降に収穫する圃場は，11月中旬～12月上旬に外葉を持ち上げて，頭部でまとめてヒモで結束する ・暖冬予想の年はアブラムシ・べと病の防除を結束前に行なう（ハクサイ内部で増殖する危険がある） ・病気では予防散布，害虫では初期防除に徹する
収穫	◎適期収穫の厳守 ◎調製・選別	・ハクサイの頭部を手で押し，結球状況を確認してから収穫する（結球すれば毎日収穫できる） ・外葉1～2枚を残して調製し，病虫害のないものを選別する ・過熟・老化により内部の黄色が薄くなるので注意

～3日間、遮光ネットなどを用いて直射日光を避け、涼しくする。発芽後は灌水を午前中に行ない、夕方には土表面が乾くように管理する。セルトレイの土は乾きやすいため毎朝灌水が必要で、とくにトレイの縁は乾きやすいので注意する。猛暑日などは午前中に数回灌水を行なう必要があるが、その場合も夕方までには乾く程度の灌水量とする。午後3時以降は、葉の萎れが見られてもなるべく灌水は行なわず、がっちりとした苗をつくる。

　トレイの下には十分な空間を取って、空気の通り道を確保する。トレイ底面を空気に触れさせることで根鉢が形成できるため、定植時に苗が抜きやすく、作業がしやすくなる。

　育苗日数は200穴セルトレイで15～20日程度、本葉4

～5枚の若苗を定植する。育苗期後半（播種後10日～2週間）には屋外に移して風や夜露にあて、徐々に灌水量を減らして苗の順化を十分に行なう（図3）。

(2) 定植のやり方

①圃場づくり

圃場は降雨災害軽減のため、額縁明渠や排水路の設置、耕盤破砕などを行なう。また、乗用トラクターによる耕うんを何年も続けることで、圃場が中だるみ状態（畑の中央部が低く、周囲が高い）になる危険があるため、①耕うんスピードを上げすぎない、②年によって耕うん方向を変える、③レーザーレベラーなどによる均平化などの対策をとる。

土壌pHが5・5以下になると根こぶ病が発生しやすくなるため、6・5程度に矯正する。石灰資材は定植の2週間ほど前に圃場全面に撒き、堆肥を使用する場合は同時に施用する。元肥は定植10日～7日前に全面全層に施用して、ウネを立てる。作付け前に土壌分析を行ない、土壌中の硝酸態窒素と可給態窒素を考慮して施肥量を決定することで、過剰施肥が防げる（表5）。

②定植

定植前に苗に十分灌水をし、定植後に日照りが続く場合は、少量株元灌水を行なう。定植数日前～当日までに、苗処理できる殺虫・殺菌剤を灌注処理や粒剤散布しておく。

栽植密度は、早生品種でウネ間57cm×株間38～40cmとし10a当たり4600～4300株植え、中生・晩生品種でウネ間60cm×株間48～55cmとし10a当たり3400～3000株植え。

定植作業は気温が低下してくる夕方に行な

図3　育苗の様子

表5　施肥例

一般圃場　（単位：kg/10a）

	肥料名	施肥量	成分量		
			窒素	リン酸	カリ
元肥	苦土石灰	100			
	重焼燐（0-35-0）	80		28	
	エコレット（10-10-10）	160	16	16	16
追肥	エコレット（10-10-10）	40	4	4	4
施肥成分量			20	48	20

カリ過剰圃場　（単位：kg/10a）

	肥料名	施肥量	成分量		
			窒素	リン酸	カリ
元肥	苦土石灰	100			
	低カリ野菜美人（10-8-4）	160	16	12.8	6.4
追肥	低カリ野菜美人（10-8-4）	40	4	3.2	1.6
施肥成分量			20	16	8

い、高温乾燥時の日中定植は避ける。

(3) 定植後の管理

①追肥

追肥は速効性の肥料を用い、草勢を見ながら、1回目は結球葉が立ち上がる少し前（本葉12～14枚程度）の時期、2回目は1回目の18～20日後（結球開始期）を目安に実施する。ウネ間に10a当たり窒素成分で3～5kgを施用し、根や葉を傷めないよう注意して中耕する。

②頭部結束

越冬ハクサイの霜害・凍害対策として、11月中旬～12月上旬に外葉複数枚を持ち上げて結球部を包み、頭部でまとめて、ポリプロピレン製ヒモやワラで結束する（図5）。

(4) 収穫

頭部や胴部を手で押して結球状態を確認した後、硬く締まったものを収穫する。結球部を斜めに押し倒し、外葉との間にできた隙間に包丁を入れて株元から切断する。

外葉1～2枚残して調製（図6）、圃場で段ボールやコンテナに詰めて出荷する。

図4　栽植様式

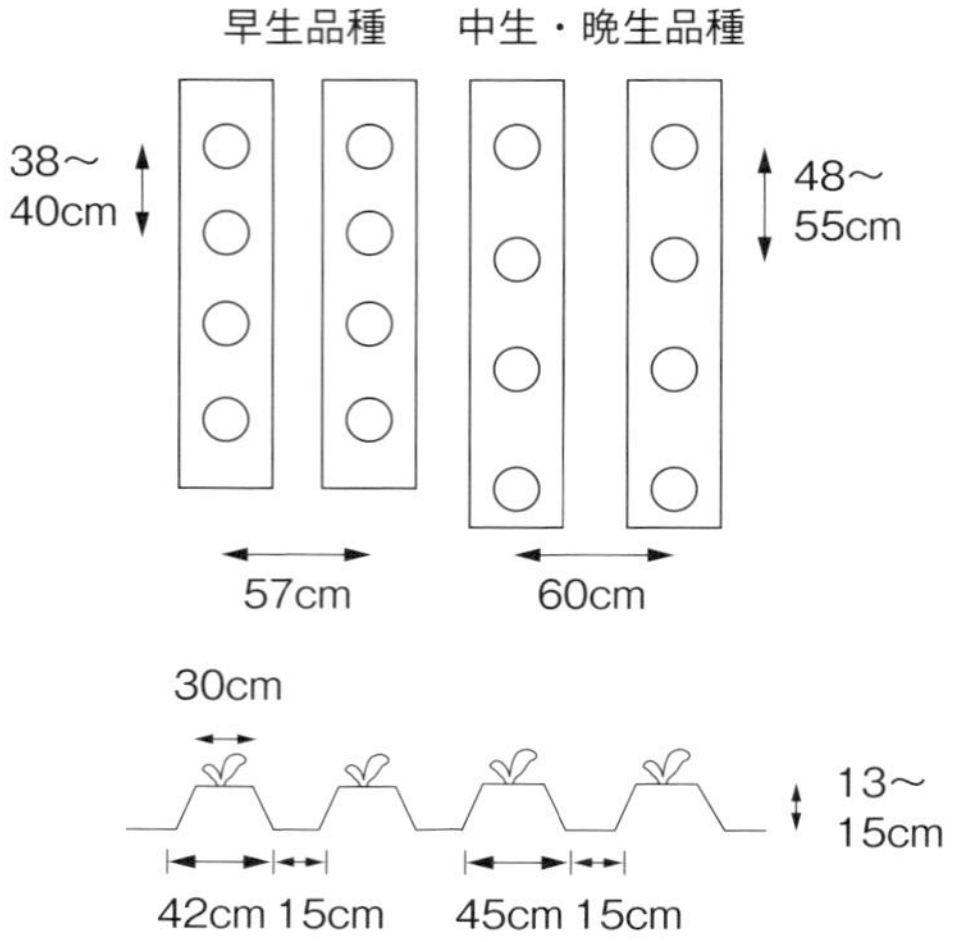

図5　結束後のハクサイ

図6　調製済みハクサイ

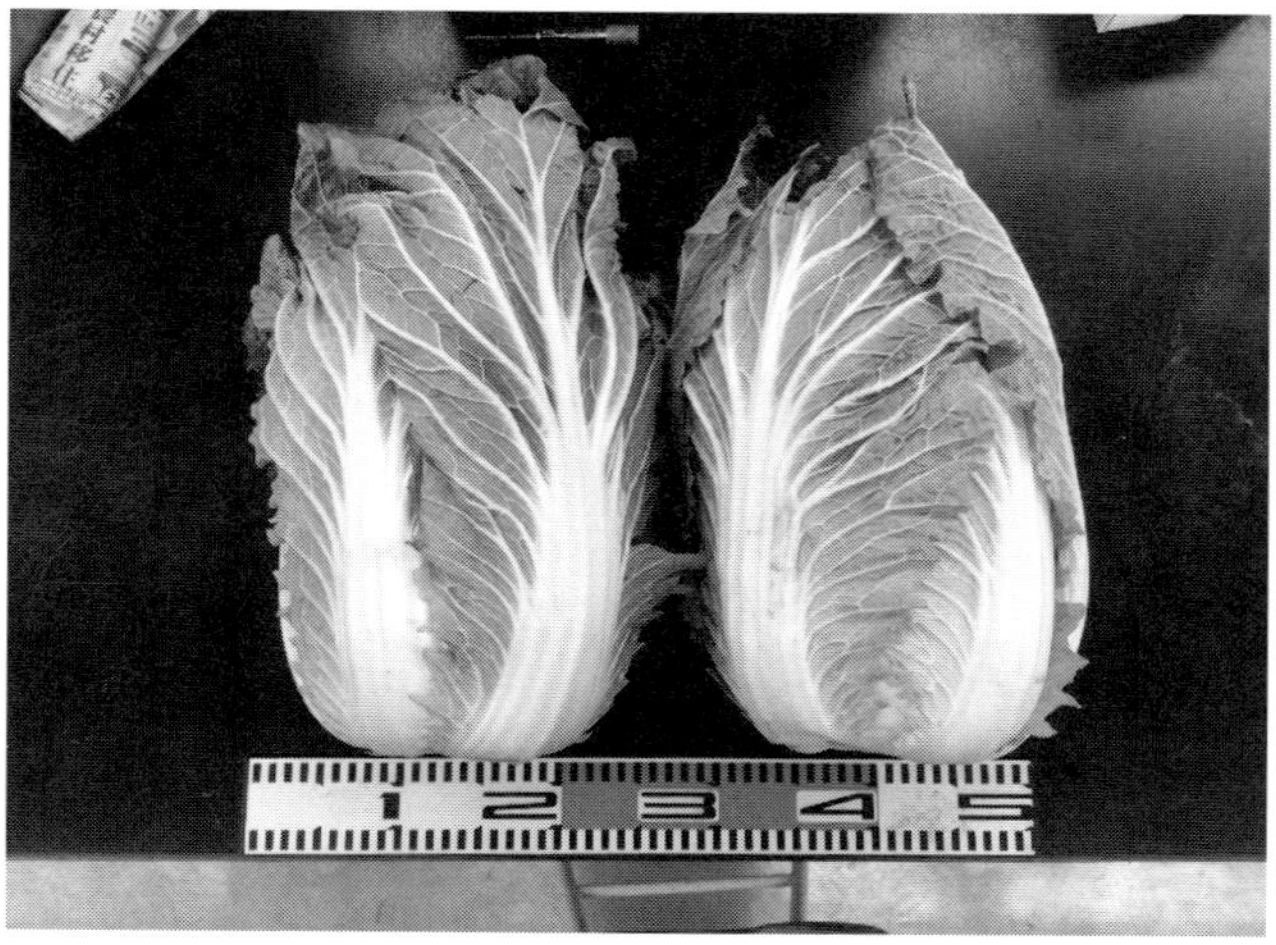

4 病害虫防除

(1) 基本になる防除方法

基本的には予防防除が中心となる（表6）。病害虫の発生しやすい時期、気象条件、圃場条件を認識し、防除計画を立てておく。ただし、その年の天候によってとくに病害の発生は大きく変化するため、気象の中長期予報に注意し、状況に合わせて防除計画の調整を行なう。

①問題になる病気

黄化病や根こぶ病の発生圃場では連作を避け、抵抗性品種の導入や作付け前に薬剤防除を行なう。育苗場所は風通しをよくして過灌水を避け、育苗中はべと病が発生しやすいので、状況に応じて薬剤防除を行なう。台風や連続降雨の後は黒斑細菌病・軟腐病などが急増するため、細菌に効果のある農薬を速やかに散布する。

②問題になる害虫

栽培期間中のチョウ目害虫発生が多いので、被害状況を早期に確認し薬剤防除を行なう。とくに生育初期に生長点を食害されると

表6　病害虫防除の方法

	病害虫名	発病最適温度／害虫発生時期	防除法
病気	根こぶ病	20～24℃	・連作を避け，圃場排水性を改善 ・土壌酸度を中性～アルカリ性に改善（pH6.5以上） ・抵抗性品種の利用 ・定植前（なるべく直前）に薬剤（オラクル，ネビジン，フロンサイド）を土壌混和 ・発病株の圃場持ち出し処分（すき込み厳禁）
	べと病	7～13℃	・圃場排水性を改善，育苗時は過湿を避ける ・予防防除を中心とし，発病初期から卓効剤（オロンディスウルトラSC，プロポーズ顆粒水和剤，ザンプロDMなど）で徹底防除
	黒斑細菌病	25～30℃	・連作を避け，圃場排水性を改善 ・低感受性品種の利用 ・害虫の食害，管理作業・強風による葉の損傷を防止 ・常発圃場では結球始期まで予防中心に徹底防除 ・台風・大雨前後は細菌病に効果のある薬剤を散布 ・農薬：バリダシン液剤5，アグリマイシン-100など
	軟腐病	22～30℃	・連作を避け，圃場排水性を改善 ・多肥栽培を避ける ・管理作業・強風による葉・中肋の損傷を防止 ・農薬：オリゼメート粒剤，クプロシールド，スターナ水和剤など
害虫	ハイマダラノメイガ コナガ アオムシ ヨトウムシ類	5月～10月 4月～11月 5月～10月下旬 ※真夏は発生が減少する場合が多い	・圃場周辺の雑草防除 ・定植前に浸透移行・残効性のある薬剤（ミネクトデュオ粒剤，ガードナーフロアブルなど）を苗に処理する ・生育初期および結球直前の徹底防除（ヨーバルフロアブル，ブロフレアSC，グレーシア乳剤，ディアナSCなど） ・感受性低下を避けるため，薬剤のローテーション防除（コナガ，シロイチモジヨトウはジアミド系殺虫剤感受性低下個体が確認されているため，要注意）
	アブラムシ類	5月～11月	・早期発見，初期防除の徹底（ウイルス病対策） ・とくに暖冬時は結束前に徹底防除 ・農薬：ウララDF，モベントフロアブル，トランスフォームフロアブルなど

心止まりや株の枯死につながる危険があるため、定植前に殺虫剤の苗灌注処理や粒剤施用を行なう。コナガやシロイチモジヨトウは近年、ジアミド系殺虫剤が効きにくい個体が現地で増加しているため、ローテーション防除に努めるとともに、薬剤散布後は効果を確認し、害虫が残っているようなら薬剤の系統を見直す。

暖冬予想の年は、アブラムシ類が結束したハクサイ内部で増殖する危険があるため、結束前に薬剤で防除しておく。

(2) 農薬を使わない工夫

この作型での無農薬栽培はほぼ不可能と考えられるが、減農薬栽培は可能である。

圃場条件（土壌化学性、物理性）の改善による病害発生抑制、緑肥や耐病性品種の導入による土壌消毒剤の削減、定植時の浸透移行性・残効性薬剤処理による生育初期の防除回数の削減が実施されている。また、誘殺トラップによる害虫発生予察情報をもとに、害虫増加前の産地一斉防除が導入されている産地もある。

5 経営的特徴

秋どり、冬どり、貯蔵（結束）を組み合わせることで10月～3月上旬までの長期間連続出荷ができ、定植、防除などの機械化による大規模経営が可能である。ハクサイ栽培の労働時間の約53％は収穫・調製作業で占められており、機械化もできていないことから、収穫時の労力を考慮して、作型を配分した作付け計画を立てる必要がある。

国民一人当たりのハクサイ購入数量はここ10年横ばいであり、栽培面積は減少しているが、栽培技術の向上、品種改良などにより生産量は維持されている。しかし、天候に恵まれ各産地豊作となると市場単価は大きく下落し、台風などにより収穫量が低下すると価格は跳ね上がる、露地野菜の典型的な価格推移を示す品目であるため、市場出荷だけでなく、業務加工業者などとの契約販売を組み合わせて経営を安定させていくことが必要となる（表7）。

（執筆：瀧澤利恵）

表7　夏まき秋冬どり栽培の経営指標

項目	年内どり	貯蔵（結束）
収量（kg/10a）	8,000	7,000
単価（円/kg）	40	43
粗収入（円/10a）	320,000	301,000
経営費（円/10a）	253,810	248,088
種苗費	15,120	13,620
肥料費	13,710	22,488
農薬費	60,403	60,403
諸材料費	7,993	7,993
光熱動力費	4,990	4,990
農機具費	22,000	22,000
施設費	594	594
流通経費	79,000	71,000
出荷資材費	50,000	45,000
農業所得（円/10a）	66,190	52,912
労働時間（時間/10a）	65	77

トンネル冬まき春どり栽培

1 この作型の特徴と導入

(1) 栽培の特徴と導入の注意点

この時期のハクサイは、露地トンネル内に定植し、3月下旬～5月下旬にかけて収穫する。栽培期間が低温であり花芽分化しやすいため、適品種の選定、育苗・本圃の温度管理、花茎が伸びる前の適期収穫が重要である。また、生育後半は乾燥からの降雨・気温上昇による急激な生長で心腐れ症などの生理障害が発生しやすいため、出荷時の選別には注意が必要である。

(2) 他の野菜・作物との組合せ方

アブラナ科作物の連作を続けると、土壌病害（黄化病・根こぶ病）や共通害虫（コナガなど）の発生が増えるため、収穫終了後はスイートコーン、露地メロン、加工トマトなどの果菜類を夏場に栽培し、その後にレタス、キャベツ、ハクサイなどを作付けする。または、土壌改良を兼ねて緑肥の導入を行なう。

2 栽培のおさえどころ

(1) どこで失敗しやすいか

①品種の選定

球内の花茎長が球の長さの3分の1以上に伸びると出荷時に規格が落ちるため、極晩抽性の早生品種を選ぶ。また、生育後半の気象条件によって縁腐れ症や心腐れ症（アンコ症）が発生するため、生理障害に強いものを選ぶ必要がある。

②温度管理

発芽した段階から低温（13℃以下）に一定期間遭遇することで花芽が誘導されるが、25℃以上の高温に低温効果が打ち消される（脱春化）。しかしハクサイは23℃以上になると生育が抑制されるため、生育ステージに合

図7　ハクサイのトンネル冬まき春どり栽培　栽培暦例

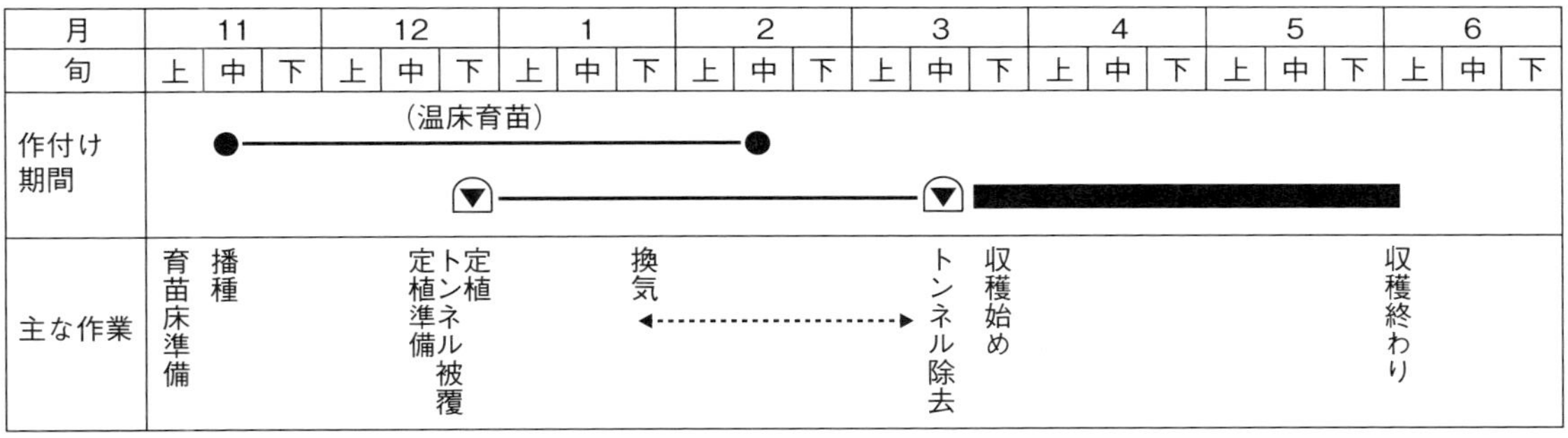

●：播種，▼：定植，⌒：トンネル，■：収穫

表8　トンネル冬まき春どり栽培のポイント

	技術目標とポイント	技術内容
定植の準備	◎圃場の選定と土つくり	
	・圃場の選定	・排水がよく肥沃でなるべく風の当たらない圃場を選定する（土埃混入防止）
	・土つくり	・石灰資材で酸度を矯正する（pH6.0～6.5目標）
	◎施肥基準（品種と作型に応じた施肥量とする）	・前作や圃場の地力窒素によって元肥施肥量を加減する ・定植10～7日前に元肥を全面全層施用する
	◎トンネル・マルチの準備	・定植5～2日前に十分に灌水して，トンネルおよびマルチを設置し，地温を高めておく
	・平ベッドの設置（ウネ幅180cm・ベッド幅120cm）	・生育を揃えるためにはトンネルは南北方向がよい ・トンネルの風上部の裾は土で抑える
育苗方法	◎播種準備	・電熱温床・発芽器を利用する ・セルトレイ（200穴・128穴）やペーパーポットを使用する ・育苗温度は発芽まで20～25℃、発芽後は15～20℃とし，最低夜温を12℃以下にしない
	・花芽分化抑制	・日中の気温は23℃以上にならないよう管理
	◎健苗育成	
	・苗の生育に応じた灌水	・灌水は天候・トレイの乾き具合を見ながら，基本的に午前中に実施 ・トレイ端は乾きやすいので注意する
	・定植前に順化の徹底	・定植10日前から十分に換気し順化するが，夜温12℃以下にしないよう注意する
	・病害虫防除（べと病対策）	・適正に換気し，苗の周りに湿気を停滞させない ・感染が疑われる株の除去，発病前の予防的防除の徹底
定植方法	◎適期定植	・育苗日数は30日程度
	・大苗（本葉5～7枚）定植	・定植前日に病害虫防除を行ない，十分に灌水を行なう ・定植作業はなるべく天気のよい日に行なう ・条間37～40cm×株間35～42cm，3～4条で定植する
	・保温力の向上	・トンネルの風上部の裾を土などで抑える ・2月中旬ごろまでの定植では不織布によるベタがけを行なう
定植後の管理	◎トンネル管理	・定植後20日間は密閉し，初期生育・脱春化を進める
	・花芽分化抑制	・結球開始時までは最高気温33℃以下で管理する ・それ以降は順次換気を行ない，日中20～22℃で管理する
	・トンネル除去	・3月中旬～下旬（外葉がビニールに接するようになったら）にトンネル被覆を除去する ・晩霜・降雹に備えてビニールはまとめて通路に置く，もしくは支柱に絡めておく
	◎灌水（外葉生育期から結球中期）	・圃場が乾燥している場合は随時灌水する ・灌水が困難な場合はトンネルを開けて降雨を当ててもよい
収穫	◎適期収穫の厳守	・定植後55～60日くらいを目安に，結球状況を確認してから収穫する ・収穫遅れは品質低下（花茎伸長・縁腐れ症）の危険があるので注意する
	◎調製・選別	・外葉1～2枚を残して調製し，病虫害のないものを選別する

わせた温度管理が必要となる。

③ 圃場の選定

圃場水分の安定は、生理障害発生抑制にとって重要なポイントとなる。排水性・保水性が不安な圃場の場合は、圃場内外の排水対策や有機物の投入、緑肥作物との輪作を行なう。

表9　トンネル冬まき春どり栽培に適した主要品種

品種名	メーカー	結球重（kg/球）	収穫までの定植後日数	抽台	生理障害	備考
菊錦	トーホク	2.5～3.0	55～60日	極晩抽	縁腐れ症発生少	
春の祭典	渡辺採種場	2.5～3.0	60日	極晩抽	生理障害発生少	
桜こまち	トーホク	2.6～3.2	55～65日	極晩抽	生理障害発生少	べと病発生少

(2) 品種の選び方

共通して求められる品種特性は早生で晩抽性の黄芯系、生理障害が出にくいことである（表9）。

3 栽培の手順

(1) 育苗のやり方

コート種子を4000粒準備（必要株数は3700～4000本/10a）、セルトレイ（200穴・128穴）またはペーパーポットに1穴1粒播種する。育苗期間が低温であるため温床育苗とし、発芽までは20～25℃、発芽後は15～20℃を目安に管理する。日中の気温は23℃以上にしないよう適宜換気を行ない、夜温は13～15℃を保つ。

結球葉数を確保するため、育苗日数は30日程度、本葉5～7枚の大苗を定植する。定植10～7日前から温床温度を徐々に落とし、灌水もやや控えて十分換気を行ない順化する。ただし、最低気温が12℃以下にならないよう注意する（図8）。

(2) 圃場つくり・定植のやり方

マルチトンネル栽培のため、肥料は全量元肥で施用。追肥をしないため、有機質肥料など緩効性肥料を利用する（表10）。定植2～3日前に乾燥を防ぐため十分に灌水し、マルチおよびトンネルを張って地温を高める。マルチは、地温上昇効果が望めるタイプ（透明・チョコ・半黒・銀ネズなど）を使用する。ウネ幅180cm（ベッド幅120cm）に条間37～40cm、株間35～42cmで3～4条植えとする（図9）。4条植えはベッドの中心部と両端で生育差がでやすいため、早い作期では3条がよい。

定植後は230cm幅ビニールでトンネル被覆を行なう。2月中旬ごろまでに定植する場合は中に不織布ベタがけを追加する。

(3) 定植後の管理

定植後20日間はトンネルを密閉し、活着の

図8　温床育苗風景

表10　施肥例　（単位：kg/10a）

	肥料名	施肥量	成分量		
			窒素	リン酸	カリ
元肥	苦土石灰	100			
	重焼燐（0-35-0）	80		28.0	
	高度化成（12-12-12）	160	19.2	19.2	19.2
施肥成分量			19.2	47.2	19.2

図9　栽植様式

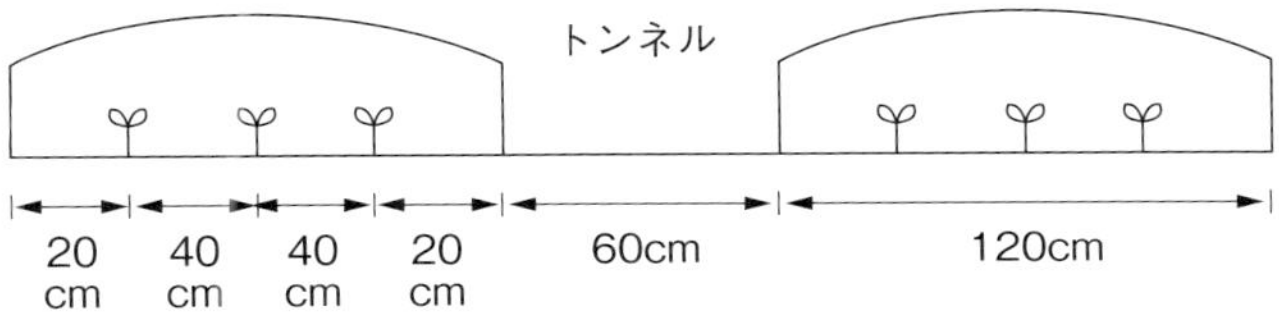

注）3条植えの場合

表11　病害虫防除の方法

	病害虫名	発病最適温度／害虫発生時期	防除法
病気	べと病	7～13℃	・育苗時の多灌水を避ける ・育苗ハウス内および本圃トンネルの換気を適宜行なう ・圃場周辺の雑草などを除草する ・健全苗のみを定植する ・オロンディスウルトラSC, プロポーズ顆粒水和剤, ザンプロDM, ピシロックフロアブルなど, べと病に効果の高い薬剤を中心に散布する
害虫	キスジノミハムシ	3月～10月	・圃場周辺の越冬場所（枯草, 雑草など）の除去 ・定植前にミネクトデュオ粒剤を苗に処理する
	アオムシ コナガ ヨトウムシ類	4月～10月 5月～10月 5月～10月下旬	・圃場周辺の雑草防除 ・定植前に浸透移行・残効性のある薬剤（ミネクトデュオ粒剤, ガードナーフロアブルなど）を苗に処理する ・生育初期および結球直前の徹底防除（ヨーバルフロアブル, ブロフレアSC, グレーシア乳剤, ディアナSCなど） ・感受性低下を避けるため, 薬剤のローテーション防除（コナガ, シロイチモジヨトウはジアミド系殺虫剤感受性低下個体が確認されているため, 要注意）
	アブラムシ類	5月～11月	・早期発見, 初期防除の徹底（ウイルス病対策） ・農薬：ウララDF, モベントフロアブル, トランスフォームフロアブルなど

図10　花茎が伸び始めたハクサイ

○部分の長さに注意する

促進と花芽分化の抑制を行なう。その後気温上昇に合わせて、日中温度20～22℃を目安に徐々に換気を強め、ベタがけを除去する。3月中下旬以降に生育状況を見ながらトンネルを除去するが、晩霜や降雹に備えて、ビニールを通路にまとめておくか支柱に絡めておいて、いつでも被覆できるようにしておく。春先に乾燥が続く場合は、生育促進、生理障害対策として随時灌水する。

(4) 収穫

収穫は定植後55～60日を目安に、結球頂部の締まり具合を確認して行なう。春先は気温上昇とともに内部花茎の伸長スピードは早まり、収穫適期幅が短くなる。天候によっては定植時期をずらしても圃場の収穫時期が重なる場合があるので、生育状況に合わせて計画的に収穫する（図10）。

4 病害虫防除

(1) 基本になる防除方法

トンネル内は結露水のぼたおちなどによる病害発生や、外気温よりも暖かいことによるアブラムシ類などの急な増殖が発生しやすいが、外から症状が見えづらいため防除適期を見逃す危険がある。また、その年の天候により、とくに病害の発生は大きく変化するため、気象の中長期予報に注意し、状況に合わせて圃場の観察，適期防除を行なう（表11）。

①問題になる病気

とくにべと病に注意する。育苗中は保温によりハウス内湿度が高くなりやすいので，多灌水を避け，ハウス内の換気を行なって湿度を下げ，発病しにくい環境を整える。べと病に感染した苗は薬剤散布によって菌が見えなくなっても，定植後トンネル密閉条件下で再発する可能性が高くトンネル内で発生源となる危険がある。このため，いったん感染した苗は本圃に持ち込まないよう注意する。

②問題になる害虫

栽培期間後半は，気温上昇に伴いコナガ，アオムシの発生が多くなるので，被害状況を早期に確認し薬剤防除を行なう。

(2) 農薬を使わない工夫

秋冬栽培よりも病害虫の発生は少ないため，この作型において無農薬栽培は可能である。

トンネル換気をこまめに行なうことで病害発生を抑制し，圃場周辺の雑草防除を行なって越冬場所を排除することで害虫発生を抑制する。

5 経営的特徴

栽培の労働時間の6割が，トンネル換気と収穫・調製作業で占められている。換気作業と収穫時の労力を考慮して圃場を選定し，作付け計画を立てる必要がある。マルチとトンネルを用いるため，資材費が多くかかるのもこの作型の特徴である（表12）。

（執筆：瀧澤利恵）

表12　トンネル冬まき春どり栽培の経営指標

項目	
収量（kg/10a）	8,000
単価（円/kg）	85
粗収入（円/10a）	680,000
経営費（円/10a）	387,702
種苗費	11,600
肥料費	25,072
農薬費	16,945
諸材料費	87,000
光熱動力費	7,491
農機具費	22,000
施設費	594
流通経費	149,000
出荷資材費	68,000
農業所得（円/10a）	292,298
労働時間（時間/10a）	120

春まき夏秋どり栽培

1 この作型の特徴と導入

(1) 作型の特徴と導入の注意点

この作型は高温条件で栽培が行なわれるため，生育が悪くなりやすく，とくに結球期以降には病害が発生しやすい。一般に，結球期以降に平均気温が23℃を超えることの少ない地域が適地になる。

また，高温時の収穫・出荷作業は身体への負担が大きいので，計画的に1日に収穫可能な面積を順次作付けする必要がある。

(2) 他の野菜・作物との組合せ方

連作すると根こぶ病や黄化病などの土壌病害が発生しやすくなるので，アブラナ科以外の作物と3～4年の輪作を行なう。レタス，

図11　ハクサイの春まき夏秋どり栽培　栽培暦例

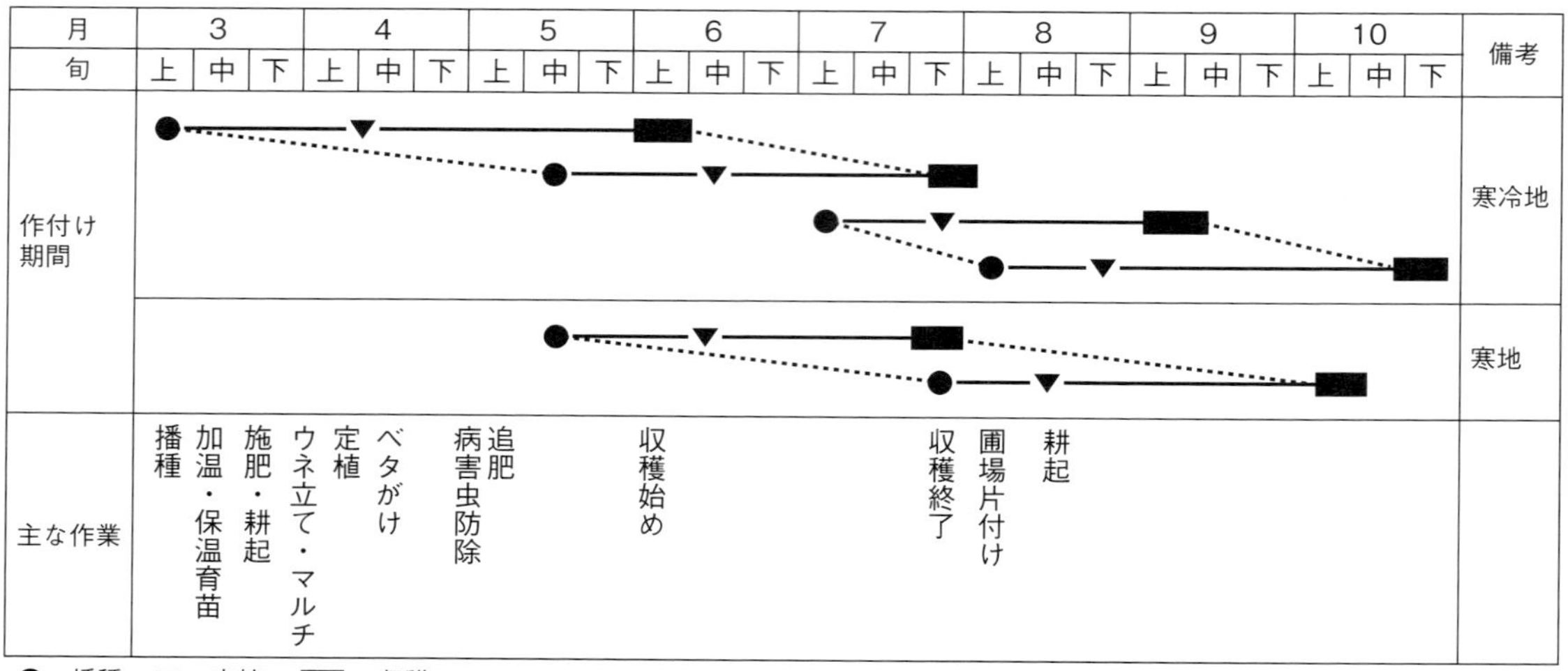

●：播種，▼：定植，■：収穫

ホウレンソウ、スイートコーン、ニンジン、イモ類、果菜類や緑肥作物などを組み合わせるのがよい。

2 栽培のおさえどころ

(1) どこで失敗しやすいか

病害虫、生理障害の発生　夏秋どりの作型では病害虫の発生が多いので、品種の選定、栽植密度を粗くして風通しをよくするなどの耕種的な対策に加えて、発生初期からの薬剤による適期防除を組み合わせて行なう。結球内部にコナガやアブラムシ類などが寄生すると防除がむずかしくなるので、結球開始期ころの防除にはとくに注意する。

窒素の多施用によって生理障害が発生しやすいので、肥培管理は適正に行なう。

抽台　早春に定植する場合には、低温に感応して不時抽台しやすい。品種間差はあるが、一般的に13℃以下の低温に遭遇すると花芽分化が開始するため、晩抽性の品種を用いて、育苗期の保温・加温と定植直後の保温を行なう。

(2) おいしく安全につくるためのポイント

健全な外葉を大きく育てることによって、充実したおいしいハクサイを収穫できる。そのためには、通風や日当たりをよくし、十分な栽植密度を確保し、活着や初期生育を促すとともに、病害虫を初期から防ぐことが大切である。

また、耐病性品種の利用や移植栽培の導入、初期の寒冷紗被覆、害虫の初期捕殺などを行ない、農薬の使用量を減らす。

3 栽培の手順

(1) 定植の準備と育苗

①土つくり

前年の秋に25〜40cm程度の深耕を行ない、排水性をよくする。耕土が浅く排水の悪い圃場では、不透水層を砕くように深耕を行なう。

土壌pHが6・0〜6・5になるように、苦土石灰を施用する。苦土石灰の量は10a当たり100kgが標準だが、熟畑化した圃場では少

表13　春まき夏秋どり栽培のポイント

	技術目標とポイント	技術内容
定植の準備	◎畑の選定と土つくり	・排水がよく，作土の深い畑を選ぶ
	・畑の選定	・アブラナ科との連作を避ける
	・土つくり	・深耕を行なう
		・よく熟成した堆肥を2～3t/10a施用する
		・土壌pHが6.0～6.5になるように苦土石灰を施用する
	◎施肥	・元肥主体に施肥を行なう（全面全層またはウネ施用）
	◎ウネ立て，マルチ展張	・高ウネ全面マルチ（ウネ間45～55cm，高さ15～20cm）または平床マルチ（ウネ間110～130cm，床幅70～90cm）とする
		・適正な土壌水分状態でマルチを被覆する
		・反射マルチか白黒ダブルマルチを用いる
育苗方法	◎播種の準備	・無病で理化学性が良好な床土を使用する
		・セルトレイ，ペーパーポット，ポリポットなどを利用し，播種する
	◎健苗育成	・日光によく当てる
		・過乾，過湿を避け，適切な水管理を行なう
		・発芽床温は18～20℃
		・13℃以下の低温に遭遇させない
		・寒冷紗被覆や薬剤散布などによる病害虫防除を行なう
定植方法／直播方法	◎栽植密度	・適正な株間を確保する。通常，株間を45～55cmにし，栽植密度は4,000～5,000株/10a程度とする
	◎活着と初期生育の促進	・晴天無風の日に定植を行なう
		・適期苗を定植する
		・定植時の断根に注意する
	◎保温	・定植後30日程度，ベタがけ資材を被覆する
	◎直播，間引き	・コート種子を1穴に2～3粒播き，本葉5～6枚時に間引いて1本立ちにする
定植後の管理	◎病害虫防除	・アブラムシ類は，定植時の粒剤利用や生育期は作用機構の異なる有効薬剤を使用したローテーション防除をする
		・コナガやアオムシなどは，育苗期後半の農薬灌注処理，定植時の粒剤利用や生育期の作用機構の異なる有効薬剤を使用したローテーション防除をする
		・軟腐病には，銅水和剤などの有効薬剤を丁寧に散布する
		・寒冷紗などの被覆による害虫防除を行なう
	◎灌水	・干ばつ時には，高温時間帯を避けて灌水を行なう
	◎生理障害の防止	・塩化カルシウム水溶液，有機リン酸カルシウム水溶液などを散布する
	◎除草	・圃場の通路，周辺を除草する（手取り，土壌処理除草剤，茎葉処理除草剤による）
	◎追肥	・必要に応じて結球始期までに窒素とカリをウネ間に追肥する
収穫	◎適期収穫	・なるべく晴天日の温度の低い時間帯に収穫する

なめにする。深耕によって下層土が混じった圃場では土壌pHが下がるので、苦土石灰の施用が必要になる。

作付け前に、よく熟成した堆肥を10a当たり2～3t施用する。

②畑の準備

施肥量は地力によっても異なるが10a当たり成分量で、窒素20～25kg、リン酸15～20kg、カリ18～25kgを標準にする（表14）。肥料としては高度化成や有機入り肥料、微量要素入り肥料などが使いやすい。

表14　施肥例　（単位：kg/10a）

	肥料名	施肥量	成分量		
			窒素	リン酸	カリ
元肥	堆肥	2,500			
	炭酸苦土石灰	100			
	有機入り化成	100	8	8	8
	BB肥料	80	12	12	9.6
施肥成分量			20	20	17.6

表15　春まき夏秋どり栽培に適した主要品種の特性

品種名	販売元	特性
信州大福	トーホク	晩抽性が強く，2月下旬以降に播種し，5月下旬以降に収穫する作型に適する。球の形は長砲弾型で，揃いがよい品種
黄信	タキイ種苗	晩抽性が強く，2月下旬以降に播種し，5月下旬以降に収穫する作型に適する。球の形は砲弾型で，揃いがよい品種
黄だて55	タキイ種苗	5月以降の播種に適している。球の頭が吹き出す場合がある。球の形は砲弾型で，揃いがよい品種
黄芯スプリンター	渡辺採種場	5月以降の播種に適している。黒斑細菌病に強く，球の形は長砲弾型で，揃いがよい品種

注）作型は長野県塩尻市（標高750m）で栽培する場合の目安

播種・定植の5～7日前までに、元肥を全面全層施肥かウネ施用にする。全量元肥か、窒素とカリの60%とリン酸の全量を元肥に、残りを結球開始期に追肥として施す。

ウネは、通路のない高ウネ全面マルチか、通路をとる平ウネにする。高ウネ全面マルチでは、ウネ幅45～55cm、ウネ高15～20cmに、平ウネではウネ間110～130cmに、床幅70～90cmにする。

土壌の湿り具合がちょうどよいときにマルチ張りを行なう。マルチフィルムは、早春の作付けや晩秋に収穫期を迎える作型など、地温を確保したい場合には黒マルチ、高温期に地温を抑制したい場合には白黒ダブルマルチを選択する。

③品種の選定

最近では、結球葉色の黄色みが濃い、黄芯系品種が主に流通している。そのうち抽台の恐れのある時期には晩抽性の〝信州大福〟〝黄信〟などが、抽台の恐れがない5月以降には〝黄だて55〟〝黄芯スプリンター〟などが適している（表15）。

根こぶ病が発生する恐れのある圃場では、CRの表示のある根こぶ病抵抗性品種を用いるようにしたい。

④育苗のやり方

育苗は、日当たりがよく、管理のしやすい場所で行なう。なるべく雨がかからないように、パイプハウス内で育苗したい。

育苗容器には、ポリポットやセルトレイ、ペーパーポットなどを用いる。いずれも大きめのサイズのものを用いると、培土や育苗面積を多く要するが、長期間育苗できる。小さいサイズのものを用いると、少ない面積で多くの苗を育苗できるが、灌水を多くする必要がある。ポリポットは4～9cm程度のもの、セルトレイやペーパーポットは50～200穴程度のものを用いる。

培土には無病の土を用いる。自作する場合は、必ず土壌消毒を行なう。また、セル成型育苗の場合には、ピートモスを主体にした専用培土を用いる。

それぞれのポットやセルに、1～2粒の種子を深さ5～10mmに播種し、培土やバーミキュライトなどで覆土する。本葉2枚時に間引きを行なう。

均一な生育の健苗を育成するために、詰める床土の量や光環境、水管理などに注意する。また、早い作期では、抽台を防ぐため、育苗中に13℃以下の低温にあわないように、保温や加温をする必要がある。

(2) 定植のやり方

根の再生力が弱いので、定植時になるべく根を切らないように留意し、また根鉢が過剰に形成されない適期に定植する。セル成型育苗では、トレイから根鉢を崩さずに苗が抜けるようになったら植えごろである。

抽台の恐れのある時期には、葉数5～7枚程度の大苗を定植し、またそれ以降の時期には葉数3～4枚程度の苗を定植する（図12）。

図12　定植直前のハクサイの苗（セル成型育苗）の様子

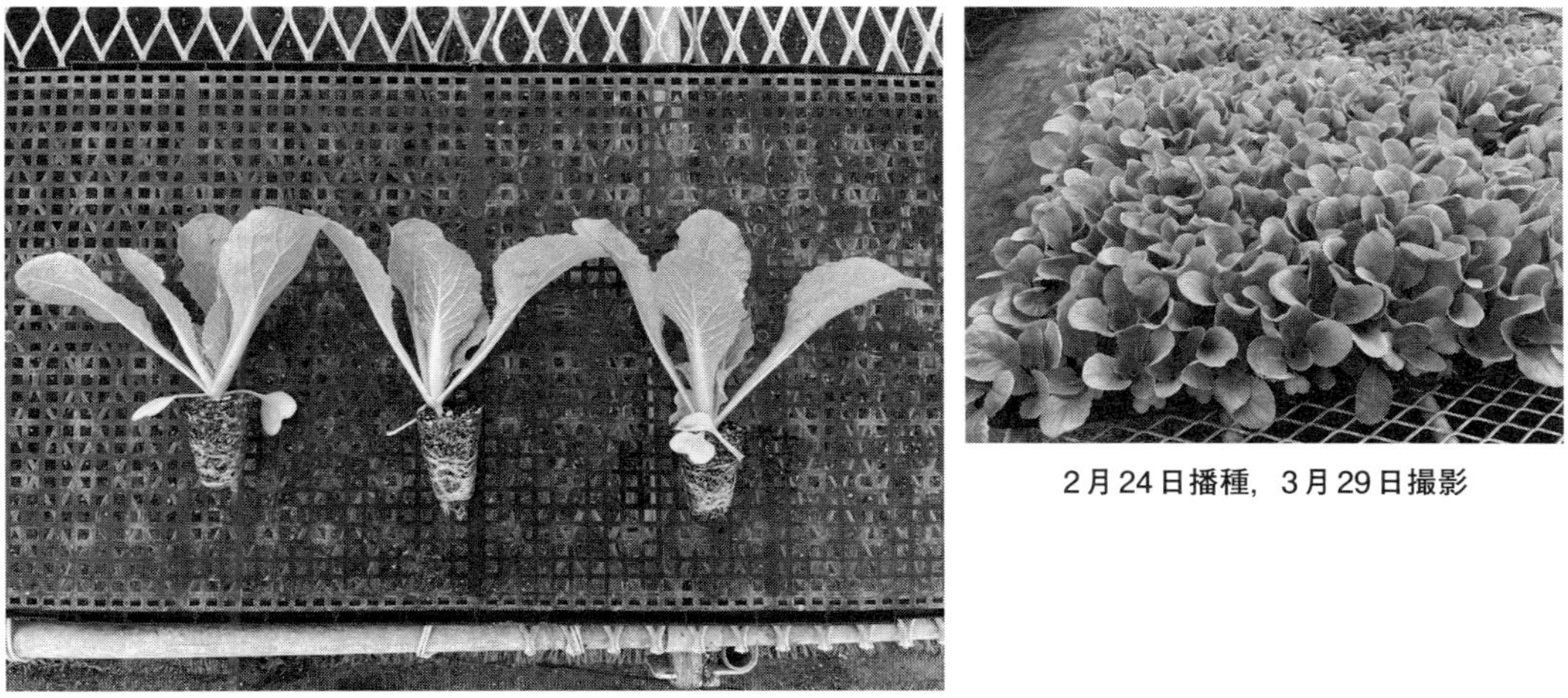

2月24日播種，3月29日撮影

図13　ウネのつくり方と植え方

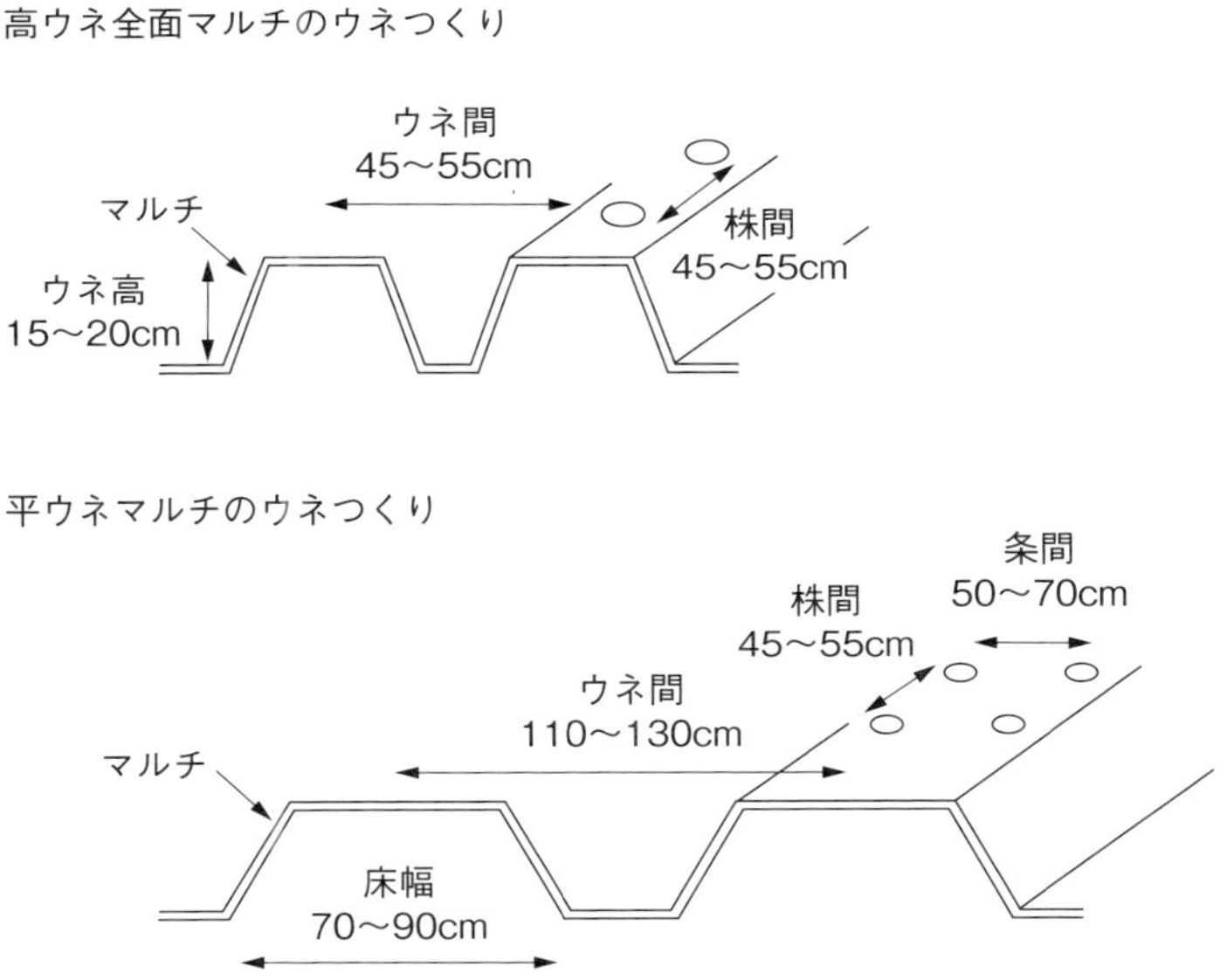

風のない、晴天の日の午前中が、定植には最も適している。ただし、高温期には、地温が下がり蒸散量も減る夕刻に定植する。

株間は45～55cmで、平床マルチでは1条植えに、高ウネ全面マルチでは2条千鳥植えとする（図13）。植穴に苗を挿し込んだら、床土の表面を軽く土で覆い、水分の蒸発を防ぐ。ウネ内の土壌水分が少なければ活着促進のために灌水を行なう。

(3) 直播き栽培

直播き栽培では、なるべくコート種子を利用し、1穴当たり2～3粒ずつ播く。

本葉5～6枚までに、奇形葉や病害虫の被害が見られない健全な株を1本残すように、間引きを行なう。

(4) 定植後の管理

①ベタがけ栽培

定植後も低温に遭遇する時期には、不織布製またはPVA製などのベタがけ資材を利用して保温する。ベタがけの利用は、活着や初期生育を促進する（図14）とともに、凍霜害に対しても有効である。また、抽台を防ぐためにも利用したい。ベタがけは3月下旬～4月上旬定植の場合、定植後30日くらいを目安に行なう。

②灌水・追肥、外葉の確保

降水状況に応じて、適宜灌水を行なう。日中の高温時や結球期の後

図14　ベタがけの有無によるハクサイの生育（4月3日定植，4月30日ベタがけ除去）

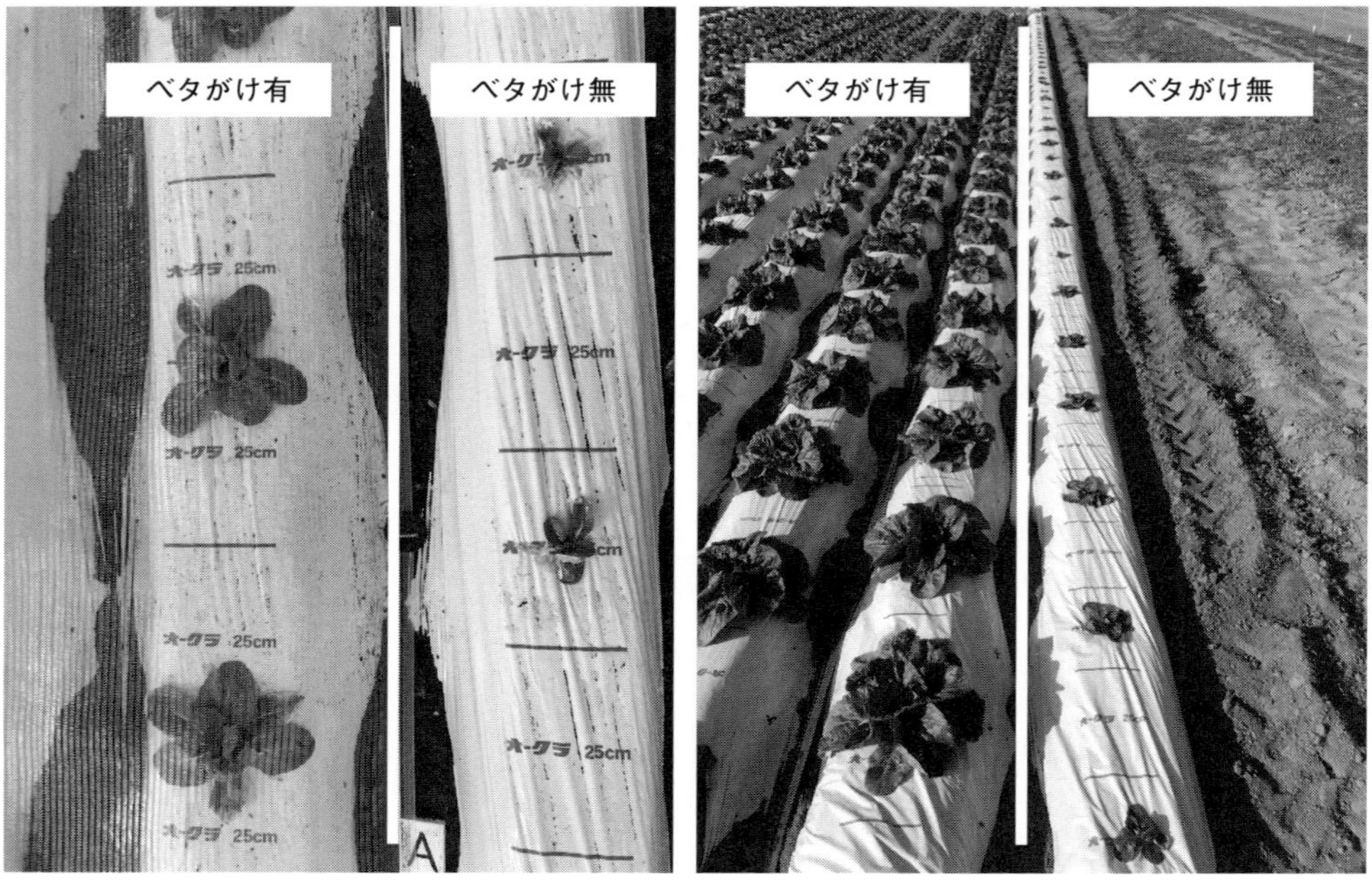

4月20日撮影　　5月1日撮影

半の灌水はなるべく避けて、チューブやパイプ、スプリンクラーなどを用いて灌水する。

追肥は、結球始期までにNK化成などを施用する。追肥時期が遅れると、ゴマ症などの生理障害が発生しやすくなるので注意する。

外葉の大きさによって結球の大きさが決まるので、健全な外葉を確保する。

③生理障害の防止

縁腐れ症、心腐れ症は、カルシウムの欠乏によって発生する。この場合、土壌中のカルシウム不足より、むしろ、乾燥や多肥料栽培などが誘因になってカルシウムが吸収されにくくなり、発生することが多い。適正な施肥や干ばつ時の灌水を行ない、発生しそうな場合には、塩化カルシウム水溶液や有機リン酸カルシウム水溶液を3～4回、新葉を中心に散布する。

ゴマ症は、生育後期の窒素の過剰吸収や、収穫の遅れなどによって発生する。適期収穫を心がけるようにしたい。

ホウ素欠乏症は、ホウ素入り肥料の利用や乾燥の防止、適正な施肥量を守ることなどで防ぐ。

(5) 収穫

定植後55～60日程度で収穫期になる。収穫の遅れは生理障害の発生を助長し、品質を低下させるので、適期収穫を心がける。

大部分の株が収穫できるようになったら、一斉に収穫して作業能率を高める。腐敗防止のため晴天日の収穫が望ましいが、降雨時に収穫した場合にはできるだけ水を切る。また、温度の低い時間帯に収穫する。

10a当たりの収量の目安は7～10t程度である。

4 病害虫防除

夏秋どり作型に発生しやすい病害は軟腐病である。軟腐病に対しては、高温期の栽培を避け、栽培密度を下げて風通しをよくすること、排水性をよくすることなどが重要である。

薬剤は、株元に届くように丁寧に散布する。

害虫では、アブラムシ類やコナガ、アオムシなどが発生しやすい。アブラムシ類はウイルス病を媒介するので、育苗時から寒冷紗をトンネルがけし、反射マルチを利用するなどの耕種的防除を行なう。化学的防除をする場合は、粒剤などの定植時植穴処理、作用機構の異なる薬剤をローテーションで散布する。コナガ、アオムシには育苗期後半の農薬灌注処理、粒剤の定植時植穴処理が有効である。また、散布による防除を行なう場合には、発生している害虫に合わせて有効な薬剤を散布する。アブラムシ類やコナガなどの害虫が結球内部に入ると防除することがむずかしくなるため、結球始期の防除がとくに重要である。

農薬（殺菌剤、殺虫剤）を散布する場合は、同一作用機構の薬剤を連用せず、作用機構の異なる薬剤を散布する。コナガの交信かく乱剤は密度の低減に効果的であり、地域ぐるみで取り組むことで、よりいっそうの効果が期待できる。労力は要するが、収穫までの寒冷紗などの被覆も害虫防除に効果がある（表16）。

ここまでの栽培のポイントは表13に記載したので活用してほしい。

表16　病害虫防除の方法

	病害虫名	防除法
病気	軟腐病	・高温期を可能なかぎり避けて栽培し，風通しや排水をよくする ・有効な薬剤の利用
害虫	アブラムシ類	・反射マルチの利用 ・作用機構の異なる有効薬剤を使用したローテーション防除
	コナガ，アオムシ	・寒冷紗被覆，周辺雑草の除去 ・育苗期後半の農薬灌注処理，粒剤の植穴施薬 ・作用機構の異なる有効薬剤を使用したローテーション防除 ・交信かく乱剤の地域内集団的利用

5 経営的特徴

栽培労力は10a当たり13日で、そのうち収穫や出荷におよそ40%を要する（表17）。

この作型の生産費では、農薬費や肥料費の占める割合が高くなる（表18）。これらの費用を節減するため、病害虫の耕種的防除や、緑肥の利用などにより、地力を高めて施肥量を減らすような作付け体系にも取り組む必要がある。


（執筆：保勇孝亘）

表17　春まき夏秋どり栽培の所要労力

（単位：時間 /10a）

作業名	
育苗	9.9
施肥・耕起・ウネ立て	16.1
定植	14.7
管理	6.3
病害虫防除	11.6
収穫調製	33.0
出荷	5.0
後片付け	4.0
合計	100.6

注）「農業経営指標（長野県農政部ら，2017年発行）」より抜粋，一部改変

表18　春まき夏秋どり栽培の経営指標

（単位：円 /10a）

項目			
経営費		種苗費	11,147
		肥料費	25,031
		農薬費	47,882
		諸材料費	64,866
		光熱・動力費	9,760
		小農具費	1,500
		修繕費	15,527
		土地改良・水利費	1,000
	償却費	建物・構築物	4,245
		農機具・車両	75,029
		植物・動物	0
		小作料	549
		支払利息	2,844
		雇用労賃	6,841
		雑費	1,000
		流通経費	339,840
		合計	607,061
収益		生産物収量（kg）	9,000
		平均単価（円 /kg）	80
		生産物収益（円 /10a）	720,000
農業所得（円 /10a）			112,939
農業所得率（%）			15.7

注）「農業経営指標（長野県農政部ら，2017年発行）」より抜粋，一部改変

コマツナ

表1　コマツナの作型，特徴と栽培のポイント

主な作型と適地

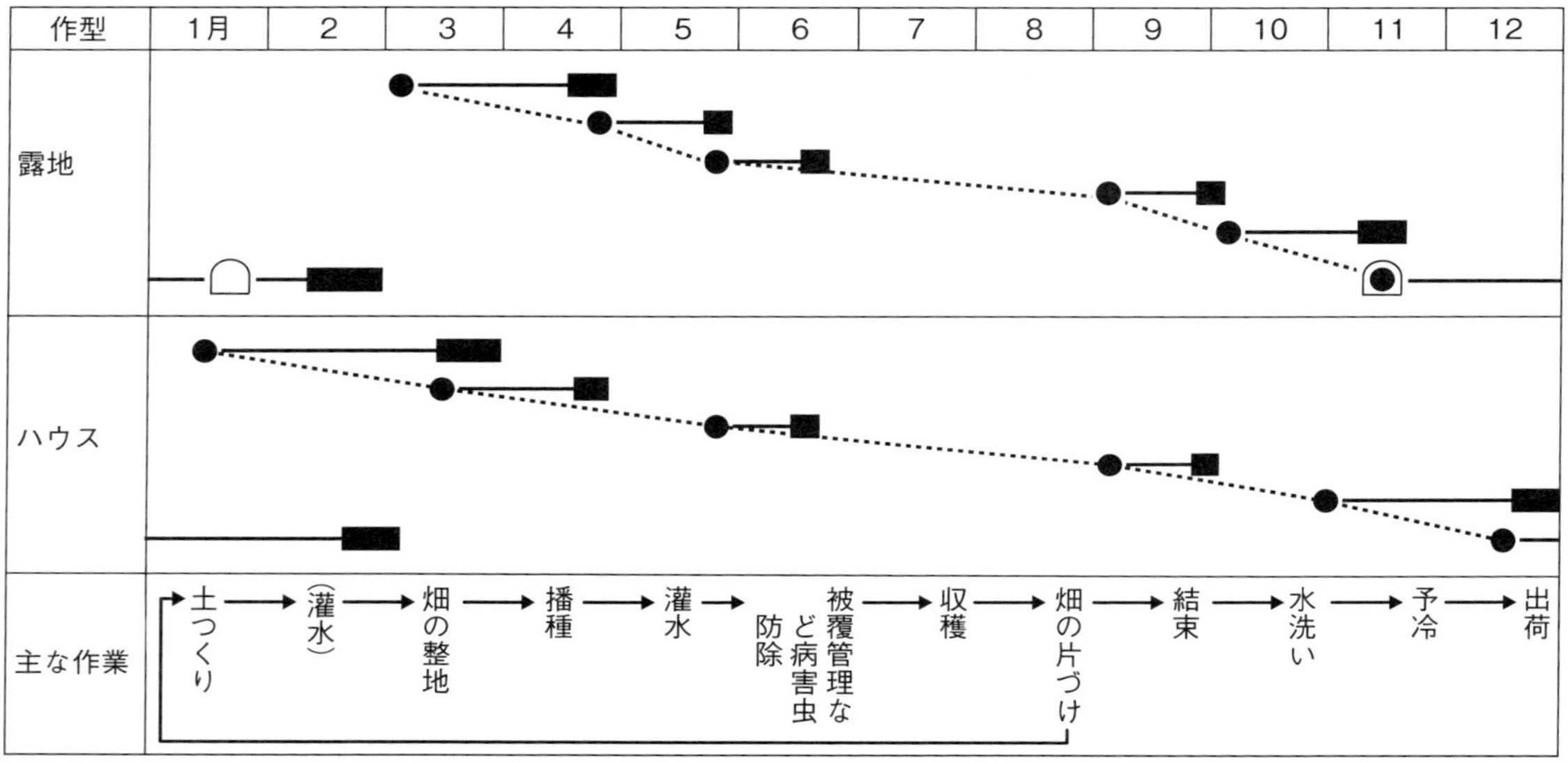

●：播種，▬：収穫，⌒：トンネル

特徴	名称（別名）	コマツナ（アブラナ科アブラナ属），別名：うぐいす菜，冬菜，葛西菜
	原産地・来歴	コマツナはツケナの一種。ツケナの野生種は中央アジアから北欧に分布し，日本へは中国から渡来した。コマツナは，在来のカブから分化した地方品種と考えられている。コマツナ（小松菜）という名称は，東京都江戸川区（旧小松川地方）周辺で産していたことに由来するといわれている。
	栄養・機能性成分	無機類，ビタミン類，食物繊維を豊富に含む栄養価の高い緑黄色野菜であり，とくにカルシウム，鉄が多い。また，光刺激から目の網膜を保護し，眼疾患予防に期待される機能性成分であるルテインも豊富に含んでいる。
生理・生態的特徴	発芽条件	発芽適温は15～35℃。高温期には播種後2～3日で出芽し，低温期にはその2～3倍の日数を要する。
	温度への反応	耐寒性が強く，氷点以下になっても枯死しない。ただし，品種によっては凍害が発生する。生育温度は5～35℃，適温は15～30℃程度と考えられる。光合成の適温域は25～30℃
	日照への反応	光合成の光飽和点は85,000lx
	土壌適応性	根が比較的浅根性のため，表層土の乾燥が生育に及ぼす影響が大きい。乾燥土壌では発芽しない。生育中期の干ばつにより生育停止，枯死する場合も見られる。
	開花習性	花芽分化は，播種直後からある程度の低温に一定期間あうことによって起きる。したがって，低温期に播種するときは，積極的な保温を行ない，早期抽台を回避する。

（つづく）

栽培のポイント	主な病害虫	病害では苗立枯病，白さび病，炭そ病，虫害ではコナガ，アオムシ，キスジノミハムシ，アブラムシ類，アザミウマ類，ハモグリバエ類などに注意。
	他の作物との組合せ	作付け期間が短いので，ほとんどの野菜の前後作に組み合わせることができる。

この野菜の特徴と利用

(1) 野菜としての特徴と利用

①原産、来歴

コマツナはツケナの一種である。一般にツケナとは、アブラナ属の野菜のうち漬物や煮物に供される非結球葉菜類の総称とされ、これらは同種間で互いに交雑しやすいため、全国各地に順化した地方品種が成立している。

元来、ツケナの野生種は中央アジアから北欧に分布し、中国である程度品種分化が進んでから日本へ渡来した。また、わが国独自で発達した品種もある。コマツナは、在来のカブから分化し、いくつかの品種から自然交雑によって生じた地方品種と考えられている。

②現在の生産・消費状況

コマツナは都市周辺で集約的に生産され、鮮度のよい緑黄色野菜として消費される。とくに１９８２年の「四訂日本食品標準成分表」に記載されて以来、栄養価の高い野菜として見直され、生産量、消費量ともに増え、２００２年度からは野菜生産出荷統計の指定野菜に準ずる野菜として統計量も記録されるようになった。生産量は現在も右肩上がりであり、２００２年に6・8万ｔだった全国の収穫量は、２０１８年には11・6万ｔと約1・7倍に増加した。また、東京都中央卸売市場への入荷量を見ると、ほぼ周年的に生産されていることがわかる。

こうしたコマツナを産直などに活かすためには、次のような導入パターンが考えられる。

１、産直品の青菜として常に少量ずつ栽培する周年生産タイプ。

２、冬から春にかけて出荷し、本来の旬の味で勝負するタイプ。

３、つくりやすさを活かし、ホウレンソウに代わる夏場の青菜として出荷するタイプ。

４、果菜類の作付け後に短期間の作物として導入するタイプ。

③栄養・機能性

コマツナは、無機質やビタミン類、食物繊維などの給源として価値が高い緑黄色野菜の一つ。カルシウムや鉄分はホウレンソウより多く含まれており、とくにカルシウムはホウレンソウの約3倍量を含む（表2）。またβ-カロテン、ビタミンB_2、ビタミンCなどのビタミン類も、他の野菜類に比べると比較的多く含んでいる。

④利用法

コマツナは、アクが少なく、何にでも合わせられる青菜のため、料理がしやすい野菜である。一般的には、炒め物、おひたし、あえ

表2　コマツナの栄養成分

（生の可食部100g当たり成分）

品目＼成分	食物繊維（g）	カルシウム（mg）	鉄（mg）	β－カロテン（µg）	ビタミンB_2（mg）	ビタミンC（mg）	ビタミンE（mg）
コマツナ	1.9	170	2.8	3,100	0.13	39	0.9
ホウレンソウ	2.8	49	2.0	4,200	0.20	35	2.1
レタス	1.1	19	0.3	240	0.03	5	0.3
キャベツ	1.8	43	0.3	49	0.03	41	0.1
トマト	1.0	210	0.2	540	0.02	15	0.9
タマネギ	1.6	150	0.2	1	0.01	8	0.1

注）「七訂日本食品標準成分表」より抜粋

物、煮びたし、汁の実、漬物など、和洋、中華とも利用できる。また、抽台した株も、ナバナと同じように食べることができる。さらに最近では、栄養豊富でアクの少ないことから、スムージーなどの野菜ジュースの材料として利用されることも多い。

(2) 生理的な特徴と適地

①コマツナの形態

コマツナは比較的細い主根とロゼット状の茎に、子葉と本葉5～7枚前後を着生させる。葉の形状は品種によって、無袴型、有袴型、中間型の3つのグループに大別できる（図1）。無袴型は丸葉で、葉柄に葉身の袴がついていないもの。有袴型は、葉柄の付け根まで葉がついているもの。最近の品種は無袴型や中間型が大半である。

図1　葉形による分類（左から有袴型，中間型，無袴型）

葉の形は、栽培時期の気温が高いと無袴型に、低温期に有袴型になりやすい傾向がある。このほか、品種によって葉色、葉柄の太さ、葉面のシワやツヤの多少、草姿の開帳性などが異なるものが見られる。

②発芽・生育適温

種子はほぼ球状で、直径が約1～2㎜である。種子の大きさは品種によって異なり、一定容積中の種子数が2倍近く異なる品種がある。発芽適温は15～35℃。一般に、高温期には播種後2～3日で出芽し、約5日後には子葉が展開するが、低温期にはその2～3倍の日数を要する。

コマツナの生長は、気温や日射などの気象条件、土壌の養水分条件、栽培時の栽植様式、品種などに左右される。生育適温は15～30℃程度であるが、一般にコマツナは寒さには強く、0℃前後になっても枯死することは

ない。また、近年は暑さに強い品種が多く育成されており、35℃程度までなら大きな問題なく生育できる。出芽後は本葉を展開していき、収穫日までの地上部生体重は指数関数的に増加する。

③花芽分化

コマツナの花芽分化は、播種直後からある程度の低温に一定期間遭遇することによって起こる（種子春化型植物）。そのため、低温期に播種するときは、ハウスやトンネルによって積極的な保温を行ない、早期抽台を回避する必要がある。

④主な作型・品種と適地

全国至るところで栽培することができる。土壌の適応性も広い。ただし、一般には根つきで収穫、結束するので、きれいな根に仕上げるためには、粗い有機物や礫《れき》が多くない土壌がよい。また、冬期はハウスやトンネル栽培によって、寒害を防ぎ、外観的な品質を向上させる必要がある。近年、耐病性、耐暑性が高く、荷姿、収量性、作業性がよいF_1品種が多く育成されてきており、全国各地、さまざまな作型で多様な品種が利用されている。

（執筆：宮澤直樹）

周年栽培

1 この栽培の特徴と導入

コマツナは、比較的連作に強い野菜であるため、専作経営の場合にはハウス栽培で年間6～7回、露地で3～4回作付けられる。しかし、良品生産にあたっては、土つくりから播種・収穫に至るまで、綿密な栽培管理が要求される。

(1) 栽培の特徴と導入の注意点

コマツナの場合、春まき、夏まき、秋まき、冬まき栽培の各作型があり、そこに露地、トンネル、ハウス栽培を加えた作型がある。実際には、表1のような周年生産が行なわれているため、栽培様式ごとに「何月まき」と呼ぶことが多い。

品種は、栽培時期や露地、施設などによって使い分けられており、新品種も次々と導入されている。

作型別に見たコマツナの生育反応の特徴は、播種時期によって生育日数、生育適期幅、株重、葉色、葉肉の厚みなどがかなり異なる点である。たとえば生育日数では、高温期で20～30日、厳寒期ではハウス栽培で60～80日、露地栽培では80日以上となる。株重も、高温期に比べて低温期の株が1.5倍～2倍近くになる。

また、収穫適期幅（適正草丈期間）は、高温期で2～3日間、低温期で10日以上になる。したがって、とくに収穫時期の出荷労力に合わせた作付け計画を立てることが大切になる。

(2) 他の野菜・作物との組合せ方

コマツナは連作に強いため、周年生産を行なう専作経営が多い。

多品目経営を行なっている場合には、夏場でもつくりやすいために高温期を中心にコマツナを導入し、その前後作に、ダイコン、レタス、ホウレンソウなどの葉根菜類を組み合わせるパターンが多い。また、トマトやキュウリなどの施設果菜類の後作に組み合わせ、残肥を利用して少施肥で作付けするパターンなども多い。

2 栽培のおさえどころ

(1) どこで失敗しやすいか

①均一な生育と精密な播種

コマツナは生育期間が短く、ウネの端から順次収穫していくため、均一に生育させることが大切。そのためには、均一な施肥、整地、播種間隔、灌水がきわめて重要である。一般に栽培時期によって品種を変えるが、品種によって種子の大きさが異なるので、播種機のローラー、ベルト、ギアを選択し、適切に種が落ちるよう調整する必要がある。

②品種選定

作型によって、栽培上の課題が異なるため、各作型に適した品種を選定することが重要となる（後述の品種の選び方の項を参照）。

③収穫の時間帯

収穫の際は、店《たな》持ちをよくするために、朝夕などの気温の低い時間帯に収穫、結束をするとよい。

表3　各作型に適した主要品種の特性

作型	品種名	販売元	特性
夏まき	高温下でも生育がじっくりで在圃性があり，収量性の高い品種が好まれる		
	ひと夏の恋	日本農林社	極立性で揃いのよい品種。高温乾燥下でもカッピングしにくく良品生産が可能
	つなしま	サカタのタネ	極立性で高温下でも，とくに収量性が高い品種
	夏の甲子園	トキタ種苗	極立性で，葉色がとくに濃い品種。高温期のハウス栽培で発生しやすい心枯れ症状が，発生しにくい
春まき～秋まき	適度な伸長性，耐暑性を持ち合わせた品種が適する。周年栽培が可能な品種もある		
	いなむら	サカタのタネ	暖かい地域であればハウスで周年栽培も可能だが，春～秋まきで特性を発揮する。作業性，収量性ともに良好で，目立った欠点のないバランスのとれた品種
	春のセンバツ	トキタ種苗	春～秋まきに適する。極立性で株張り，揃いが抜群によい品種。また，高温乾燥下でもカッピングしにくく，良品生産が可能である。細根が少ないため，根付き出荷の場合，抜きやすく，洗浄しやすい。なお，高温期のハウス栽培では，心葉の先端に枯れが出やすいので注意
	神楽坂	日本農林社	周年栽培が可能で，食味のよい品種。なお，高温期の栽培では節間伸長しやすいので注意
	さくらぎ	サカタのタネ	春，秋まきに向く。極立性で揃いが抜群によい品種。暮出し出荷にも適する。また，カッピングしにくく良品生産が可能
	美翠	渡辺農事	春～秋まきに適する。細根が非常に少ないため，根付き出荷の場合抜きやすく洗浄しやすい
	いなせ菜	カネコ種苗	白さび病に強い品種。春，秋に白さび病が多発してしまうような圃場で特性を発揮する。厳寒期は生育が急激に遅くなるため注意
冬まき	耐寒性，低温伸長性に優れる品種が適する。また，春先収穫では抽台が問題となるため，晩抽性品種が向く		
	はまつづき	サカタのタネ	耐寒性，低温伸長性に優れるため，低温期の栽培に適する。また，とくに晩抽性に優れるため，抽台が問題となりやすい春先収穫に適する
	冬里	武蔵野種苗園	耐寒性，低温伸長性に優れ，厳寒期の寒締め栽培でも利用される品種。「はまつづき」程ではないが，晩抽性である。また食味も優れる

(2) おいしく安全につくるためのポイント

コマツナ元来の旬である初冬から春先まで

は、低温にあたり甘味が増しており、おいしい時期である。また、品種により風味が異なるため、自分好みの品種を選定するのもおもしろい。

安全性の面では、防虫ネットを被覆したハウス栽培や露地トンネル栽培を行ない、減農薬栽培に心がける。また、特定の病気が多発する圃場では耐病性品種の導入を図る。さらに、近紫外線除去フィルム、赤色防虫ネットを使用し、アザミウマ類、ハモグリバエ類、アブラムシ類の防除に努める（後述の病害虫防除の項を参照）。

図2　葉がカッピングしたコマツナ

(3) 品種の選び方

２０１７年版野菜品種名鑑によると、コマツナの品種数は１４１品種にものぼる。近年、各作型に特化した品種も多く、作型に合った品種を選定することが重要である。各作型に適した代表的な品種を表3に示した。高温期の栽培では葉のカッピング（図2、養水分が葉縁まで行き渡らず、葉縁の生育が抑えられ葉が全体的にカップ状に反る症状）や在圃性が問題となるため、カッピングが少なくじっくり生育する夏まき用の品種を選定する。また、高温期のハウス栽培では心葉の先端が枯れる症状が見られる場合があるため、多発する圃場では、発生しにくい品種を導入するとよい。低温期は低温伸長性や耐寒性のある品種を選定する必要があり、とくに2月下旬から3月の春先に収穫する作型においては抽台が問題となりやすいため、低温伸長性、耐寒性に加えて晩抽性の品種を選定する。春まき、秋まき栽培はつくりやすい時期であるが、とくに降雨にさらされる露地栽培では白さび病などの病害が発生しやすい。適宜防除に努めるとともに、多発圃場では抵抗性品種の導入を検討するとよい。

3 栽培の手順

(1) 播種の準備

コマツナは極端な粘土質土壌を除き、ほとんどの土壌に適応できる。ただし、栽培期間が短いので、整地された均一な圃場で一斉に発芽させ、生育を揃える必要がある。そのためには、良質な堆肥を年間3ｔ程度投入し、保水性と排水性を高めるようにする。

施肥は全量元肥とする。施肥量は、露地栽培で10ａ当たり窒素14kg、リン酸12〜16kg、カリ12kg程度を基準とする（表5）。ハウス栽培では肥料分が蓄積された圃場が多いから、半量程度の元肥で栽培するようにする。またコマツナは作付け回数が多いため、とくに降雨に当たらず肥料の流亡がないハウスでは過剰施肥を続けると、高塩類障害により生育不良を引き起こす可能性があるため、適正施肥に努める。ただし、窒素やカリが不足ぎみなら、直接収量低下につながるので、ただち

表4　周年栽培のポイント

	技術目標とポイント	技術内容
播種の準備	◎圃場の選定と土つくり ・圃場の選定	・コマツナは連作に強い作物だが，なるべく輪作を心がける
	・土つくり	・土壌適応性は広いが，土壌診断を定期的に実施し，土壌中の養分の残存量などを考慮した土つくりを行なう
	◎施肥	・pH5.5～6.5を目標に苦土石灰などを施用する。また，堆肥を年間2～3t /10a施用する
	・作型や前作によって調整	・施肥は全量元肥とする。施肥量は露地栽培では10a当たり窒素14kg，リン酸12～16kg，カリ12kg程度を基準とする。ハウス栽培では，流亡が少なく肥料分が蓄積しやすいため，半量程度とする。土壌診断の結果に応じて増減する
	◎ウネ ・平ウネと高ウネ	・通常は平ウネにし，排水の悪い圃場では高ウネとする
播種方法	◎播種面積の決定	・収穫時期の収穫・荷造り労力に合わせた播種面積とする
	◎播種機の調整 ・適正株間	・条間14cmの場合，株間は低温期で4cm程度，高温期で6cm程度とする
	・均一播種	・クリーンシーダー，ごんべいなどの播種機を利用し，省力的に播種する
	・品種の種子サイズを考慮	・株間や品種の種子サイズに応じて，種子受け穴のロールやベルト，ギアなどを選択する
播種後の管理	◎適正な灌水管理	・播種後十分に灌水を行ない、均一な発芽を促す
	・発芽の斉一化	・露地栽培では発芽の斉一化をよりいっそう促すため、ベタがけを行なうとよい
	◎時期別に適した被覆管理	・灌水は乾燥具合により適宜実施し、収穫7～10日前までに打ち止めすることで収穫期は乾きぎみにする
	・病虫害の軽減 ・積極的な保温 ・遮光	・施設栽培では、時期により換気や遮光を適宜実施
	・適正な被覆期間	・冬期は施設栽培か、農POフィルムのトンネル栽培が有効
	◎病害虫管理	・冬期以外では0.8mm目合い以下の防虫ネットをトンネル被覆し、薬剤防除の回数低減を図るとよい。裾部も密閉する
収穫、荷造り	◎適期収穫 ・草丈25～30cm程度	
	◎結束	・葉柄を折らないように抜き取り収穫し，子葉や下葉を除去後，300～500gに結束する
	◎水洗い	・結束後，動力噴霧器などで根を中心に水洗いし，水切り後に箱に詰める
	◎予冷	・予冷は5～10月の間，10℃程度で行なう

表5　施肥例　（単位：kg/10a）

土壌	栽培型	窒素	リン酸	カリ	堆肥
黒ボク土	露地	14	16	12	年間3,000
	施設	7	7	5	年間3,000
褐色森林土	露地	14	12	12	年間3,000
灰色低地土	施設	7	5	5	年間3,000

注1）全量元肥を基本とする
注2）前作の肥料が残っている場合には施肥量を減らす
注3）赤土を客土した畑では，リン酸資材とワラ，落葉などの植物質を多く含む堆肥を十分に施用する

に化成肥料や液肥を追肥する。

なお、施設栽培などで圃場が乾燥ぎみの場合には、適量の灌水を行なってから播種床をつくる。播種床はトラクターのロータリーで耕うん・整地したままの平床が多いが、排水が悪い圃場では高ウネにする。

(2) 播種のやり方

播種には、主にクリーンシーダーなどの人力播種機を用いる。均一に播種するためには、栽培品種の種子の大きさによって播種機の種子受けロールなどを交換する必要があ

る。

密植にすると、葉数が減り、葉柄径・葉面積が小さくなり、これに高温や多湿が加わると節間伸長を助長（軟弱徒長）して、商品価値を著しく低下させる。したがって、実際栽培で条間14㎝とした場合には、株間を5～10月で6㎝前後、他の時期で4～5㎝にするとよい。

播種後の覆土は1～2㎝の深さにする。

なお、トンネルやベタがけ栽培の場合には、被覆資材の幅に合わせて平ウネに播種し、ハウス栽培の場合は120～160㎝程度の平ウネ、通路20～25㎝とする例が多い（図3）。

図3　ハウス内に播種されたコマツナ

(3) 播種後の管理

①灌水管理

播種後は、発芽や生育を均一に揃えるために、散水チューブなどで十分に灌水する。その後の灌水は、乾いたら実施し、収穫7～10日前ころまでに灌水を打ち切ることで、収穫時に株の充実を図ることができる。

②被覆管理と病害虫防除

被覆栽培は、資材の種類によって生育促進、寒害防止、病害虫防除などに効果があり、生育の安定化に役立つ。ハウス栽培では、収穫や播種作業などを計画的に行なえる場づくりにもなる。

ハウス栽培での留意点　低温期には、ハウスによる保温が生育促進、寒害防止、抽台防止などに役立つ。ただし、低温期でも日中は適度に換気し、病気の発生軽減に努める。雨よけ栽培によって、コマツナの軟弱徒長を抑え、収穫の作業性を高めるとともに、白さび病や炭そ病の発生軽減に努める。また、ハウス側面に防虫ネットを張り、虫害を回避する。なお、近紫外線カットフィルムをハウスの被覆資材として用いると、ハモグリバエ類やアザミウマ類の被害を軽減する効果がある。

トンネル栽培、ベタがけ栽培での留意点　低温期には凍霜害防止や発芽・生育促進効果が、高温期には虫害回避効果が高い。虫害回避には長繊維不織布や防虫ネットが効果的だが、品質向上のためには栽植距離（株間を広げると徒長しにくい）、被覆方法（ベタがけよりトンネル被覆のほうが防虫効果がある）、被覆期間（害虫密度に応じて収穫の2～7日前に除去する）などに注意する。

(4) 収穫

①収穫、結束

収穫は、草丈が25㎝程度になったら開始する。収穫、調製と結束は圃場で行ない、子葉や本葉1～2葉を取り除き、根付きで1束300～500gの平束に結束する（図4）。

なお、夏場の作業時には、ダイオネットなどを被覆した移動式中型トンネルの下で作業すると涼しく、作業者にもコマツナにもよい。

②洗浄、鮮度保持（予冷）

結束したコマツナは、収穫かごに詰め、動

表6　重要病害虫の防除方法

	病害虫名	防除法
病気	白さび病	雨よけ栽培を行なう。発生を見たらライメイフロアブル，アミスター20フロアブルを散布する。収穫後は圃場外へ持ち出す
	炭そ病	雨よけ栽培を行なう。発生を見たら発生株をただちに取り除く。スクレアフロアブル，ベンレート水和剤を散布する
	萎黄病	現在耐病性品種が主流だが，もし発生を確認した場合はガスタード微粒剤による土壌消毒を実施する
虫害	害虫対策としては，基本的には長繊維不織布（ベタがけ資材），防虫ネットなどでトンネル被覆（目合い0.8mm以下）を行ない，侵入を抑制する。その際は，資材の裾と地表の隙間をなくす。その他，「農薬を使わない工夫」の項を参照	
	コナガ	BT剤，スピノエース顆粒水和剤，マッチ乳剤，アニキ乳剤，アクセルフロアブル，コテツフロアブル，プレオフロアブル，ブロフレアSCを散布する
	アブラムシ類	モスピラン粒剤，アグロスリン乳剤，ウララDFを散布する
	キスジノミハムシ	フォース粒剤，アニキ乳剤，アクセルフロアブル，ブロフレアSCを散布
	ハモグリバエ類	スピノエース顆粒水和剤，アニキ乳剤を散布する
	アザミウマ類	スピノエース顆粒水和剤を散布する

注1）必ず現行のラベルに従って農薬を選択する
注2）2021年時点において，コマツナでは「コマツナ」「非結球アブラナ科葉菜類」「野菜類」の登録農薬を使用できる。なお，ナバナとして栽培する場合は，「ナバナ類」「非結球アブラナ科葉菜類」「野菜類」の登録農薬を使用する

図4　結束されたコマツナ

力噴霧器などで根を中心に洗ってから、水槽で全体を水洗いする。その後、水を切り、予冷庫に入庫する。予冷庫は気温が高い5～10月ころに利用し、設定温度を10℃程度とする。

夏場に、収穫3時間後と6時間後に予冷したものを比較すると、6時間後のコマツナにはすでに糖含量の低下や葉の黄化が見られる。したがって、収穫後できるだけ早く予冷し、そのまま保冷して出荷・販売することが望ましい。

4 病害虫防除

(1) 基本になる防除方法

昭和後期から平成初期にかけて萎黄病が広範囲に発生し、被害を生じたが、萎黄病に強いF1品種が育成されてきたことで、現在は大きな問題になることはほとんどない。ハウス、トンネル、ベタがけの被覆栽培によって、害虫被害の軽減を図ることが基本である。主要な害虫の防除のためには目合いを0.8㎜以下にする。そのほか、基本的には薬剤散布による防除となる（表6）。薬剤散布の際は、農薬の効果を保つために、系統（作用機構）の異なる薬剤を組み合わせて防除することが重要である。

(2) 農薬を使わない工夫

コマツナの生産現場では、化学農薬のみに頼らないIPM（総合的病害虫・雑草管理）が実践されている。

ハウス栽培では、近紫外線除去フィルムや赤色防虫ネットを展張することで、アザミウマ類、ハモグリバエ類、アブラムシ類の侵入を軽減できる。とくにアザミウマ類は0・8㎜目合いの防虫ネットでは侵入軽減に効果はないため、これらの資材が有効である。また、夏季の晴天日に最低1日以上、地表面をビニールフィルム被覆およびハウスを密閉することで、アザミウマ類、ハモグリバエ類、雑草などの防除に効果が期待できる。露地栽培でも赤色防虫ネットを利用したトンネル栽培は、アザミウマ類の防除に期待できる。白さび病が多発する圃場では、白さび病に強い品種の導入も検討が望まれる（前述の品種の選び方を参照）。

表7　ハウス栽培の経営収支例

項目	7月まき	11月まき
収量（kg/10a）	1,750	2,200
単価（円 /kg）	306	430
粗収入（円 /10a）	535,500	946,000
経営費（円 /10a）	207,304	253,055
種苗費	11,431	15,588
肥料費	17,635	17,635
諸資材・薬剤費	51,100	49,744
動力光熱費	22,320	18,600
農機具費	31,078	31,078
出荷経費	73,740	120,410
農業所得（円 /10a）	328,196	692,945
労働時間（時間）	280	365

注）単価は東京都中央卸売市場の2015～2019年の５カ年の平均市場価格を用いた

5 経営的特徴

コマツナ栽培は、果菜類などに比べて経営費が少なく、栽培期間も短いために、短期間で収入が得られる（表7）。

しかし、一作当たりの全投下労働時間のうち収穫・調製・荷造りにかかる労働時間が全体の80％程度を占めるため、収穫・調製労力によっておのずと生産規模が制約される。したがって、収穫から結束までの作業として1日1人当たりおよそ200束を目安に、収穫適期幅の労力に合わせて播種面積を決定する。直売などで毎日少量ずつ販売する場合にも、常に播種日と収穫期の幅を考慮して播種面積を決定し、3～10日おきに順次播種する必要がある。

（執筆：宮澤直樹）

チンゲンサイ

表1　チンゲンサイの作型，特徴と栽培のポイント

作型	1月　2　3　4　5　6　7　8　9　10　11　12	備考
冬まき	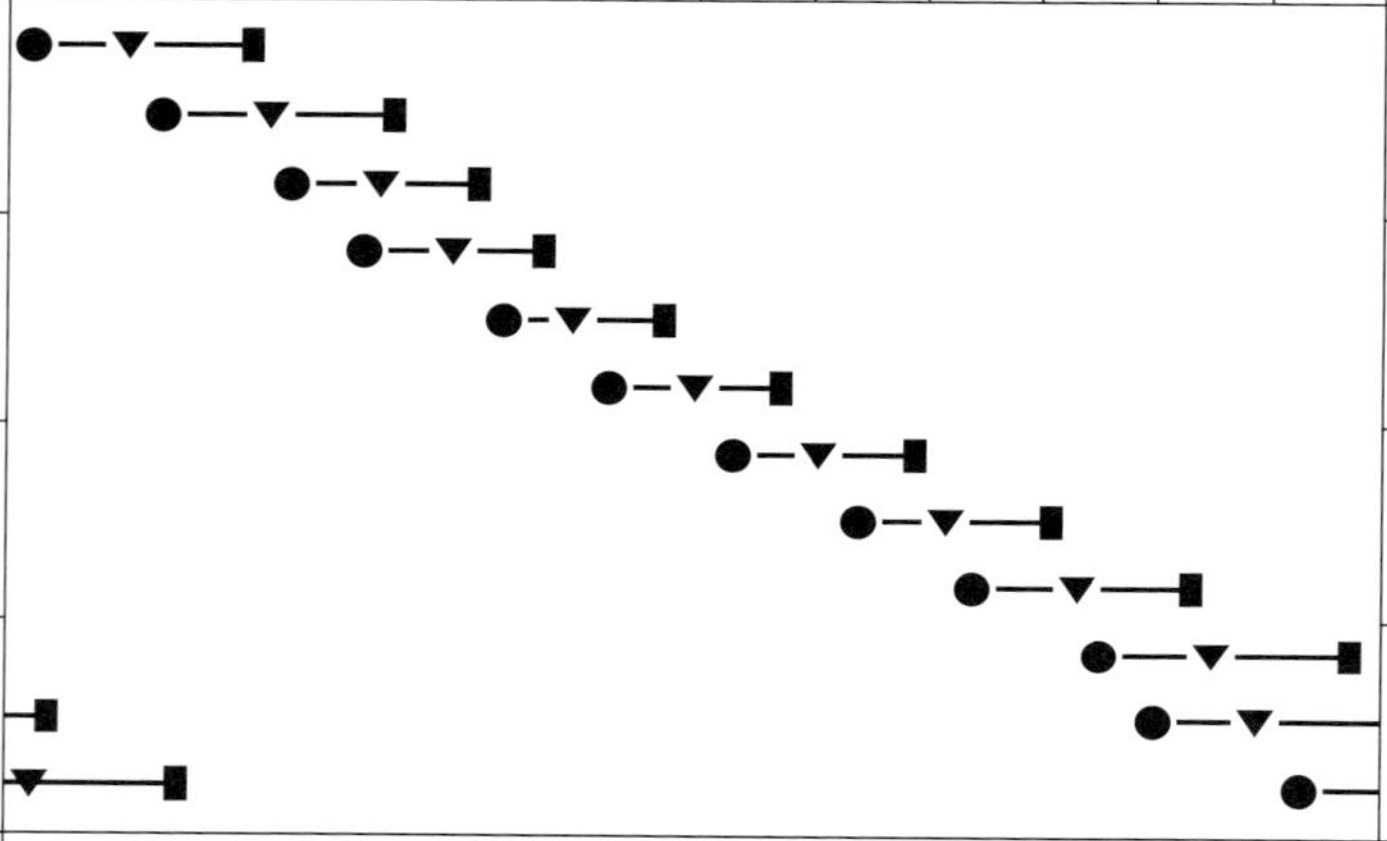	・低温による抽台が問題となる時期 ・気温が上がってきたら灌水量を徐々に増やし，収穫時の萎れを防止
春まき		・播種から収穫まで最も短い時期 ・虫害と病害が出始めるため，早期に防除
夏まき		・高温で生育不良になりやすく，栽培しにくい時期 ・虫害と病害，湿害に注意
秋まき		・播種から収穫まで最も長い時期 ・気温も下がり始めて栽培しやすくなるが，抽台に注意
品種	冬大賞・リューロン・四季三昧・ニイハオ114 夏双子・夏あおい・ニイハオメイ・セイロン 冬大賞・リューロン・四季三昧・ニイハオ114	品種の選び方を参照
マルチ	白黒マルチ	年間を通して白黒マルチを使用
問題点	低温障害・抽台 低温障害・抽台 高温・乾燥障害 虫害（コナガ，アブラムシ類，キスジノミハムシ，ハスモンヨトウ，ナメクジ類） 病害（白さび病・根こぶ病） 病害（白さび病・根こぶ病） 病害（軟腐病）	・品種の選定，保温対策 ・遮光ネットなど，資材の使用 ・早期防除，防虫ネット資材の使用，雑草管理，収穫残渣の適切な処分

●：播種，▼：定植，■：収穫

（つづく）

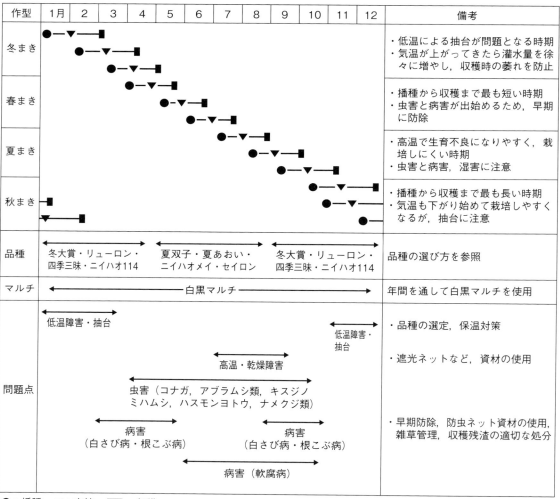

特徴	名称	チンゲンサイ（アブラナ科アブラナ属）
	原産地・来歴	原産地は中国の華中地方
	栄養・機能性成分	新鮮物100g（生）中に，カルシウム100mg，鉄27mg，カロテン2,000 μg，ビタミンC 24mg，食物繊維1.4g を含む
生理・生態的特徴	発芽条件	発芽適温は20～25℃（最低限界5℃，最高限界35℃）
	温度への反応	生育適温は15～25℃（5℃以下で生育遅延，3℃で低温障害が発生）。夜間の生育適温は8～10℃
	日照への反応	光飽和点は85,000 lx
	土壌適応性	各種の土壌に幅広く適応。好適pH は6.0～6.5
栽培のポイント	主な病害虫	根こぶ病，白さび病，軟腐病，コナガ，アブラムシ類，キスジノミハムシ，ハモグリバエ類，ナメクジ類

この野菜の特徴と利用

1 野菜としての特徴と利用

チンゲンサイは中国の華中地方が原産の体菜型ツケナである。葉色が緑で、葉柄も淡緑色を帯びているため、青梗菜（チンゲンサイ）と呼ばれている。

チンゲンサイには、ビタミンA（カロテン）、ビタミンC、カルシウム、カリウム、鉄、食物繊維などが豊富に含まれている。

料理の用途は、炒め物、煮物、あえ物など利用の幅が広い。調理の際に油を使うと色や歯切れがよく、ビタミンAの吸収がよくなる。

2 生理的な特徴と適地

(1) 生理的な特徴

チンゲンサイの適温下での発芽日数は3日くらいで、10℃以下では7日以上を要し、発芽が不揃いになる。生育は5℃では遅延し、3℃以下では表皮の剥離などの低温障害が発生する。

低温に感応して花芽分化し、その後の高温と長日条件で抽台が促進される。種子感応型のため、播種から本葉5枚ころまで、日平均気温15℃以上となる管理が理想的である。

土壌の適応性が広く、湿潤には比較的強いが、乾燥土壌では生育が停滞し、さらに高温が重なると種々の生理障害が発生する。根が細かく、深く張るので、耕土の深い肥沃な畑が適する。

光合成速度の光飽和点は8万5000 lxであるが、夏期は10万lx以上の日照となるため、適切な遮光が望まれる。

(2) 作型と品種

チンゲンサイは栽培期間が短く、パイプハウスを利用すれば周年栽培ができる。作型は、周年的に栽培されるので明確になっていない。作型を設定するうえで重要な要素は、温度と日長であるため、作期別の品種の選定、低温期の抽台防止、高温期の節間伸長と生理障害の発生防止技術が重要になる。

作期ごとの特徴は、冬まきは低温による抽台が問題となる時期、春まきは播種から収穫まで最も短い時期、夏まきは高温で生育不良になりやすくて栽培しにくい時期、秋まきは播種から収穫まで最も長い時期となる（表1）。

理想的なチンゲンサイは、(1)早生で、抽台が遅いこと、(2)葉色が濃く、葉柄の基部が幅広くて緑色が濃いこと、(3)草姿がやや立ちぎみで、株揃いがよいこと、とされている。

（執筆：宮地桃子）

図1　チンゲンサイの栽培状況（収穫直前）

周年栽培

1 この栽培の特徴と導入

(1) 栽培の特徴と導入の注意点

静岡県西部地域では周年でハウス栽培が行なわれている。栽培期間は作型によって違い、播種から収穫までの期間の目安は、1～3月播種で52～61日、4～6月播種で36～49日、7～9月播種で42～53日、10～12月で54～70日になる（図2）。

冬は生育の促進、花芽分化の回避、低温障害を防ぐための保温対策が重要になる。気温が上がってきたら灌水量を徐々に増やし、収穫時の萎れを防止する。播種から収穫まで最も短い春まきは、抽台、節間伸長、防虫対策。夏まきでは、高温乾燥による生理障害の対策、秋には春と同じようにコナガなどの防虫対策が重要になるとともに、気温も下がり始めて栽培しやすくなるが、抽台に注意が必要である。

図2　チンゲンサイの育苗日数と収穫までの日数（目安）

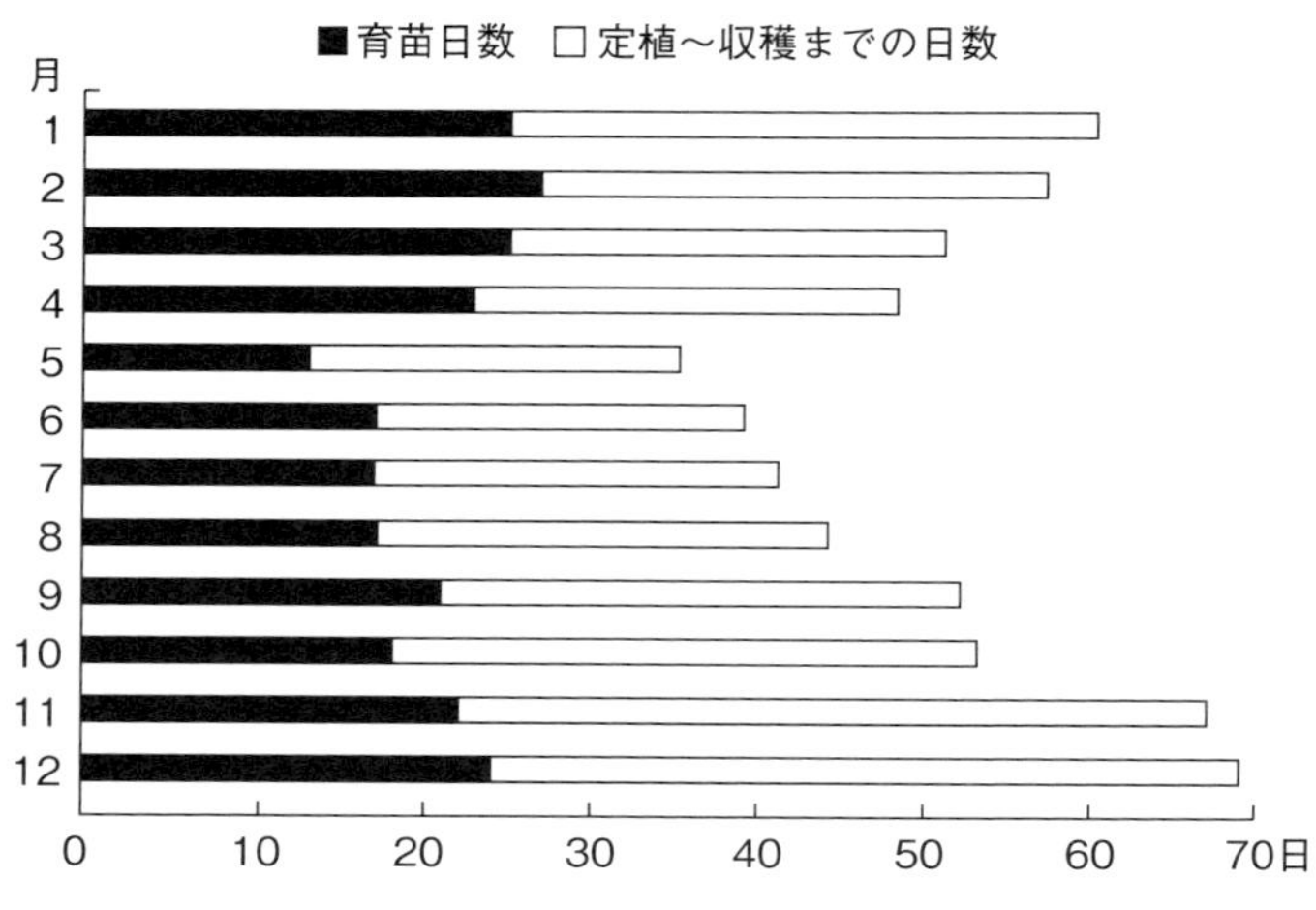

(2) 他の野菜・作物との組合せ方

連作障害は出にくく、静岡県西部地域では輪作などは行なっていない。土の入れ替えや排水性の向上のため耕盤層を破壊するなど対策をとる場合もある。

2 栽培のおさえどころ

(1) どこで失敗しやすいか

①品種の選定

冷涼な気候を好むため、夏期の高温・乾燥条件では節間伸長とチップバーン(葉先枯れ症状)の発生が、冬から春期の低温条件では抽台などが問題になる。温度条件に合った品種選定を行なう。

②高温・乾燥とチップバーンの発生

チップバーンは、高温時の土壌の乾燥による石灰の吸収不足が原因とされている。遮光や適正な土壌水分を確保することにより、生理障害を防止する。

③低温と抽台の発生

冬から早春にかけて、低温による花芽分化、抽台が問題になる。生育初期に保温し、老化苗の植付け、生育期間中の窒素切れなどを避ける。

④排水対策

畑に水がたまると根づまりや根腐れ、軟腐病などが発生する。排水が悪い圃場はウネをつくって栽培し、排水をよくする。

⑤収穫時の萎れ対策

夏場の高温時や春先は収穫後の萎れが発生しやすく、品質低下の原因となる。収穫は朝夕の涼しいときに行ない、その後冷蔵庫で予冷する。

⑥寒冷紗・遮光ネットの活用

遮光率は40%以上のものを使用し、日射が強くなる夏期は、栽培期間中は終日遮光しておく。また、定植時も日射が強いと活着が悪くなるので必ず遮光する。ただし、遮光し続けると、多湿による病害虫の発生や日照不足による生育の遅れにつながるため、土壌水分や生育を見ながら調整する。

(2) おいしく安全につくるためのポイント

①土つくり

有機質に富んだ肥沃な土壌で良品が収穫できるので、完熟堆肥を十分に投入する。また、化学肥料の多用は病害虫の発生を助長するので、有機質肥料などの適量施用を心がける。

②病害虫防除

防虫ネットや粘着板の活用など、農薬以外の防除資材も活用し、予防防除を心がける。

③適正な株間と排水対策

排水性が悪い場合は、病害の発生を防止す

表2　夏期栽培, 冬期栽培に適した主要品種の特性(静岡県)

	品種名	特性
夏品種	夏双子(野崎採種場)	節間伸長は少ない。葉色は濃い。チップバーンなど生理障害に非常に強い。白さび病にも比較的強い
夏品種	ニーハオ・メイ(渡辺農事)	耐暑性に優れる。チップバーンやカッピング, 節間伸長など高温障害の発生が少ない。葉柄は柔軟性があり草姿は立性。葉枚数は多い。夏用品種としては抽台は遅い
冬品種	ニイハオ114(渡辺農事)	耐寒性が強い。草姿は立性で寸胴形。葉身は鮮やかな緑色。葉柄は筋張りはなく, 着色がよい。抽台しにくい
冬品種	四季三昧(八江農芸)	晩抽性で低温期の伸長性に優れる。草姿は立性で心葉の伸長や株立ちが早い。葉は光沢のある鮮緑色。高温多湿期に適合性が高く, 四季どりが可能

注) 各品種のホームページを参照

るためにウネをつくるなど対策をとる。夏場はとくに病害虫が発生しやすいため、風通しをよくするように冬より株間を広くとって栽培する。

(3) 品種の選び方

夏期栽培においては耐暑性が優れること、冬期栽培においては低温伸長性や晩抽性があることが求められる。根こぶ病や白さび病に耐性がある品種も有用である。草姿は立性で葉柄は肉厚なものを選ぶ（表２）。

3 栽培の手順

(1) 畑の準備

①圃場の選定、土つくり

日当たりと通風がよく、排水が良好な畑を選ぶ。排水が悪い圃場はウネをつくって湿害を防止する。チンゲンサイの土壌適応性は広いが、短期間に順調な生育をさせるために完熟堆肥を多用し、保水力のある土つくりを行なう。また、比較的酸性土壌にも強いが、カルシウムに対する要求が強いため、苦土石灰を施用し、土壌とよく混和させておく。

②施肥

生育期間が短いため元肥中心とする。10a当たり窒素、リン酸、カリそれぞれ成分量で3～10kgを標準量とし（表4）、高温期には堆肥以外の肥料を20％程度減らして、播種前に全面施用、耕起しておく。

ハウス栽培では、化学肥料を連用すると塩類濃度障害が発生するので、減肥や除塩対策が必要になる。とくにリン酸が残存しやすいため、定期的に土壌分析を行なって適量施肥に努める

表3　周年栽培のポイント

	技術目標とポイント	技術内容
畑の準備	・土つくり ・土壌改良 ・施肥	・堆肥は作付け直前の施用を避ける ・チンゲンサイは土壌酸度に対して適応性は高いが，6.0～6.5が適正 ・土壌診断を定期的に行ない，施肥量を加減する ・肥料は全量元肥で施用する
播種方法	・計画的な播種 ・発芽の斉一化	・1人1日当たりの出荷量を60kgとして1人1a分を出荷するのに3～4日が必要 ・生育日数が季節によって異なるので，年間を通した計画を立てる ・均一に覆土する。播種後には十分に灌水をして土壌水分を確保する ・セルトレイは220穴，280穴を利用する
育苗管理	・抽台の防止	・最低気温5℃以下が3日以上続くと抽台するので，トンネル被覆や暖房機の利用などで加温する
定植後の管理	・定植時の遮光 ・土壌水分の確保 ・播種時期に合わせた栽植密度 ・病害虫防除	・定植時に日差しが強いと活着が悪いので，遮光率40～100%のネットを使用する ・高温期は灌水を増やす ・高温期には株間を広くとり，遮光して栽培 白黒穴あきマルチの規格 通年…15cm（条間）×15cm（株間） 夏期…15cm（条間）×18cm（株間） ・耐病性品種の利用
収穫・調製	・適期収穫 ・収穫後から調整までの管理	・1株150gを目標に収穫する ・鮮度を落とさないよう予冷する

表4　施肥例　（単位：kg/10a）

	肥料名	施肥量	成分量		
			窒素	リン酸	カリ
元肥	堆肥 青梗菜配合 苦土石灰	2,000 150 50	7	2	4

(2) 播種のやり方

種子の量は、地床育苗で10ａ当たり２～３dℓ、セルトレイ育苗は10ａ当たり２２０穴、２８０穴を１１０～１４０枚程度使用する。

地床育苗では、播種をスジ状に行なう場合もあるが、散播が基本である。播種機やシードテープなどを利用すると省力的である。セルトレイ育苗では、播種板を用いて１穴１粒播種とする。育苗土は10ａ当たり４００ℓ程度必要になる（図３、図４）。

(3) 播種後の管理

①育苗

低温期の育苗では、育苗台へのトンネル設置や暖房機の利用によりハウス内を加温し、最低気温が５℃を下回らないよう管理し、本葉２・５～３・５葉まで育苗する（図５）。育苗日数の目安は図２のとおりにする。

培土には市販の専用培土を使用するが、発芽直後に土壌水分が多いと徒長しやすいので、灌水量に注意してやや乾燥ぎみに管理する。30日以上の長期間の育苗では、肥切れを起こしやすいので、生育を見ながら液肥などで追肥する。

②定植

定植は本葉２・５～３・５枚ころに行なう。定植後に灌水して苗の活着を促進する。穴あき白黒マルチを用いて、栽植密度は条間15cm、株間15cmを標準とする。ただし、７～８

図３　地床育苗

図４　セルトレイ育苗

図５　低温期のセルトレイ育苗（トンネルの設置）

月まきは軟弱徒長で品質が低下しやすいので、条間15cm、株間18cmまで広げる。

(4) 収穫

収穫適期の株の大きさは100～150g程度である。

この大きさになった株を、地ぎわから切り取って収穫する。外葉を3枚ほど外し、さらに切り返して形を整える。株が汚れたり葉柄の間に土砂が詰まっている場合は、水で洗い、水切り後に荷造りする。汚れが少ない場合は、布きれでふき取ってもよい。

収穫後は品質低下が早いので、鮮度保持に留意する。高温期には朝夕の涼しいときに収穫し、冷蔵庫で予冷する。このときビニールを被せるなど、萎れないように対策する。予冷後に調製・荷造りをして、出荷までさらに時間がある場合は予冷庫に保管しておくと、鮮度を保持することができる。

表5　病害虫防除の方法

	病害虫名	防除法
病気	根こぶ病	排水性をよくする。抵抗性品種の利用。石灰資材の利用により土壌pHを7.2程度にする。太陽熱消毒などの土壌消毒を行なう
	白さび病	低温多湿で発生しやすい。換気をしっかり行なう。排水性をよくするなど，多湿にならないよう注意する
	軟腐病	高温多湿条件での発生が多い。排水をよくする。発病前から予防防除する
害虫	コナガ，ヨトウムシ類，アブラムシ類，キスジノミハムシなど	農薬散布は，春～秋は定植後2～3回，冬場は定植後2回までを目安に行ない，予防防除を心がける 防虫ネットや粘着トラップなども利用する 残渣を圃場に残さない

表6　周年栽培の経営指標

			項目	
粗収益			生産量（kg/10a）	21,600
			販売単価（円/kg）	297
			生産額（円/10a）	6,415,200
経営費	変動費	直接生産費	種苗費　（円/10a）	472,500
			肥料費	159,030
			農薬費	88,051
			光熱動力費	75,762
			諸材料費	119,217
			小農具費	4,007
			賃料料金	0
			雇用労賃	973,179
			水利費	0
			計	1,891,746
		出荷経費	資材費	744,733
			運賃	745,200
			手数料	906,642
			計	2,396,575
		小計		4,288,321
	固定費		減価償却費	343,152
			成園費・成畜費	0
			借地料	0
			修繕費	121,638
			その他	0
		小計		464,790
	合計			4,753,111
成果			農業所得（円/10a）	1,662,089
			所得率（%）	26
			家族労働1時間当たり所得（円）	3,559

注）静岡県技術原単位（パイプハウス年9作，2010年作成）を一部改変

4 病害虫防除

(1) 基本になる防除方法

チンゲンサイに登録のある農薬は少ない。病害虫の発生しにくい環境をつくるなど、耕種的・物理的防除を心がける。

発生する主な病害には、春先や秋口（3～5月、9～10月）に発生が多い白さび病や根こぶ病、高温多湿期（6～10月）に発生する

軟腐病などがある。害虫ではコナガ、アブラムシ類、キスジノミハムシ、ハスモンヨトウ、ナメクジ類などの被害が多い。これらに対して早期防除を徹底する（表5）。

(2) 農薬を使わない工夫

完熟堆肥などを十分に投入し、保水性・排水性に優れた土つくりを行なう。排水が悪い場合はウネをつくるなどして畑の排水性をよくする。

根こぶ病が発生した場合は、pH矯正資材を使用して次作に発生しにくい環境をつくる。また、夏期に地面を透明ポリマルチフィルムで1カ月間ほど覆い、太陽熱利用による土壌消毒を行なって、土壌病害虫を防除する。

コナガ、キスジノミハムシ、アブラムシ類などの害虫の飛来防止対策として、目合い0・6㎜の防虫ネットの利用、フェロモントラップや粘着トラップの設置などを行なう。

周辺の雑草防除、収穫残渣の適切な処分などにも心がける。

5 経営的特徴

10a当たり収量は、2～3t前後を目標にする。

労働時間は一作当たり露地栽培で約180時間、このうち収穫・調製作業が全労働時間の70～80%を占めるが、その大半は軽作業が中心なので、高齢者や女性にも取り組みやすい。また、作業が単純なので、計画的な栽培ができる（表6）。

（執筆：宮地桃子）

ミズナ（キョウナ）

表1　ミズナ（小株栽培）の作型，特徴と栽培のポイント

主な作型と適地

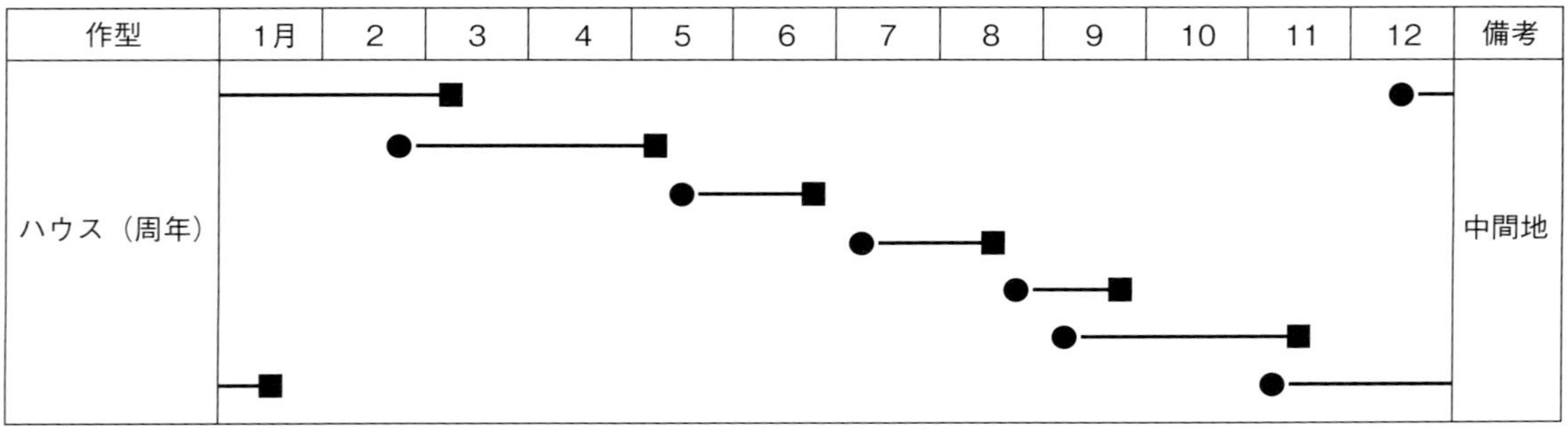

●：播種，■：収穫

特徴	名称（別名）	ミズナ（アブラナ科），別名：キョウナ
	原産地・来歴	日本（京都）原産
	栄養・機能性成分	カルシウム，鉄分，葉酸，ビタミンC，β-カロテンなどが豊富に含まれており，生食できるため熱に弱いビタミンCなどを摂取しやすい
	機能性・薬効など	鉄分や葉酸は貧血の予防効果が期待でき，ビタミンCは鉄分やカルシウムの吸収を高める効果がある。β-カロテンは抗酸化作用と免疫力向上の効果が期待できる
生育環境	適地条件	土壌適応性は広いが，排水がよく適湿を保ちやすい土壌がよい。土性は砂壌土から埴壌土が適する
	生育環境・温度条件	生育適温は15～25℃で高温にやや弱い。花芽分化は発芽時点から3～13℃の低温で感応するといわれ，品種間差があるが，品種改良も進んでおりビニールハウスでの小株栽培では抽台は問題となりにくい
	乾湿への反応	乾燥に弱い。また，土壌水分の乾湿の変動が大きいと葉が硬化して品質が落ちるといわれている
	適正pH	土壌pHは6.0～6.5が適する
栽培の要点	主な病害虫	病気：軟腐病，根こぶ病，立枯病，白さび病，黒腐病 害虫：アブラムシ類，キスジノミハムシ，コナガ，アオムシ，ヨトウムシ類
	他の作物との組合せ	連作障害は出にくいが，連作により根こぶ病や立枯病による被害が発生する場合がある。ハウス周年栽培で年6～7作が可能である

この野菜の特徴と利用

(1) 野菜としての特徴と利用

コマツナをはじめ多くのツケナ（漬け菜）類は中国が原産地だが、ミズナは日本（京都）が原産地と考えられている。京都から伝わったことから、別名キョウナとも呼ばれるようになった。

ミズナは細くて切れ込みのあるノコギリ状の葉を次々と伸ばすのが特徴であるが、変種で葉に切れ込みのないものもある。このタイプは京都の壬生地域から広まったため、ミブナと呼ばれている。

漬物のほか、煮崩れしにくい特徴があるため、従来は大株を収穫して鍋材料として栽培されてきたが、近年はサラダ用途としても注目され、小株を収穫するハウス周年栽培が茨城県などで普及している。

ミズナはカルシウム、鉄分、葉酸、ビタミンCが豊富に含まれており、鉄分はホウレンソウと同等以上、ビタミンCもレモン果汁と同等以上である。また、生食にも適するため、熱に弱いビタミンCなどを効率的に摂取できる。鉄分と葉酸は貧血の予防効果があり、ビタミンCは鉄分やカルシウムの吸収を高めるため、栄養バランスがよい。さらにβ-カロテンも豊富に含むことから、抗酸化作用と免疫力向上が期待できる。

(2) 生理的な特徴と適地

ミズナの種子は小さいが、発芽率は高い。そのため直播栽培とし、1粒播きでよい。以前は低温期の栽培期間を短縮することを目的に、288穴セルトレイやペーパーポットによる移植栽培も行なわれていたが、低温伸長性に優れる品種の育成により、現在、主要産地である茨城県ではほとんど行なわれていない。

生育適温は15～25℃で寒さには強いが、高温にやや弱く、乾燥に弱いため、高温期に乾燥すると萎れや葉焼けが起きやすい。また、発芽時点から3～13℃程度の低温に遭遇すると花芽が分化し、品種間差があるが、ビニールハウスでの小株栽培では栽培期間が短いため、抽台は問題となりにくい。

土壌の適応性は広いが、排水がよく適湿を保ちやすい土壌がよく、完熟堆肥を施用し、深くまで耕うんして保水性と排水性を高める。土壌pHは6・0～6・5が適する。また、元来「水入菜」と呼ばれていたほどミズナは乾燥に弱く、土壌水分の乾湿の変動が大きいと葉が硬化して品質が低下するため、適切な水管理が求められる。

（執筆：島本桂介）

図1　収穫したミズナの小株

周年栽培（小株栽培）

1 この栽培の特徴と導入

(1) 作型の特徴と導入の注意点

小株生産はビニールハウス内で栽培することで、年6～7回収穫できる。作期は11月播種―1月収穫、12月播種―3月収穫、2月播種―5月収穫、5月播種―6月収穫、7月播種―8月収穫、8月播種―9月収穫、9月播種―11月収穫となり、栽培日数は夏期30日、冬期60日程度である。

生育適温は15～25℃で、寒さには強いが高温にやや弱く、乾燥に弱いため、高温期の作型では、乾燥すると萎れや葉焼けが起きやすい。また、発芽時点から3～13℃程度の低温に遭遇すると花芽が分化するといわれているが、ビニールハウスでの小株栽培では栽培期間が短いため、低温期の作型での抽台は問題となりにくい。

したがって、ハウス周年栽培にあたっては、夏期は耐暑性に強い品種、冬期は低温伸長性に優れる品種を選定することが重要である。

また、収穫後は急速に品質が低下するため、収穫後は速やかに冷暗所に移して袋詰めを行ない、出荷までは予冷庫（7～8℃）に保管する。

若どりでパックした小株のミズナはサラダや鍋物用として茨城県で生産量が増加したが、東京中央卸売市場の取扱い数量は2006年をピークに減少している。単価は数量が減少しているにもかかわらず、2006年と比較して下降傾向にある。

(2) 他の野菜・作物との組合せ方

連作障害は出にくいため、連作によるハウス周年栽培が可能だが、連作により根こぶ病やキスジノミハムシによる被害が増加する可能性があるため、被害が大きい場合は、ホウレンソウやシュンギクなど、アブラナ科以外の野菜との輪作を考える必要がある。

図2　ミズナのハウス周年（小株）栽培

2 栽培のおさえどころ

(1) どこで失敗しやすいか

周年（小株）栽培を行なうにあたっては、時期に応じて適切な品種を選ぶことが重要である。

とくに、高温期には耐暑性に優れ軟腐病の出にくい品種、低温期には低温伸長性に優れた栽培期間が短い品種を選択する。栽培地域によって気象条件が異なるため、地域に適した品種を選定する。

ミズナは乾燥に弱いため、播種前に十分に土壌水分を高めておき、生育前半は水を切らさないように水を与え、徐々に水を切っていく。畑によって地下水位や保水性・排水性は異なるため、圃場条件に応じた適切な水管理が求められる。

また、高温期は葉焼けや葉先枯れが発生しやすいため、遮光資材による昇温防止を行ない、低温期は保温・加温不足により収穫までの日数が長引くため、二重被覆や暖房機による保温・加温をして、適切な温度管理を行なう。

さらに、害虫が発生しやすく、目に見えにくいアブラムシ類やコナガなどの微小害虫が商品に混入しやすいため、ハウス開口部には防虫ネットを展張し、ハウス内への侵入防止に努める。

以上のように、周年（小株）栽培では、品種選定、水管理、温度管理、害虫防除に留意して栽培することが失敗しない大きなポイントとなる。

(2) おいしく安全につくるためのポイント

窒素施肥量は生育に必要な量だけ与える。高温期は低温期より生育期間が短いため、施肥量を控える。また、病害の発生や軟弱徒長を防ぐため、生育中期以降の灌水は極力控える。

品種によって葉の大きさや茎の太さが違うので食感が異なり、サラダ用途では茎が細くて柔らかい品種が好まれるため、用途に応じた品種の選択をする。

発生する病害虫の種類が多いが、化学農薬による防除だけに頼らず、防虫ネットの展張や短期太陽熱土壌消毒などを組み合わせ、化学農薬使用量の削減に努める。

(3) 品種の選び方

ハウス周年栽培では、作型に応じて適切な品種を選択することが安定生産につながる（表2）。

表2　ハウス周年（小株）栽培に適した主要品種の特性

品種名	販売元	作型	特性
京のれん	丸種	3～5月播種 9～10月播種	早生で生育が早く，周年栽培可能な品種でとくに秋冬栽培に適する。葉色が濃く，葉先枯れの発生は少ない。茎が太くて強い
水明《すいめい》	丸種	3～5月播種 9～10月播種	とくに低温伸長性に優れるので冬期の栽培に適する。葉が大きく，株重が大きい
TTU574	タキイ種苗	6～8月播種	とくに高温期の栽培で収量性に優れ，軟腐病も出にくい
極早生水天《ごくわせすいてん》	サカタのタネ	6～8月播種	夏季のフザリウム菌による萎黄病に強いため，高温期の栽培に適する。低温伸長性もある。茎が細くて柔らかい
城南千筋《じょうなんせんすじ》	イシハラ・シード	11～2月播種	耐暑性，耐寒性に優れ，周年栽培も可能な早生種。茎が細くて柔らかい

3 栽培の手順

(1) 圃場の準備

前作収穫後に十分に灌水し、播種7日前ま

でに完熟堆肥と石灰資材、元肥を施用する。

砂質土壌などの有機物の少ない圃場では、堆肥は年3回程度施用し、地力の低下を防ぐ。

施肥例は表3に示す。

表3　施肥例（単位：kg/10a）

播種期	成分	総量	元肥	備考
夏まき以外	窒素	10	10	堆肥1,000kg注） pH6.0～6.5
	リン酸	10	10	
	カリ	10	10	
夏まき	窒素	7	7	
	リン酸	7	7	
	カリ	7	7	

注）家畜糞主体の堆肥施用時には，含有肥料成分を考慮した施用量とする

(2) 播種のやり方

ミズナは育苗せず、種子を直接圃場に播く直播栽培とする。株間は、夏まきでは6～8cm、秋冬まきでは5cmとする。条間は、20～25cmとするが、冬まきではハウス両端は低温になるため、条間を15～16cmに狭めて両端を空けて、条数は同じにする（図3）。

播種は、播種機で1粒播きとするが、真空播種機を用いると精度が高く作業性がよい。

理想の覆土の厚さは3mm程度であるが、覆土は播種機が行なうため、実際は5～10mm程度となる。10mm以上の覆土は出芽率を低下させるので注意する（図4）。

図3　発芽時の栽培状況

(3) 発芽後の管理

播種後、夏期では3日程度、冬期では5日程度で発芽する。

図4　発芽したミズナ

灌水チューブはハウスの中央に1本設置し、発芽したら1回目の灌水を行ない、初期生育を早める。その後、夏期では7日に1回程度灌水し、草丈25cm程度になったら収穫まで灌水は行なわない。冬期の栽培では、圃場が葉で覆われたら灌水はしない。いずれの時期でも灌水量は徐々に減らし、収穫時には土壌表面が乾いた状態にする。

また、夏期は葉焼けや葉先枯れの防止のため、遮光率40～50%程度の遮光資材をかける

とよい。ただし、曇雨天が続く場合は遮光資材は外し、過度の遮光は避ける。耐暑性に優れる品種であれば、無遮光でも栽培できる。一方、冬期（降霜後）は内張りカーテンで2重被覆を行ない、3℃以下になる場合は暖房で加温する。日中は25℃程度を目安に換気を行なう。

(4) 収穫・調製

草丈30cm程度から収穫し始める。根を鎌で切り、株元の土をよく落として収穫する。収穫作業は、間口5・4m×奥行40mのハウスであれば4名で1日程度を要する。

収穫時に下葉や傷んだ茎葉を除去し、コンテナに詰めたら速やかに冷暗所に移して最終調製を行ない、袋詰めをして予冷庫（7～8℃）に保管する。収穫後は萎れやすいので注意する。

調製は、枯れ葉、折れた茎を除去して株元を揃え、病虫害のない光沢が良好な株を平束にする。原則として水洗いはしないが、株元の土が落ちない場合は葉茎を傷めないよう注意しながら軽く水で洗い、水をよく切る。

また、アブラムシ類やコナガなど、微小な害虫が付いていないかよく確認し、商品への混入に注意する（図5）。

4 病害虫防除

主に発生する病害虫として、軟腐病、根こぶ病、白さび病、黒腐病、アブラムシ類、キスジノミハムシ、コナガ、アオムシ、ヨトウムシ類がある。害虫に対してはハウス開口部に防虫ネットを展張するなどして侵入防止に努める。軟腐病は高温期に発生しやすいため、灌水のやりすぎに注意する（表5）。

また、夏期から初秋期の栽培では、立枯れ症（萎凋病、立枯病など）が問題となるため、作の間に、短期太陽熱土壌消毒などを実施する。

防虫ネットの目合いは、キスジノミハムシの侵入防止のために0・8㎜目合いがよい。

高温期に収穫近くまで土壌が過湿になっていると軟腐病が発生しやすいため、生育中期以降の灌水過多に注意する。また、高温期には立枯れ症（萎凋病、立枯病など）が多発することがある。被害が大きい場合には、梅雨

図5　収穫直後のミズナ

表4　ミズナ（小株）の出荷規格
（茨城県青果物標準出荷規格より）

規格	長さ	1袋の株数	容器	内容量	荷造り方法
L	33cm 以上	3株以上	DB	4kg	・200g × 20 袋とする ・鮮度保持フィルムを使用する
M	23～33cm				

明け後、作期の間に10日間程度の短期太陽熱土壌消毒を行なう。

5 経営的特徴

ハウス周年栽培の労働時間は10a当たり1240時間程度である（表6）。管理作業のうち収穫・調製作業が約7割を占めているため、収穫・調製に要する時間を考慮して栽培規模を決定する。

（執筆：島本桂介）

表5　病害虫防除の方法

病害虫名	特徴と防除法
軟腐病	・細菌による病害 ・腐敗軟化して悪臭を発する。病原菌の最適温度は35℃で高温期に発生しやすい。土壌中に長期間生存する。夏期の栽培では生育中期以降，灌水過多による過湿を避ける
根こぶ病	・糸状菌による病害 ・直根にこぶを生じて生育不良となる。最適適温は20～24℃で気温が高く，日照時間が長いときに発生しやすい。土壌伝染し、アブラナ科野菜の連作により発生しやすくなる。酸性土壌で発生しやすいため，石灰資材でpHを調整する
立枯病	・糸状菌による病害 ・萎凋病との総称で立枯れ症と呼ばれる。発芽時および幼苗期に地際部が細くくびれ，倒伏・枯死する。高温期に発生しやすく，ハウス周年栽培で発生が多い。作期の間での短期太陽熱消毒を実施したり，灌水過多による過湿を避ける
アブラムシ類	・年間を通じて発生する ・成虫の体長は2mm内外と小さい。ハウス開口部に目合い1.0mm以下の防虫ネットを展張する
キスジノミハムシ	・年間を通じて発生する ・成虫は体長2mm前後と小さい。卵を土中に産み，幼虫は根部に寄生する。成虫は葉を食害し，小さな食痕を残す。ハウス開口部に目合い0.8mm以下の防虫ネットを展張する
コナガ	・年間を通じて発生する ・成虫の体長は6mm内外と小さい。卵を葉裏に産卵し，幼虫は葉裏に寄生して表皮を残して葉肉を食害する。ハウス開口部に目合い1mm以下の防虫ネットを展張する

表6　ハウス周年（小株）栽培の経営指標

	項目		備考
収益	収量（kg/10a）	12,000	年6作，2,000kg/作
	平均単価（円/kg）	336	
	収入合計（円/10a）	4,032,000	
費用	種苗費　（円/10a）	54,000	
	肥料費	14,000	
	農薬費	47,000	
	諸材料費	280,000	被覆資材など
	光熱動力費	70,000	ガソリン代など
	減価償却費など	480,000	パイプハウス，トラクターなど
	出荷経費	788,000	段ボール，包装資材，出荷手数料
	雇用労賃	700,000	700時間，1,000円/時間
	費用計	2,433,000	自家労賃含まず
利益	所得	1,599,000	
	所得率（%）	40	
10a当たり家族労働時間（時間/10a）		540	
10a当たり雇用労働時間（時間/10a）		700	

ノザワナ（野沢菜）

表1　ノザワナの作型，特徴と栽培のポイント

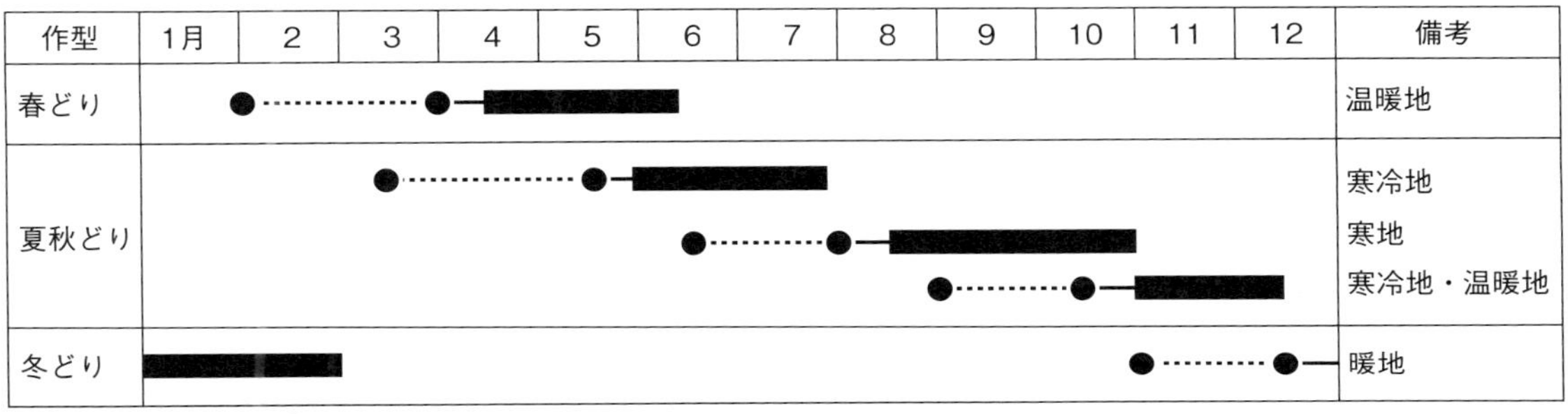

●：播種，■：収穫

特徴	名称	ノザワナ（アブラナ科アブラナ属），別名：信州菜
	原産地・来歴	長野県野沢温泉村の原産
	栄養・機能性成分	粗繊維が多く，ポリフェノールなども含まれる
	機能性・薬効など	成人病の予防などに効果があるとされる
生理・生態的特徴	発芽条件	発芽適温は18～25℃
	温度への反応	生育適温は18～23℃。冷涼な気象条件を好む。低温限界は－3℃，高温限界は30℃
	日照への反応	多日照作物
	土壌適応性	好適pHは6.2～6.8。土壌適応性が大きい
	花芽分化・抽台	低温・長日条件によって花芽分化，抽台が起きる
栽培のポイント	主な病害虫	病気：根こぶ病，軟腐病，ウイルス病 害虫：コナガ，アオムシ，アブラムシ類
	他の作物との組合せ	アブラナ科以外の作物との輪作体系による作付けが望ましい

この野菜の特徴と利用

(1) 野菜としての特徴と利用

ノザワナは、北信濃に位置する野沢温泉村が原産とされる。

野沢菜の歴史は、野沢温泉村薬王山健命寺が起源とされており、伝承によると、宝暦年間（1751〜1764年）、当時の住職が京都遊学の折に関西近辺で栽培されていた天王寺蕪の種子を持ち帰り、栽培したのが始まりとされる。導入以来250年以上にわたり、栽培、採種が繰り返され、ツケナ（漬け菜）として全国に普及した。

長野県内では、大きく広がる標高差や緯度を利用し、低温期から高温期まで幅広く生産が展開されている。とくに野沢温泉村では、地域内において、農産物の生産から漬物への加工を行ない、飲食業やお土産など観光業への利用が積極的に行なわれているなど、6次産業の基幹品目となっている。

ノザワナはツケナ類の中でも、非常に大型になり、葉長が長く葉重が大きくなる。とくに葉柄部の長さ太さともに大きく、副葉が少ないため、ツケナとしての加工適性が非常に高い。また、繊維が多く、ポリフェノールなどを含み、成人病の予防などに効果があるとされる。

(2) 生理的な特徴と適地

発芽適温は18〜25℃で、生育適温は18〜23℃である。冷涼な気象条件を好み、30℃を超える高温条件では、軟腐病やウイルス病の発生や品質の劣化により、作柄が安定せず経済栽培が成立しにくい。そのため、標高の違いによって、作型が選ばれている。（表2）。

耐寒性があり、降雪地帯でも越冬ができる。種子感応型植物であり、花芽分化、抽台が低温・長日条件によって誘起・促進されるため、越冬後、翌春に開花結実する。

早春の早播き限界は、旬別平均気温が5℃前後のときである。これ以前の播種では、低温感応により抽台する恐れがある。暖地であれば、トンネルによる冬季の保温栽培も可能である。

土壌の適応性は大きく、いずれの土質でも生育する。しかし、短期間に生育が進むので、軟らかく、食味のよい生産物を得るためには、土つくりをしっかりと行ない、地力を高めることが重要である。

品種については、品種名に「野沢菜」と付

表2　ノザワナ栽培における標高別の作型

作期	作型	標高	播種期	収穫期
春	トンネル ポリマルチ 露地	500m 以下 〃 300m 以下	3月上旬〜3月中旬 3月中旬〜3月下旬 3月下旬〜5月下旬	5月下旬 6月上旬〜中旬 6月上旬〜7月下旬
夏	露地	1,000〜1,300m	6月上旬〜8月下旬	8月上旬〜10月下旬
秋	寒冷紗トンネル 露地 露地	500m 以下 1,000〜500m 500m 以下	8月下旬〜9月上旬 8月中旬〜8月下旬 9月上旬〜10月中旬	10月下旬〜11月中旬 10月下旬〜11月上旬 11月上旬〜12月中旬
冬	トンネル ハウス	300m 以下 〃	10月下旬〜12月中旬 〃	1月上旬〜3月上旬 〃

されているものが多いが、販売元で独自に育成された品種が多く、同一品種でない場合がほとんどである。また、前述した健命寺においても原種が維持、更新されており、「寺種」という呼称で今も多くの人に利用されている。

（執筆：山戸　潤）

露地栽培

1 この栽培の特徴と導入

(1) 栽培の特徴と導入の注意点

冬どり栽培を除けば、露地栽培を行なうことができる。生育期間が短く、土壌条件の適応性も高いために、経営における補完品目として利用されることが多い。

地場消費もされるが、加工業者との契約栽培が一般的に行なわれる。このような出荷原料用の栽培では、高品質のノザワナを安定的に生産する必要があるため、経営の中では、主品目の前後作として適作期を選んで導入する。

アブラナ科野菜の共通病害である根こぶ病の発生が懸念されるため、連作は避ける。

(2) 他の野菜・作物との組合せ方

ノザワナは、水田の裏作や転作田への導入もできる。また、生育期間が短いことから、露地栽培が可能な品目との相性はよいが、根こぶ病の発生を防ぐためには、ハクサイやキャベツなど他のアブラナ科野菜との組合せは避ける。

2 栽培のおさえどころ

(1) どこで失敗しやすいか

① 生育の均一性

株ごとに加工するため、生育の均一性が要求される。株の均一性は、播種量と栽植密度で調整するが、この調整作業が不十分だと株に大小が生じる。また、土壌水分が十分であれば、発芽が揃い、均一性が向上するため、降雨に合わせて播種を行なう。

② 食味の低下

生育の初期に乾燥や養分不足を生じると、繊維質が多い葉質が硬い株になり、食味が低下する。

図1　ノザワナの栽培風景

表3　露地栽培に適した主要品種の特性

品種名	販売元	特性
在来ノザワナ	各種苗取扱店	
ニューシナノ	長野県原種センター	・収量性，食味性などを改善した一代交配種で，根こぶ病に安定した耐病性を有す ・在来ノザワナに比べて草姿は立性で収穫がしやすく多収性で，食味がよい。在来ノザワナより抽台が遅く，早春播き作期への適応性が高い

表4　施肥例　（単位：kg/10a）

	肥料名	施肥量	成分量		
			窒素	リン酸	カリ
元肥	堆肥	2,000			
	苦土石灰	100			
	化学肥料	160	25	20	25
施肥成分量			25	20	25

(2) おいしく安全につくるためのポイント

葉柄が長く、柔らかいものの加工適性が高く、良食味となる。このような生産物を得るには、有機物によって土の物理性を改善し、地力を高める。

(3) 品種の選び方

「野沢菜」という商品名で多くの品種が存在する。基本的な特性は同様であるため、いずれの品種も栽培のポイントは同じで、ツケナとしての加工適性は高い。一方で、F_1品種として育成された品種もあり、根こぶ病の耐病性を高めた品種や、アントシアンの発生が少ない品種などもある（表3）。

3 栽培の手順

(1) 播種の準備

①畑の準備

根こぶ病の被害を受けやすいため、pH6・5程度まで土壌酸度を矯正する。

良質な堆肥などを10a当たり2t程度施用し、あらかじめ土と混和しておく。

②施肥

化学肥料換算で、10a当たり成分量で窒素25kg、リン酸20kg、カリ25kgを基準に施用する。有機質肥料を利用する場合には、この施用量を基準に算出する（表4）。

ノザワナの場合、短期間に順調な生育を確保する必要がある。そのための上手な肥培管理として、有機質肥料を用いた地力増進と、化学肥料による生育促進の組合せによる生育の制御が考えられる。

(2) 播種、間引き

栽植密度は、条間20、株間12～15cm程度が一般的である。排水のよい条件では圃場の全面耕起を行ない、ウネの成型を行なわずに栽培することもできる。栽培面積にもよるが、手押し式播種機などを用いることも可能である。栽培期間は加工原料の利用用途や作型によって大きく変わり、約35～60日と変動するため、収穫労力に合わせて栽培計画を立てる。

10a当たり播種量は3～4ℓ程度で、点播なら2～3粒程度を目安に播種する。近年、労力軽減のため、間引きを行なわない栽培が主流となっており、播種量はそれに応じて調整する。

間引きを行なう場合は、収穫時の株間12cm

程度を基準に2回に分けて行なう。

(3) 生育期の管理

播種後20日前後に、雑草防除を兼ねて中耕除草を行なう。このとき、倒伏防止のために土寄せをしてもよいが、株内に土が入ると加工時に問題になるため注意する。中耕土寄せを行なう場合は、管理通路を設けるか、条間を調節する必要がある（図2）。

図2　管理通路を設けた平ウネ栽培の様子

(4) 収穫

とくに大きさが指定されている以外のノザワナは、随時収穫できる。浅漬け原料として利用する場合は、草丈が50～60cm、株の切り口が10円玉程度のときが収穫適期である。古漬けの場合は草丈が80～100cm程度、株の切り口が500円玉程度のものが好まれる。冬の漬物用には、霜に2～3回程度あわせた後に収穫すると食味がよくなる。10a当たりの収量目標は、5t程度とする。

4 病害虫防除

主要な病害には根こぶ病がある。根こぶ病には薬剤防除や耕種的防除法が確立しているが、抵抗性品種が育成されているので、利用するとよい。また、軟腐病やウイルス病の発生は高温期に集中し、作柄を不安定にする最も大きな要因になる。作期をずらして回避するのがよい。

害虫ではチョウ目害虫の被害が見られる。生育期間が短いが、1作型で3回程度は殺虫剤を散布する。

5 経済的特徴

ノザワナは非常に粗放的な作物で、労力の中心は収穫労力になる。生産資材はほとんど利用しないため、農薬、肥料が経費の80%を占める。間引き作業の軽減などにより、管理労力を低減することで、より収益性が高まるため、播種計画を十分に検討することが重要となる。

契約栽培のほか、自家用、地場消費、地域流通などが考えられ、加工が前提となっている品目であるため、他業種との連携により、付加価値を高めた経営が目指せる。

（執筆：山戸　潤）

タカナ

表1　タカナの作型，特徴と栽培のポイント

主な作型と適地

作型	1月	2	3	4	5	6	7	8	9	10	11	12	備考
春どり	────	────	────	■■						●───	────	──▼─	温暖地

●：播種，▼：定植，■：収穫

特徴	名称	タカナ（アブラナ科アブラナ属）
	原産地・来歴	中央アジア
	栄養・機能性成分	無機質とビタミン類に富み，食物繊維も多く含まれている
	機能性・薬効など	整腸作用，抗ガン性，老化防止，造血作用
生理・生態的特徴	発芽条件	発芽適温は25℃
	温度への反応	高温性であり，生育範囲は6～35℃である
	日照への反応	長日で抽台，開花が促進され，低温は必要としない
	土壌適応性	好適 pH5.5～6.8，土壌適応性が大きい
	花芽分化・抽台	長日で抽台，開花が促進され，低温は必要としない
栽培のポイント	主な病害虫	根こぶ病，軟腐病，白斑病，白さび病，ハスモンヨトウ，コナガ，アブラムシ類，キスジノミハムシ
	他の作物との組合せ	アブラナ科以外の作物との輪作体系による作付けが望ましい

この野菜の特徴と利用

(1) 野菜としての特徴と利用

①原産と来歴

タカナ・カラシナ類は、アブラナとクロガラシとの種間雑種起源のアブラナ科に属する1・2年生草本で、原産地は中央アジア説が有力である。多くの品種が各地で栽培されており、油料用・香辛料用の子実を採取する品種はインドとヨーロッパで、茎葉や根を食用とする野菜用は主に中国で品種分化が進んでいるようである。

中国には2000年以上前に中央アジアから四川省・雲南省に伝わり、野菜として進化しながら中国全土に広まったと推定される。根カラシナは中国の雲南・東北部およびモンゴル、セリフォンと銀糸茶は中国の中・北部に多く、タカナは中国の華南・華中のほかにヒマラヤ・東南アジアに分布し、葉が広大で、広い中肋が特徴の多肉性タカナは華南、肥大した茎が特徴の茎用タカナは四川省を中心に発達し、華南・台湾に分布している。

わが国のタカナ・カラシナ類は9世紀に中国から持ち込まれており、この2つはわが国で古くから栽培されている。多肉性タカナが入ってきたのは明治中後期で、昭和期の中国野菜ブームでは、多肉性タカナの〝こぶ高菜〟〝結球高菜〟が導入されている。

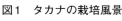

②現在の生産・消費状況

ツケナ（漬け菜）類の生産は全国各地で行なわれており、日本三大ツケナとして「ノザワナ」「ヒロシマナ」「タカナ」が利用されている。ツケナ類の生産量は、長野県が国内で最も多く、「ノザワナ（野沢菜）」が生産されている。タカナの生産量は九州で多く、長崎県、熊本県、鹿児島県、福岡県で主に生産され、地域の漬物加工業者により高菜漬けに加工され、全国に出荷されている。

図1　タカナの栽培風景

注）写真提供：アトイチ農園

③栄養・機能性

タカナ・カラシナ類は、カロテンを多く含み、食物繊維の多い緑黄色野菜である。ビタミンE・Cなども多く、辛味成分は含硫化合物のシアグリンで、抗ガン性や老化防止が期待できる。葉酸や鉄なども豊富に含み、造血作用も期待できるなど、機能性成分にも優れている。

④利用法

わが国では、タカナ・カラシナは他のツケナと同様に、和え物、煮物、おひたし、炒め物、漬け物などさまざまな形で利用されているが、特有の辛みを生かした漬け物としての利用が圧倒的に多い。

タカナ・カラシナの漬け物は塩漬けが主であり、地域の気候風土に適した品種が日本各地で栽培され、浅漬け、当座漬け、保存漬けに加工されている。それらは米食によく合うことから、長い間わが国の食生活の中で副食として重要な地位を占めている。漬上がりの緑色の鮮やかな葉カラシナ類は浅漬けとして、葉の中肋や花茎などの食味がよい多肉性タカナは当座漬け・保存漬けとして加工されている。

一方で、食塩摂取量を少なくするため、少ない塩で漬けて、漬け上がったものを冷凍保存する新タカナ漬けや、調味液で漬けた調味漬けの割合が増加している。

(2) 生理的な特徴と適地

①発芽・生育適温

ツケナ類の中では最も高温性である。種子の発芽適温は25℃で、最低温度が6℃、最高温度は35℃である。生育初期には耐寒性、耐暑性ともに強いが、暖地適応品種と寒地適応品種では、生育が進むにつれて耐寒性および耐暑性に差が見られる。

②日照・日長反応、花芽分化

一般に、長日で抽台、開花が促進され、花芽分化に低温は必要としない。ただし、品種により、その生態型は違い、例外もある。わが国の品種は、一般に、秋まきでは他のアブラナ属より春の抽台が遅く、逆に春まきでは抽台が早い。

③土壌適応性

土壌に対する適応性は広く、かなりの多湿にも耐え、水田裏作にも容易に取り入れられる。適した土壌酸度は、pH5・5～6・8である。

(3) 主な作型・品種と適地

タカナ類のうち、寒冷地で栽培される‘岩手芭蕉菜’は8～9月に播種し、10～11月に収穫する。温暖地で栽培される‘かつお菜’は9月に播種し、30日間育苗した苗を圃場に定植し、大きくなった外葉を順次かき取って11～4月まで長期間にわたって収穫する。

多肉性タカナ類のうち、寒冷地で栽培される‘山形青菜’は8～9月に播種し、11月に収穫する。温暖地の九州で栽培される‘三池高菜’は9～10月に播種し、30日間育苗した苗を圃場に定植し、3～4月に一斉収穫する。

タカナ類は、生育初期には耐寒性、耐暑性ともに強いが、暖地適応の品種は、生育が進むにつれて耐寒性が弱くなり、寒地の品種は耐暑性が劣るようになる。

（執筆：奥幸一郎）

表2　タカナ・カラシナ類の品種分化

品種群	品種名	用途
葉カラシナ	久住高菜，阿蘇高菜，山潮菜，雪裡紅	浅漬け
タカナ	かつお菜，紫高菜	漬け物，煮物
多肉性タカナ	三池高菜，山形青菜，こぶ高菜，結球高菜	古漬け

秋まき春どり栽培

1 この作型の特徴と導入

(1) 作型の特徴と導入の注意点

出荷販売は地場消費も一部あるが、基本的には加工業者との契約栽培である。

(2) 他の野菜・作物との組合せ方

春どりのタカナが収穫となる4月は、夏野菜の播種、植付けの時期である。タカナの後作として、スイートコーン、コマツナ、ホウレンソウ、チンゲンサイ、モロヘイヤなどの播種や、トマト、ナス、ピーマン、キュウリ、カボチャ、スイカ、露地メロン、サトイモ、ショウガ、オクラなどの植付けが行なえる。

2 栽培のおさえどころ

(1) どこで失敗しやすいか

定植から年内の期間に降雨が少なく、乾燥した気象条件が続くと初期生育が抑制され、収穫量が少なくなる。また、生育後期に生育促進のため多量の追肥を施すと、病気や心腐れなどの生理障害の発生を助長することがある。

(2) おいしく安全につくるためのポイント

アブラナ科野菜の連作や排水性が不良な圃場条件では、病害虫が発生しやすくなる。定植前に土壌酸度の矯正や排水性の改善などの圃場準備をしっかりと行ない、病害虫が発生しにくい条件を整えて栽培を行なう。

(3) 品種の選び方

業務用として生産する場合は、加工業者の

図2　タカナの秋まき春どり栽培　栽培暦例

月	10			11			12			1			2			3			4			備考
旬	上	中	下	上	中	下	上	中	下	上	中	下	上	中	下	上	中	下	上	中	下	
作付け期間	●‥	●──	──	──	──	──▼	‥▼──	──	──	──	──	──	──	──	──	──	──	──	■■	■■		温暖地
主な作業	播種				定植圃場の準備	定植		防除			追肥①・中耕			追肥②・中耕	防除		防除		収穫		圃場の片付け	

●：播種，▼：定植，■：収穫

指定する品種を選定する。自家消費などで生産する場合は、加工用途に応じて品種選定を行なう（表４）。

3 栽培の手順

(1) 育苗のやり方

育苗は72穴セルトレイおよび播種用培土を使用する。播種は10月上旬～中旬に行ない、1穴当たり1粒ずつ播種する。播種後は軽く覆土・鎮圧し、土が乾かないようにしっかりと灌水する。発芽後は、苗を徒長させないため、夕方以降は培土が乾くように灌水量を調整する。

(2) 定植のやり方

定植の1カ月くらい前までに、土壌のpHを測定しておき、大きく矯正が必要な場合は、

表3　秋まき春どり栽培のポイント

	技術目標とポイント	技術内容
育苗方法	◎播種の準備	・セルトレイ育苗では，72穴セルトレイと市販の育苗培土を準備する
	◎健苗の育成	・セルトレイ育苗はパイプハウスなど雨よけ施設で育苗するが，高温に注意する ・苗の徒長防止のため，夕方以降は培土が乾くように灌水管理する
定植の準備	◎圃場の選定と土つくり	
	・圃場の選定	・アブラナ科野菜の連作を避ける ・弾丸暗渠や額縁明渠など排水対策を実施する
	・土つくり	・完熟堆肥を2t/10a程度施用する ・消石灰や生石灰を施用して土壌酸度を矯正する
	◎施肥基準	・窒素，リン酸，カリの成分量をそれぞれ16，11，10kg/10a程度施用する
	◎ウネつくり	・ウネ幅125cm，高さ15cm程度のウネをつくる
定植方法	◎適期定植	・定植には，本葉３～４枚（播種後40～50日程度）の苗を用いる
	◎栽植密度	・株間40cm，条間60cmの２条植えで定植する
	◎順調な活着の確保	・降雨後，土がある程度湿っている時が定植適期である
	◎害虫対策	・害虫対策として，植穴に粒剤を施用する
定植後の管理	◎追肥・除草	・１月中旬に１回目の追肥をウネ間に施し，除草を兼ねて中耕を行なう ・２月中旬に２回目の追肥を行なう。３月以降の追肥は，株は太るが霜害，品質低下につながる
	◎病害虫防除	・早期発見と早期防除を徹底する
収穫	◎適期収穫	・本葉が最高の生育に達し，抽台長が10～15cm程度伸びたときに収穫する
	◎収穫・調製	・朝露の落ちた後に切り，外葉，赤葉などを取り除く ・午前中に片面，午後に片面をそれぞれよく日に当て，乾燥させる

表4　秋まき春どり栽培に適した主要品種の特性

品種名	販売元	特性
三池高菜	日本農産種苗	・本種は従来の三池高菜より抽台が遅く，耐病性，耐寒性に優れた，多収穫品種である ・葉は濃緑色を帯び，葉脈および先端は赤紫色となり，葉面は縮緬となる ・茎は扁平の広茎で，株張りよく一株4kg以上にも達する ・タカナ特有の辛味と香りがある
改良三池高菜	中原採種場	・耐病性が強くて，耐寒性はやや劣るが，性質強健の多収種で，抽台は極めて遅い ・葉は濃緑色，葉脈および先端は赤紫色で，一般の三池高菜より濃い ・葉面は細かい縮緬状を呈し，中心部は半結球となる ・茎葉は多肉で，タカナ特有の辛味と香りがある
三池大葉縮緬高菜	タキイ種苗	・耐寒性に優れた生育旺盛な多収種で，抽台は遅い ・葉は濃緑色，葉面は細かい縮緬状となる ・茎葉は多肉で，タカナ特有の辛味と香りがある

消石灰や生石灰を投入して耕起する。大きな矯正が必要でない場合は、排水対策として弾丸暗渠や額縁明渠を施工し、定植当日または前日まで耕うんを行なわない。施肥は表5に準じて行なう。定植直前に元肥を施用し、耕うん・整地後、図3のようにウネをつくる。

定植には本葉3～4枚（播種後40～50日程度）の苗を用い、降雨後、土がある程度湿っている時に行なう。害虫対策として、植穴に粒剤を施用する。

(3) 定植後の管理

追肥の1回目は1月中旬。10a当たり窒素成分で6kg程度をウネ間に施し、除草を兼ねて、小型管理機などで中耕・土寄せを行なう。中耕・土寄せは、排水条件をよくするほか、倒伏防止にも効果がある。追肥の2回目は2月中旬。10a当たり窒素成分で4kg程度行なう。3月以降の追肥は、株は太るが霜害、品質低下につながる。

(4) 収穫

本葉が最高の生育に達し、抽台長が10～15cm程度伸びた時が収穫適期である。収穫は朝露の落ちた後に根元から鎌で切り取り、外葉、赤葉、病葉を除く。午前中に片面と午後から片面、両面ともよく日干し乾燥させる（図5）。午後3時ごろから持ち運びやすい束にして運搬する。

表5　施肥例　（単位：kg/10a）

	肥料名	施肥量	成分量		
			窒素	リン酸	カリ
元肥	堆肥	2,000			
	炭酸苦土石灰	120			
	有機入り高菜076	160	16	11.2	9.6
追肥①	有機入り高菜076	60	6	4.2	3.6
追肥②	有機入り高菜076	40	4	2.8	2.4
施肥成分量			26	18.2	15.6

図3　栽植様式例

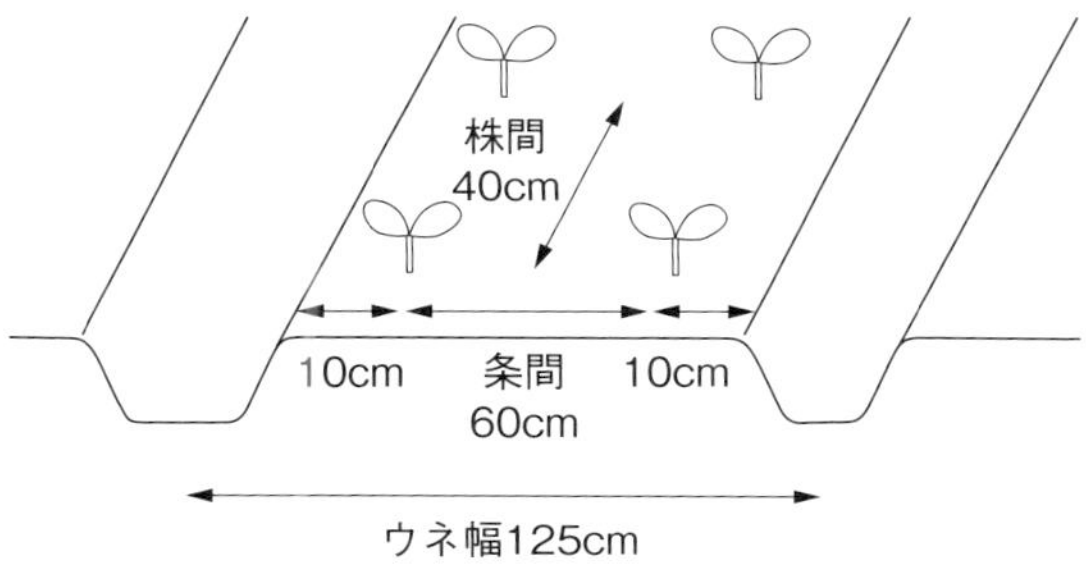

図4　タカナの生育状況

注）写真提供：アトイチ農園

4 病害虫防除

(1) 基本になる防除方法

暖かくなるにつれてアオムシ、コナガなどが発生するので、防除を行なう。また、多湿条件ではべと病が発生する（表6）。

図5　タカナの収穫後の天日干し

(2) 農薬を使わない工夫

アブラナ科野菜を連作せず、定植前に適切な土壌酸度への矯正、排水性の改善を行なうことで、病害虫の発生を抑制できる。また、2月以降はべと病やコナガなどの病害虫の発生状況を確認し、初期防除を行なうことで、農薬の使用量を削減できる。

表6　病害虫防除の方法

	病害虫名	防除法	
		耕種的防除	薬剤防除
病気	軟腐病	排水対策を実施する	コサイド3000
	白さび病	排水対策，肥料切れしない適切な施肥を行なう	ランマンフロアブル
	白斑病	排水対策，肥料切れしない適切な施肥を行なう	ストロビーフロアブル
	根こぶ病	アブラナ科野菜を連作すると発生しやすいので，輪作作物の選定に注意する 酸性土壌で発生しやすいので，石灰質資材を施用して土壌酸度を矯正する	オラクル粉剤
害虫	ハスモンヨトウ	フェロモントラップにより捕殺する	BT 剤
	コナガ	フェロモントラップにより捕殺する	BT 剤
	アブラムシ類	周辺雑草を除草する	ウララ DF
	キスジノミハムシ	周辺雑草を除草する	スタークル顆粒水溶剤

5 経営的特徴

霜害や抽台を回避できれば、タカナの秋まき春どり栽培は比較的容易に取り組める。雑草や病害虫の発生が少ないので、経費は他の作型に比べて少ない（表7）。ただし、春先は生育が早く、収穫適期の幅が短いので、収穫作業の労力が集中する。

表7　秋まき春どり栽培の経営指標

項目	
収量（kg/10a）	6,000
単価（円 /kg）	42
粗収入（円 /10a）	252,000
生産費（円 /10a）	152,000
農業所得（円 /10a）	100,000
労働時間（時間 /10a）	69

（執筆：奥幸一郎）

のらぼう菜

表1　のらぼう菜の作型，特徴と栽培のポイント

作型	8月	9	10	11	12	1	2	3	4	5
露地	◐	–●—▼—	——▼	——	——	——	—■■	■■■	■■■	■

●：播種，▼：定植，■：収穫

特徴	名称	のらぼう菜（アブラナ科アブラナ属ナプス種）
	原産地・来歴	ヨーロッパ原産，日本へは江戸時代初期に種子油用として入る
	栄養・機能性成分	カルシウム，ビタミンC，カロテン
	機能性・薬効など	アブラナ科野菜特有の抗酸化成分（硫黄含有有機化合物）
生理・生態的特徴	発芽条件	光好性種子，発芽適温20℃
	温度への反応	生育適温20℃，適応範囲は広い
	日照への影響	陽性植物，光飽和点40,000lx
	土壌適応性	好適pHは6.5。土壌適応性は広いが，有機物に富み排水性良好な土壌が適する
	開花特性	低温遭遇で花芽分化，その後の日長，気温で抽台
	休眠	種子成熟後，短い休眠があるが，実用上問題はない
栽培のポイント	主な病害虫	アオムシ，コナガ，ヨトウガ，ハスモンヨトウ，ネキリムシ類，アブラムシ類
	他の作物との組合せ	スイートコーン，エダマメ，キュウリなど多数

この野菜の特徴と利用

(1) 野菜としての特徴と利用

　のらぼう菜は、冬期の低温感応で花芽が分化し、その後の日長や気温上昇により、とう立ち（抽台）する花茎を食用とする野菜である。その由来や成立過程について詳しくはわからないが、分類学的には西洋ナタネと同種（アブラナ科アブラナ属ナプス種）で、一説には、江戸時代初期に、オランダの交易船が現在のジャワ島を経由して持ち込んだ「闍婆菜（じゃばな）」が原種とされる。もともとは種子油用であるが、食用に適したものが選抜され、東京都多摩地域（現在のあきる野市など）を中心に、神奈川県から埼玉県で栽培されるようになったとみられる。

　のらぼう菜の食用部には茎、蕾、葉が含まれ、栄養成分としては、ビタミンC、カロテン、カルシウムが多く、とれ始めの時期はとくに糖含量が高くて甘さがある。カキナやナバナと同様、湯に通しておひたしやあえ物、汁物、炒め物に利用できるが、苦みやくせが少ないため、誰にでも食べやすく、春の味わいとしてだけでなく、幅広く料理に利用できる。加熱しても目減りが少ないことも特徴である。

　東京都内の産地では、収穫後、長さ25cm、一袋270gに調製され、100～200円の価格で販売されている。ブロッコリーと同じく、収穫物としては呼吸量が高く鮮度が落ちやすいため、その扱いには注意が必要である。

(2) 生理的な特徴と適地

　発芽適温は20℃前後である（表1）。生育適温も20℃前後で比較的冷涼な気候を好むが、暑さや寒さにも強いため栽培適地の幅は広い。土壌適応性も広く、あまり土質を選ばないが、カルシウムの吸収量が多いため、pH6・5を目標に石灰資材を施用する。また、一般の作物と同様、堆肥や有機資材の投入などによる土つくりは必須となる。排水性が劣ると、病害の原因になるので、ウネを高くするなどの対策が必要である。

　東京都多摩地域では、低温遭遇後の12月中旬に花芽が分化する。早いものでは2月上中旬から抽台が見られ、2月中下旬に主茎の収穫期となる。その後、順次伸長する側枝を収穫し、4月中旬～5月上旬に収穫を終える。収穫期間が長いため、株の充実度や花芽分化の成否が収量性を左右する要因になる。

　のらぼう菜には、品種として登録されているものや、品種名がついているものはなく、生産者はそれぞれの家や地域で選抜・自家採種されてきたものを利用している。また、食味に優れた系統を生産団体で選定して差別化を図るなどしている。

（執筆：野口　貴）

露地栽培

1 この栽培の特徴と導入

(1) 栽培の特徴と導入の注意点

のらぼう菜の栽培では、花芽分化のための低温遭遇期間と、その前の十分な生育が必要である。したがって、播種期は限定され、露地か施設かの違いがあっても、作型は一つと考えてよい。すなわち、播種期は8月下旬～9月上旬、定植期は播種後25～50日、収穫始めは2中下旬～3月中旬、収穫終期は4月中旬～5月上旬である（図1）。収穫を早めたい場合はトンネルやハウスを利用するが、その場合も花芽が分化する12月中旬までは保温を行なわず、開始は12月末～1月初旬とし、3月上中旬には終了する。保温による収穫期の前進化は、主茎でおおむね10日、側枝で7～17日である。

もともとはマイナーな野菜であるが、近年は知名度も上がり、直売所、市場ともに売り上げは順調である。3～4月はハクサイが終わり、キャベツやブロッコリーが増える前であり、端境期対策としての導入も有効である。低温期を中心とした栽培なので、減農薬や無農薬栽培による安心・安全な野菜としての取組みもしやすい。

(2) 他の野菜・作物との組合せ方

収穫が終わる5月以降、または定植前の9月まではさまざまな品目との輪作が可能である。ただし、同じアブラナ科のキャベツ、ブロッコリーなどは避け、スイートコーンやエダマメ、キュウリなど果菜類を中心に作付けを行なうとよい。

図1　のらぼう菜の露地栽培　栽培暦例

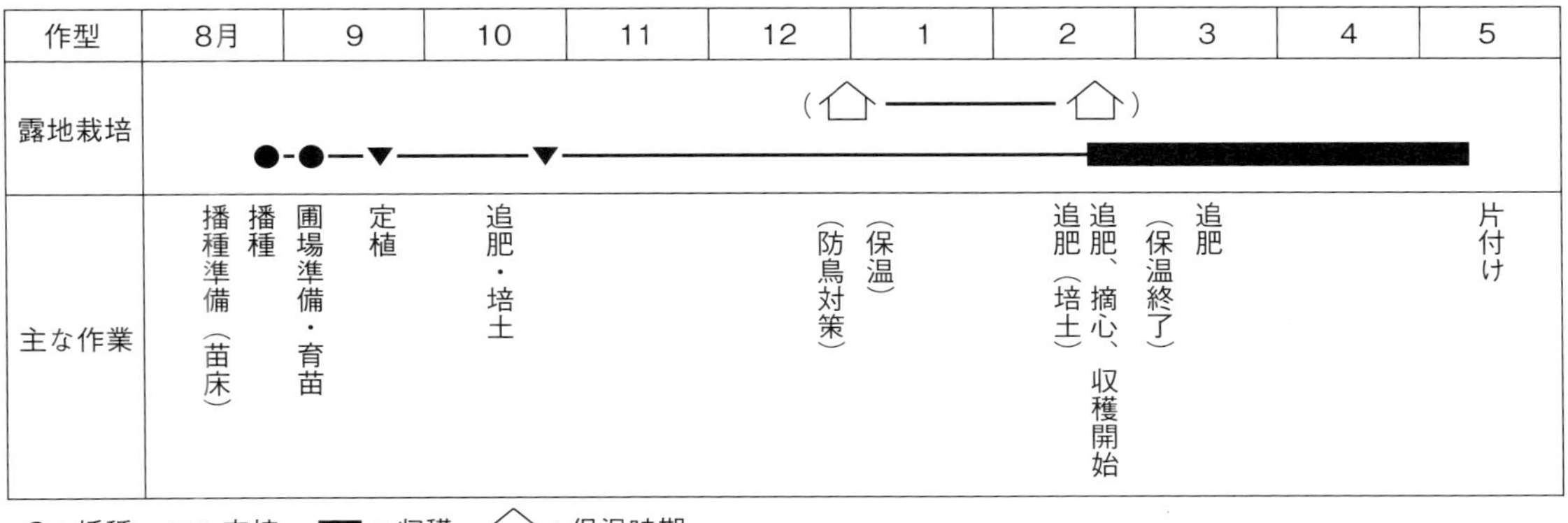

●：播種，▼：定植，■：収穫，⌂：保温時期

2 栽培のおさえどころ

(1) どこで失敗しやすいか

①播種期

播種や定植が遅れると充実した株が得られず、逆に、早すぎると高温障害や病害虫被害のリスクが高くなる。

②鳥害

冬季にヒヨドリなどによる鳥害があり、対策が必要なケースもある。

③保温

保温を行なう場合、開始時期が早すぎると花芽分化が遅れて収量が低下する。一方、終了時期が遅れると高温障害や病害が発生しやすくなる。

④摘心

主茎の摘心（収穫）時期が遅れたり、摘心位置が高いと、太い側枝が得られない。

(2) おいしく安全につくるためのポイント

病害虫の発生は比較的少ないが、育苗期や定植直後は注意が必要である。農薬に頼りすぎることなく、防虫ネットの被覆などで対応する。

栽培期間や収穫期間が長いので、追肥を行なうが、収穫期の窒素過多は品質低下につながる。

収穫後期は花茎の伸長や花蕾の生長が早まり、硬く、苦みも増してくる。

(3) 品種の選び方

のらぼう菜は、早晩性、草姿・草勢、葉の形状や欠刻、アントシアニンの着色、側枝の発生程度などで区別される10以上の系統が確認されている。これらは、3月上旬までに収穫を始められる早生系統と、3月中旬以降になる晩生系統に大別できる（表2）。早生系統は、4月中旬に収穫が終わるが、総じて収量性は高い。産地では、早生系統と晩生系統を組み合わせ、収穫期間を延ばしている。

3 栽培の手順

(1) 畑の準備

圃場の土壌条件は生育に大きく影響する。堆肥の施用により、有機物に富み、保水力や気相のある土壌づくりを基本とする（表3）。土壌のpHは6・5を目安にし、苦土石灰などの石灰資材を施用する。元肥は、10a当たり窒素15kg、リン酸20kg、カリ15kg程度とする（表4）。

(2) 育苗のやり方

セル成型苗利用の場合、128穴のトレイおよび専用の培土を用い、8月下旬～9月上旬に播種する。通常、発芽率は高いので、1穴1粒でよいが、心配がある場合には2粒程度を播種し、子葉展開時に1本に間引いて育苗する。苗を過湿気味に管理すると根の発達が妨げられ、根鉢形成が不十分になる。灌水は朝または午前中に行ない、午後は乾きぎみに管理する。

地床苗を用いる場合、あらかじめ堆肥、石

表2　のらぼう菜の系統の特性（東京都多摩地域）

系統	販売元	収穫始期	収穫終期	目標収量（t/10a）	食味評価※
早生系統	—	2月中旬～3月上旬	4月中旬	2.5～3	○
晩生系統	直売所など	3月中旬	5月上旬	1.5～2	◎

※食味評価：○良好，◎とくによい

灰のほか、窒素、リン酸、カリを各8kg／10a程度施用し（表5）、やや高ウネに成形した苗床に、条間10～15cm、株間3～5cm間隔で播種を行なう。圃場10a分の苗に必要な苗床の面積は20～25㎡である。発芽が心配な場合は複数粒を播種し、発芽後に間引きを行なう。

(3) 定植のやり方

セル成型苗では播種後25日程度、本葉3枚の苗を定植する（図2）。ウネ間60～70cm、株間40～45cmで、栽植株数は、ブロッコリーよりやや疎植の10a当たり3200～4200株とする。マルチ利用なら9245の規格を用いる。

地床育苗では、本葉5～6枚期を目安に苗とりを行ない（図3）、栽植は前述のとおり行なう。苗とりの4日ほど前、苗床の深さ7～8cmの部分に角型スコップの刃を水平に入れ、てこの原理で少し持ち上げて断根処理を行なっておくと、その後の細根の発生が促され、定植後の活着がよくなる。

定植時に圃場が乾いているようであれば灌水を行なう。

表3　露地栽培のポイント

	技術目標とポイント	技術内容
圃場の準備	◎圃場の選定 ◎施肥	・水はけのよい圃場 ・完熟堆肥を施用する ・pH6.5を目標に，苦土石灰など石灰資材を施用 ・元肥は，窒素，リン酸，カリを成分量で15，20，15kg/10a
播種・育苗方法	◎播種方法 ・セル成型苗 ・地床苗 ◎播種量	・セル成型育苗では128穴トレイおよびセル用培土を用いる ・根鉢形成のため，過灌水に気を付ける ・地床苗の場合，やや高ウネの苗床を準備する ・種子は，10a分として3,500～4,500粒（1粒播種の場合）を用意する ・セル成型苗ならトレイを30～40枚，地床なら20～25m^{2}の苗床を準備する
定植方法	◎定植ステージ ◎栽植株数	・セル成型苗なら本葉3枚期，地床苗なら5～6枚期 ・10a当たり3,200～4,200株
定植後の管理	◎追肥 ◎病害虫・鳥害対策 ◎保温（トンネル，ハウス利用の場合）	・最初の追肥は10月中旬に培土を兼ねて行ない，以後，2月中旬，3月中旬に行なう ・施肥量は窒素，カリを中心に成分量で各回とも5kg/10a程度とする ・農薬はナバナ類，非結球アブラナ科葉菜類および野菜類に登録のあるものが使用できる ・防鳥ネットの被覆など ・トンネルやハウスによる保温の開始時期は12月末～1月初旬，終了時期は収穫が始まる2月中旬～3月中旬
収穫・調製	◎主茎収穫（摘心） ◎側枝収穫 ◎調製方法	・花茎（とう）が20～25cmになったら収穫（摘心）する ・摘心は，成葉15～20枚を残し，主茎のなるべく低い位置で行なう ・側枝が25cmに伸びたら収穫する ・側枝の基部には1枚を残し，2次側枝の発生を促す ・茎頂部または葉先から25cmの長さに切り揃え，1袋に270gを詰める

表4　圃場の施肥例　（単位：kg/10a）

	肥料名	施肥量	成分量		
			窒素	リン酸	カリ
元肥	完熟堆肥	2,000			
	苦土石灰	150			
	配合888（8-8-8）	188	15.1	15.1	15.1
	重焼燐1号	14		4.9	
追肥	NK化成（16-0-16）	31×3回	14.9		14.9
施肥成分量			30	20	30

表5　地床の施肥例
（単位：kg/25m^2）

	肥料名	施肥量
苗床	完熟堆肥	50
	苦土石灰	4
	配合888（8-8-8）	2.5

注）苗5,000株分，25m^{2}の場合

(4) 定植後の管理

最初の追肥は、土寄せを兼ねて10月中旬に行なう。その後、2月中旬および3月中旬に行なう。施肥量は窒素、カリそれぞれ5kg／10a程度とする。トンネル被覆する場合は、追肥をその前後にずらす。

トンネル、ハウスで保温を行なう場合、その開始時期は12月末～1月初旬で、収穫が始まる2月中旬～3月中旬には終了する（図4）。トンネルでは換気孔が2～5列の農ポリを用いる。換気率が低いほど保温効果は高いが、高温障害が発生しやすい。

(5) 収穫

2月中下旬、20～25cmに伸びた花茎（主茎）を収穫する。主茎の収穫は摘心作業であり、これにより側枝の伸長が促される（図5）。摘心は、成葉を15～20枚残し、なるべく低い位置から行なう。下位から発生する側枝の方が太いため収量が増加する。側枝（1次側枝）も25cmに伸びたら収穫する。この時に側枝の基部の葉を1枚残すようにすると、2次側枝が発生する。

主茎や初期の側枝は葉の占める割合が大きく、上位の葉をめくらないと花蕾を確認しにくい。初期は花茎重も大きいが、収穫期が進むにつれて葉は小さく花茎重は小さくなり、花蕾が露出するようになる。花茎が細く硬くなったら収穫期は終了である。

図2　セル成型苗の定植期（本葉3枚）

図3　地床苗の定植期（本葉5～6枚）

図4　簡易ハウスでの栽培（保温前）

収穫後、茎頂部または葉先から25cmの長さに切り揃え、270gを一袋として出荷する（図6）。のらぼう菜はブロッコリーと同様に収穫後の呼吸量が多く、鮮度が落ちやすい。なるべく低温下で扱い、萎びにも注意する。

図5　側枝の収穫

図6　荷姿

4 病害虫防除

(1) 基本になる防除方法

害虫被害は比較的少ないが、育苗期や栽培初期にはアオムシ、コナガ、ヨトウガ、ハスモンヨトウ、ネキリムシ類などのチョウ目類に注意が必要である。地上部を食害するチョウ目類に対しては、エコマスターBTなど生物農薬の散布、ネキリムシ類に対しては定植時のフォース粒剤混和などで対応する（表6）。3月以降は、風通しの悪い栽植条件や、トンネルやハウスなどの閉鎖環境でアブラムシ類が発生しやすくなる。広がらないうちに防除を行なう。

病気も比較的少ないが、白さび病、軟腐病、べと病が発生する場合がある。登録のあ

表6　病害虫防除の方法（例）

	病害虫名	農薬名	農薬を減らす工夫
害虫	アブラムシ類	ボタニガードES ウララDF	防虫ネット被覆 （目合い1.0～0.8mm）
	アオムシ コナガ ヨトウガ ハスモンヨトウ	エコマスターBT スピノエース顆粒水和剤 アファーム乳剤	
	ネキリムシ類	フォース粒剤	太陽熱消毒 雑草防除
病気	べと病	ランマンフロアブル	風通しをよくする 過湿にしない
	白さび病	ランマンフロアブル ヨネポン水和剤	
	軟腐病	ヨネポン水和剤	
	根こぶ病	ネビジン粉剤	輪作など（太陽熱消毒）

注）ナバナ類，非結球アブラナ科葉菜類および野菜類に登録のある農薬が使える

表7　のらぼう菜の経営指標

項目		備考
収量（kg/10a）	2,000	
単価（円 /kg）	500	
粗収益（円 /10a）	1,000,000	収量×単価
経営費（円 /10a）	423,914	
種苗費	5,000	
資材費（セル成型育苗の場合）	23,000	セルトレイ（200円×40枚） セル用培土（5,000円×3袋）
肥料費	44,500	堆肥2t（10,000円） 苦土石灰（500円×8袋） 配合肥料（2,000円×10袋） 重焼燐（2,500×1袋） NK化成（1,600円×5袋）
農薬費	15,000	3剤
光熱動力費	25,000	燃料100ℓ，電気代
諸材料費	147,000	箱代（100円×600箱） 袋代（6円×12,000袋） その他荷造り用品（15,000円）
出荷経費	150,000	手数料（15%）
農機具費	13,414	
農具費	1,000	
農業所得（円 /10a）	576,086	
所得率	0.58	
労働時間（時間 /10a）	243	播種準備～地床育苗（15） 圃場準備～定植，追肥，防除など（44） 主茎・側枝収穫（91） 出荷調製，出荷，片付け（93）

る農薬で早めに防除する。

のらぼう菜に使える農薬は、ナバナ類、非結球アブラナ科葉菜類および野菜類に登録のあるものである。

(2) 農薬を使わない工夫

農薬使用を減らす方法としては、飛来する害虫を防虫ネットで遮断、太陽熱消毒で土壌病害虫を防除などの方法がある。雑草の根元にはネキリムシ類が潜むので、適切に防除しておきたい。

5 経営的特徴

のらぼう菜の1本重（調製後の花茎重）は最初で70g以上あるが、終期には10g台になる。平均重は20g、1株から25本以上収穫でき、10a当たり収量は2t前後となる。キロ単価を500円とすると粗収益は100万円、そのうち経営費が42・4万円であり、農業所得は57・6万円（所得率58%）である。

出荷調製は切り揃えて袋詰め、という流れであり、比較的容易である。10a当たり労働時間は243時間で、大半を収穫・出荷作業が占める（表7）。

（執筆：野口　貴）

クレソン

表1　クレソンの作型，特徴と栽培のポイント（山梨県富士北麓地域）

作型	1月	2	3	4	5	6	7	8	9	10	11	12
露地				・施肥 ・代かき	▼——	▼ ■■■	■■■	■■■	■■■	■■■	■■■	■■■

▼：定植，■■：収穫

特徴	名称	クレソン（アブラナ科），和名：オランダカラシ
	原産地・来歴	ヨーロッパ・中央アジア原産。日本には明治初期に西洋野菜として持ち込まれている。現在のクレソンは，各地で自生し変異している
	栄養・機能性成分	β-カロテン，ビタミンC，鉄分，カルシウム，カリウム，葉酸などを含む
	機能性・薬効など	含まれている成分から，血液の酸化防止，貧血，食欲増進などに効果があるといわれている
生理・生態的特徴	発芽条件	20℃前後の温度があれば容易に発芽する
	温度への反応	生育適温は15～20℃。30℃以上で生育が抑制され氷点下で枯死する
	日照への反応	日差しを好むが，高温が苦手なため夏季は半日陰が適する
	土壌適応性	水持ちがよくアルカリ性を好む
	開花特性	長日条件で開花する
栽培のポイント	主な病害虫	コナガ，アブラムシ類のほか，糸状菌による病気が葉に発生
	その他	水質のよい流水で栽培する

この野菜の特徴と利用

(1) 野菜としての特徴と利用

クレソンは、水辺や比較的水質がきれいな小川などに自生する多年生の水生植物である。ヨーロッパや中央アジア原産で、日本へは明治初期に伝わったとされる（帰化植物）。現在では全国各地に広がっている。

生葉は独特の香り、ほのかな苦みがあり、肉料理の付け合わせやサラダ、おひたしなどに利用されたり、炒め物やスープの具、最近では鍋物などにも使われる。

クレソン特有の辛みはシニグリンによるもので、その他、β-カロテン、ビタミンC、ミネラル、鉄分などを含んでいる。食欲増進作用などに効果があるといわれている。

(2) 生理的な特徴と適地

生育や繁殖力は旺盛で、種子ではもちろん、茎葉でも容易に栄養繁殖する。茎は横に伏して伸長し、各節から白いひげ根を出して水底の土壌に根を張る。そのため、水生植物の中で抽水植物《ちゅうすいしょくぶつ》に分類される。水質や生育場所により、形質（とくに葉の形状）や特有の味にも違いが見られる。

生育には冷涼な気温が適していて、気温15～20℃が適温であるといわれている。25℃以上の高温、8℃以下の低温では茎葉の伸長が止まり、5℃以下になると葉が褐変しやすくなる。水温は年間を通して13～17℃であることが望ましい。

営利栽培では、常に流水状態に管理することがポイントになる。年間を通して多量の水が必要になるため、用水を十分に確保できる条件が必須となる。

山梨県の事例では、標高400m以下の地域では比較的容易に越冬するが、夏期栽培が中心の富士吉田市、道志村では越冬は困難である。

（執筆：渡辺　淳）

図1　クレソン栽培圃場

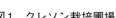

クレソンの栽培

表2　クレソン栽培のポイント

	技術目標のポイント	技術内容
定植の準備	◎圃場の選定 ・圃場選定 ・土つくり ◎施肥管理 ◎代かき，水路の設置	・3年程度の連作は可能だが長期連作を避ける ・水田利用が可能 ・水入れ定植前に，堆肥，苦土石灰を投入する ・施肥例を参照 ・収穫時期に入って，生育状況を見ながら追肥する ・圃場全体に水が巡るように，代かき後に水路を設置する
育苗方法	◎播種・育苗 ◎挿し芽育苗	・種子からの場合は，育苗箱に播種して育苗する ・発芽し，生育とともに灌水量を増やしていく ・挿し芽でも増殖は容易であるため，早く収穫したい場合や優良系統がある場合は挿し芽による栄養繁殖を行なう
定植方法	◎定植時期 ◎栽植密度 ◎定植方法	・暖地で育苗している苗を使用し，4月下旬から順次定植する ・30～40kg/10aの苗を使用する ・暖地で栽培していた株の先端から長さ20cm程度の新梢を利用する ・定植時には茎葉がなるべく重なり合わないように均一になるよう並べていく ・定植後は活着を促すために浅水とし，水の流れを緩やかになるように調節する
定植後の管理	◎水路の確保 ◎除草 ◎病害虫防除	・滞水すると生育が衰えてくるので，常に新鮮な水が流れるよう管理する ・圃場への流水に偏りがあると生育差が出てしまうため，圃場全体に行き渡るよう水路をつくる ・水性雑草が生えてくると収穫作業に影響するので，なるべく早めに除去する ・必ず水口には金網などを設置し，雑草類の圃場への流入を防ぐ ・アブラナ科植物であるためアオムシ，アブラムシ類などが発生しやすい。また，主に葉に糸状菌による病気が発生することがある。薬剤による病害虫防除に関しては水系への流出など注意が必要。日頃より観察を行ない早期に発生茎葉を刈り払う
冬期管理	◎収穫作業	・最低気温10℃以下になると，葉が変色するため商品価値が下がる ・10月以降，気温の低下を見ながら被覆を行なう

1 この栽培の特徴と導入

営利的な栽培には湛水状態を確保・維持するために水田を利用する。

圃場内の滞水しやすい所では生育が緩慢になり雑草も繁茂しやすくなり、害虫が発生しやすくなる。

そのため、用水が停滞することなく、圃場全体にまんべんなく流れのある状態になるように、板などで仕切り水道を作るようにする。水口部分は株が流されないように、水尻の部分では滞水しやすくなるので、排水がスムーズに行なわれるよう工夫する。

2 栽培のおさえどころ

(1) どこで失敗しやすいか

クレソンをいったん植え付けると、暖地では同じ圃場で3年以上栽培することもできる。しかし、年次を重ねるごとに、茎葉が腐敗した堆積物が多くなり、健全な生育を妨げる原因になるため、冬期などにいったん水を切り、しっかりと土つくりをしてから再度水を入れるようにする。

(2) おいしく安全につくるためのポイント

クレソンを栽培する場合、多量の水をかけ流すため、化成肥料を施用しても短期間で肥効がなくなる。生育には用水中の養分以外の地力窒素の影響が大きいと考えられるので、クレソンを作付ける前に十分な土つくりを行なうようにする。

クレソンはキャベツや白菜と同じアブラナ科の野菜であるため、コナガやアブラムシ類などが発生する。茎葉の生育が旺盛であり、害虫が大発生して収量や品質が低下することは少ない。

(3) 品種の選び方

現在、山梨県で栽培されているクレソンを葉色、葉形などの外観形質で分類すると、8系統程度存在する。また、食味も多少異なる。営利的に栽培するには、その地域で自生している系統が望ましい（表3）。

表3　山梨県で営利生産されている系統分類および特性

由来	葉の色	葉の形	茎
在来 交配種	濃い緑	中	細い
在来 交配種	緑	中	中
在来	緑 中褐色	中	細い
外来 種苗会社	緑	大	太い
県外	緑 淡い褐色	小	細い
県外	濃い褐色	中	太い
在来 枝変わり	斑入り大	中	中
在来 枝変わり	斑入り小	中	中

3　栽培の手順

(1) 植付けのやり方

① 苗の確保

1a当たり30～40kg程度の苗が必要になる。

収穫開始期間を早くするためには暖地（山梨県の生産者の場合は静岡県で生産）で栽培をしておき、越冬した株の新芽が伸長した茎葉を刈り取り、4月下旬から順次定植するとよい。苗の量が多く、生育がよい苗が用意できれば、早期に成園化する。

② 圃場の準備

前年秋に、1a当たりイナワラ50kgをすき込む。圃場の準備を行なう3月に、堆肥を1a当たり100kg施してもよい。代かき前に、苦土石灰を10kg施す。必要に応じて元肥として化成肥料を施す（表4）。

苗を植え付ける前に、圃場に水を引き入れて代かきを行なう。また、アゼをつくって漏水を防止する。圃場内に水が緩やかにまんべんなく流れるように、板などで仕切りをする（図2）。

定植時期を早くする場合は早めに作業を行

表4　施肥例

1年目　（単位：kg/10a）

	施肥時期	窒素	リン酸	カリ	苦土石灰
元肥	3月下旬	12	16	12	100
追肥	2～3回に分施	5	2	4	
施肥成分量		17	18	16	

2年目　（単位：kg/10a）

	施肥時期	窒素	リン酸	カリ
元肥	3月下旬	12	16	12
追肥	2～3回に分施	5	2	4
施肥成分量		17	18	16

注）山梨県農作物施肥指導基準より抜粋

ない、水温確保をしておく。

③植付け方

植付けには、春先に伸長した長さ20㎝以上に刈り取った茎葉を利用する。新しい茎葉が発生していない茎部は繁殖のスピードが遅いので、植付け苗としては利用しない。

植付け方法には、植え付ける茎葉がなるべく重なり合わないように、圃場全体にばらまく方法が効率的である。植付け時には、圃場全体を浅水にしておくとよい。

図2　仕切り水道
（圃場全体にまんべんなく流れをつくる）

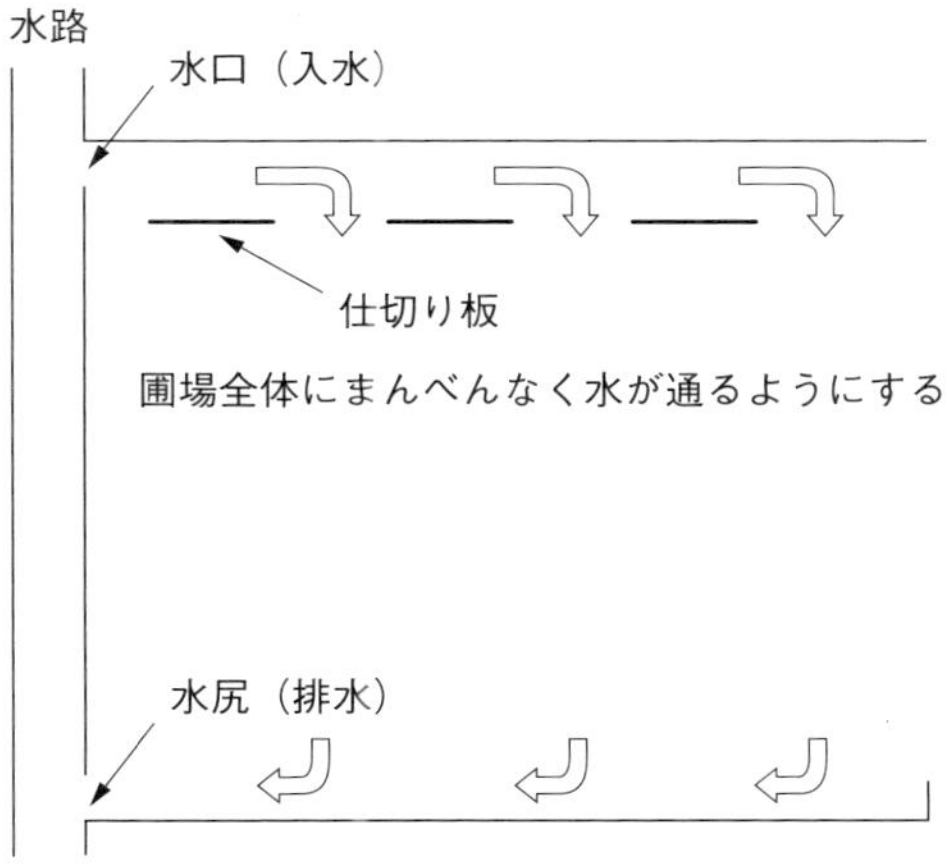

(2) 植付け後の管理

しばらくは苗が移動しない程度に浅水で管理し、発根を促す。

苗が活着したら徐々に水深を深くして、10㎝程度の深さにする。

温暖地では、夏季に水温の上昇による生育遅延が生じやすいので、流水量を多くして水温の低下に努める。晩秋期に収穫が終了した後は用水を止める。

高冷地は降霜が早いため、霜で葉色が変化する前に圃場を被覆資材で覆うことで、収穫時期の延長を図ることができる。

(3) 収穫

茎葉が繁茂し、密生してきたら収穫する。伸長した茎葉の先端から20㎝より少し長い位置で鎌で刈り取る。植付け2年目の春先は開花茎の発生が多くなる。わずかに花蕾を付けたものであれば品質低下に影響しないので、花蕾が大きくなる前に、順次、収穫を行なう。

収穫した茎葉はコンテナなどに詰めて調製作業場へ持ち込む。山梨県の生産農家の事例では、茎葉の長さを20㎝に切り詰め、1束当たりの重量を出荷先や販売策の用途に応じて50g（8～12本）、100g（16～24本）、150g（24～36本）の3種類に調製している。

収穫後35～50日経過すると再度収穫ができるようになる。

4 病害虫防除

アオムシなどの害虫が多発しそうな場合は、BT水和剤による薬剤防除を行なう。被害が著しい場合は茎葉を刈り払い、新たな茎葉の発生を促す。

表5　主な病害虫の薬剤防除例

	病害虫名	薬剤防除	
病気	斑点病	アミスター20フロアブル	2,000倍
害虫	コナガ	スピノエース顆粒水和剤	5,000倍
	アブラムシ類	アルバリン顆粒水和剤	3,000倍

注1）農薬を散布する際は，止水管理を徹底し，水系への農薬流出防止に努める
注2）必ず農薬容器に添付されたラベルの記載内容を確認する

5 経営的特徴

1a当たりの収量は、2年目の圃場の場合で300kgになる。1kg当たり単価を240円とした場合、7万2000円程度の粗収益が見込める。

クレソンの栽培では、全労働時間の8～9割が収穫・調製・出荷の時間で占められる。労力や販売方法などを考慮して栽培規模を決め、計画的な生産を行なうようにする。

（執筆：渡辺　淳）

表6　クレソン栽培の経営指標

項目	
収量（kg/10a）	3,000
単価（円/kg）	240
粗収益（円/10a）	720,000
経営費（円/10a）	432,559
農業所得（円/10a）	287,441
労働時間（時間/10a）	592

注）2005年作成山梨県農業経営指標より抜粋

レタス

表1　レタスの作型，特徴と栽培のポイント

主な作型と適地

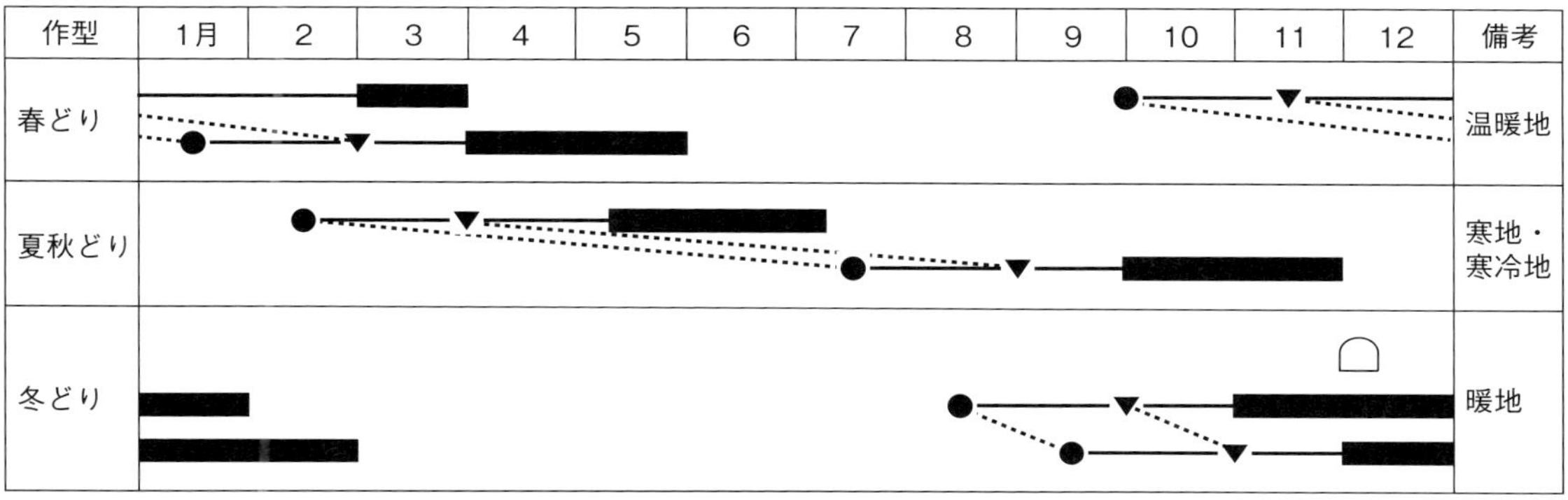

●：播種，▼：定植，■：収穫，⌒：トンネル

特徴	名称（別名）	レタス（キク科アキノノゲシ属），別名：チシャ
	原産地・来歴	原産地は地中海地方から中近東地帯。現在栽培されているレタス品種は，アメリカから導入された素材を利用して育成されたものが多い
	栄養・機能性成分	多様な必須栄養素や粗繊維を含み，食品としてのバランスがよい
	機能性・薬効など	清涼感のあるサラダ用主力野菜。レタスに含まれる乳液には精神安定や抗酸化的効果があるとされる
生理・生態的特徴	発芽条件	発芽適温は18～25℃で，25℃以上では休眠しやすい。光発芽性種子で，暗黒条件では発芽率や発芽勢が低下する
	温度への反応	生育適温は18～23℃で，冷涼な気象条件を好む。低温限界は－2℃，高温限界は30℃
	日照への反応	多日照作物
	土壌適応性	好適土壌pHは6.2～6.8。土壌適応性は広い。乾燥条件には強く，過湿を嫌う
	花芽分化・抽台	高温・長日条件によって誘起され，25℃以上の最高気温が生育期間を通して継続する地帯では抽台の危険性を伴う
栽培のポイント	主な病害虫	すそ枯病，菌核病，べと病，根腐病，腐敗病，斑点細菌病，軟腐病，ビックベイン病，ウイルス病 アブラムシ類，オオタバコガ，ヨトウガ，ネグサレセンチュウ
	他の作物との組合せ	キク科以外の作物との輪作体系による作付けが望ましい

この野菜の特徴と利用

(1) 野菜としての特徴と利用

レタスは地中海沿岸から中近東内陸の小アジア地方の原産とされ、*Lactuca sativa* L. の1属1種に属する野菜である。レタスと同属の野生種は広く世界に分布しており、帰化植物として自生しているトゲチシャも同属の野生植物で、種間ではあるがレタスとの交雑が可能である。キク科1～2年生の野菜であり、越年しなくても開花結実する。

レタスには結球するものや不結球のもの、葉のほかに茎を食用にするものなど、いくつかのタイプがある（表2）。

現在生産されているレタスは、アメリカから導入された品種を利用して育成されたものが多く、消費形態もアメリカに類似している。

国内では、年間2万1700haを超える面積で、58万5000tが生産される重要な野菜になっている。春どり、夏秋どり、冬どりといった収穫期によって、産地が関東、中京地帯、中部高冷地、東北、北海道、関西、西南暖地に分布している。レタスの生育に係る温度的な背景によって作型、作期が決定され、適地を移動しながら完全な周年生産が確立している。

レタスは生食のサラダ用の食材に利用され、清涼感のある野菜として人気がある。水分含量が高く、多様な必須栄養素や粗繊維をバランスよく含んでいる。また、味に癖がないため他の食材とも合い、付け合わせの材料としても優れている。

近年、需要が増加している加工・業務用として、青果用レタスより加工歩留りがよい、大玉のレタスが求められている。さらに結球葉の密度を示す結球緊度が大きすぎず、中肋部の突出や抽台が軽度で、葉質が硬い加工作業性のよいものが求められている。

従来、消費が多い玉レタスやリーフレタスに加え、欧米諸国で進んでいる消費形態からロメインレタスやサンチュなどが注目されており、今後これらの品目を中心に用途の分化が進む可能性がある。

表2　レタスのタイプと用途

区分	タイプ	用途
ヘッドレタス	クリスプヘッド サラダ菜	サラダなど
リーフレタス	赤（紅）系 緑系	サラダなど
タチチシャ	コス・ロメイン	サラダなど
カキチシャ（カキレタス）	赤（紅）系 緑系	サラダ，肉の付け合わせなど
クキチシャ（茎レタス）	ステムレタス アスパラガスレタス	炒め物，乾燥野菜など

(2) 生理的な特徴と適地

レタスは図1のような生育経過をたどる。発芽適温は比較的広いが、最適発芽温度は18～20℃で、15～25℃の範囲で実用上十分な発芽率が得られる。4℃以下ではほとんど発芽せず、25℃を超える温度帯では休眠しやすい。また、暗黒条件では発芽率や発芽勢が低下する。そのため、播種は適温度帯で覆土を薄めに管理するのがよい。

レタスは比較的冷涼な気象条件を好み、25℃を超える高温下では生育が抑制され、これに多湿条件が加わると腐敗性の病害が多発し、作柄が安定しない。耐寒性は優れ、順化されれば気温が一時的にマイナスになっても耐えることができる。そのため、暖地であれば、トンネルなど簡易な被覆資材で越冬栽培が成り立つ。

図1　玉レタスの標準的な生育（夏秋どり）　（塚田原図）

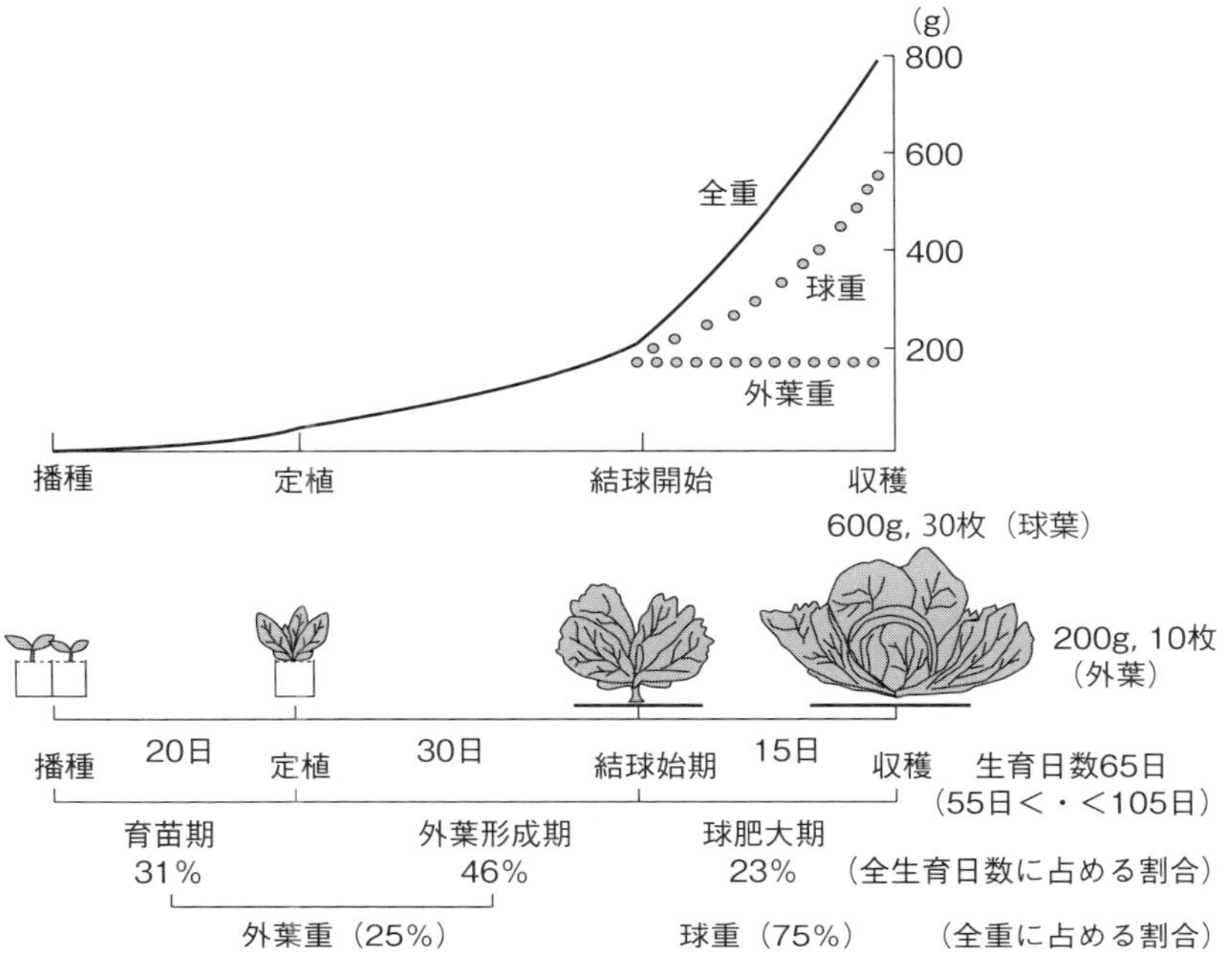

土壌適応性が広く、水田、畑地のどちらでも栽培できる。しかし、湿害が発生しやすいため、過湿になりやすい圃場では排水路の整備や深耕、有機物などを利用した土つくりが必要である。

花芽分化・抽台は高温・長日条件によって誘起される。25℃以上の最高気温が生育期間を通して継続する地帯では抽台の危険性を伴う。温度的な制約が適地選びや作期決定の主要因となる。近年の地球温暖化により、従来の作期で作柄安定が見込めないケースも見られる一方、作期の前進あるいは後退も図られている。

球の充実程度は栽培条件によって大きく変動する。適温期に栽培されたものを基準にして比較すると、高温期ほど結球緊度が劣り、低温期は結球緊度が大きくなる傾向にある。

窒素過多になると外葉が大きく育ち結球態勢に入る時期が遅れ、結球緊度は不良となる。球の充実性は、球の容積と緊度のバランスがとれている状態を基準に考えられているので、過大球は軟球になりやすい生育となる。

盛夏に収穫されるレタスは結球期間が短くキャベツのような硬い球にはなりにくいが、冬どりのような低温期に栽培されるものには、長い期間がかかって結球してくるため球締まりはよい。このことは、作期や作型によって球の充実性が変動することを示しており、主として気温と土壌水分が大きく関与している。気温が高く土壌水分が多い条件下の栽培では、球締まりは低温期や乾燥期より劣る。低温期や乾燥期を経過して生育した植物体には、外葉形成や球の肥大する期間が長いために葉の肥厚は進むが、球の伸長速度が抑制され、小球となりやすい特徴がある。このため低温期栽培では、高温期栽培で利用できない晩生タイプの大球型品種を利用することによって、球締まりの優れた球を収穫することができる。

病害の発生は降雨との関係が深く、多湿条件では腐敗性の病害が発生しやすい。近年、根腐病やビックベインウイルスなど連作による土壌伝染性病害の発生が拡大しており、キク科以外の作物との輪作を組み入れた作付け

表3　レタスの作型と品種例

タイプ	作型	基本品種	品種例
クリスプヘッド（玉レタス）	春どり	カルマー	カルマー，ステディ，ゼニス，インカム
		サリナス	シリウス，パスポート，スターレイ，シナノグリーン
		グレイトレイクス	コロラド，バークレー，みかどグレイト3204
		早生品種群	極早生シスコ，サクセス，オリンピア
	夏秋どり	サリナス	Vレタス，ルシナ66，ファンファーレ，ラプトル，エスコート
		マックソイル	パトリオット，オリンピア，シナノホープ
		エンパイヤ	シャトー，エクシード，セレス，ユニバース
	冬どり	サリナス	シスコ，バンガード，レガシー，パワースイープ
		グレイトレイクス	シリウス，シグマ，クールガイ
		カルマー	ステディ，サクラメント，マイレタス
		早生品種群	極早生シスコ，オリンピア
リーフレタス	高温期	赤（紅）系	晩抽レッドファイヤー，あゆり
		緑系	ウォルドマンズグリーン
	低温期	赤（紅）系	レッドファルダー，レッドウェーブ
		緑系	マザーグリーン，グリーンスパン

計画が望まれる。

栽培では、どの作型でもマルチを利用する。低温期には透明やグリーン、黒などの地温が上がりやすいもの、高温期には白黒ダブルやシルバーマルチが適している。西南暖地など厳冬期にはトンネルによる保温が必要で、早春の栽培では不織布などベタがけ資材の効果も期待できる。

作期適応性、抽台性、病害の発生程度、変形球を中心とする生育異常には品種間差がある。そのため、作期や栽培条件に応じた適応性の高い品種の選択が栽培の安定に欠かせない（表3）。

（執筆：小松和彦）

秋まき冬春どり栽培

1 この作型の特徴と導入

(1) 作型の特徴と導入の注意点

レタスの冬春どり栽培での作型の特徴は、低温期に収穫期を迎える「12月、1月、2月上旬どり」と、生育後半にかけて気温が上昇する「2月下旬、3月どり」、生育前半の低温期をトンネル内で過ごし、生育後半の春に気温が一気に上昇する「4、5月どり」の3つに大きく分けられる。レタスは日平均気温が10℃以下になると生育が停滞するため、沿岸部の暖地などの冬季温暖な地域に産地が限定される。黒マルチやトンネル、ベタがけでの保温が必須であるが、蒸しこみすぎると秀品率の低下につながるので、温湿度の管理に注意が必要である。

(2) 他の野菜・作物との組合せ方

水田の裏作として栽培している産地が多く、

図2　レタスの秋まき冬春どり栽培　栽培暦例

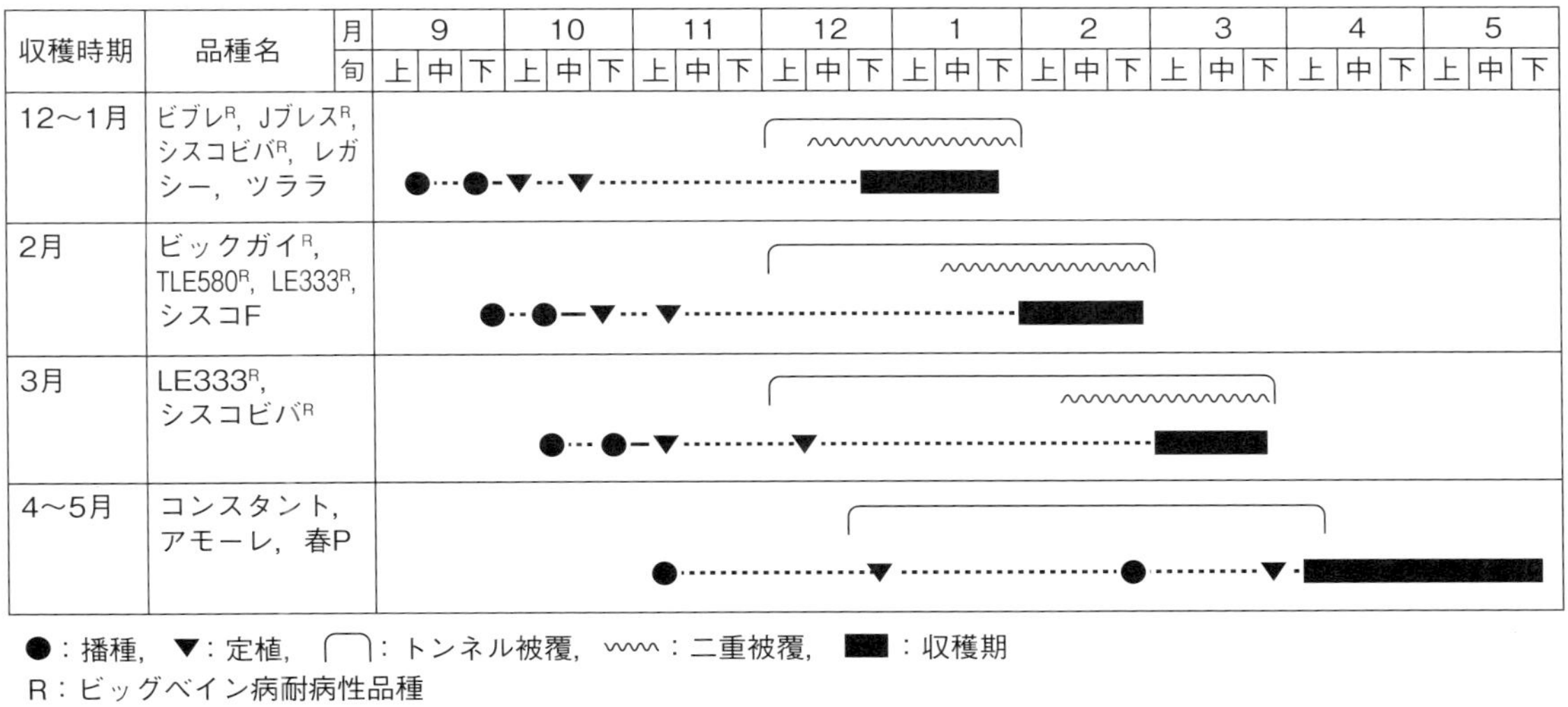

とくに12月にレタスを収穫した後のトンネル、マルチを再利用し、不耕起でレタスの2作どりや、端境期のキャベツ、ブロッコリー、スイートコーンなどの栽培が可能である。とくに本作型で問題となるレタスビッグベイン病対策には他品目との輪作が有効である。

2　栽培のおさえどころ

(1) どこで失敗しやすいか

①とくに「12月、1月、2月どり」作型では10月に定植が集中するので、秋雨の影響から圃場準備が遅れ、定植できない場合がある。圃場の準備は天気予報を活用し、前もって計画的に行なうことが重要である。定植が遅れる場合は、苗を冷蔵貯蔵することで、徒長や老化を防ぐことができる。

②土壌水分が多い状態や乾いた状態でウネ立てやマルチを行なうと、活着不良からその後の生育不良につながるので注意する。必要に応じ、溝切りや弾丸暗渠などの排水対策、乾いた場合は散水チューブなどで灌水後にウネを立てる、などの対策が必要である。定植後の十分な灌水も、初期生育を確保するためには重要である。

③トンネル栽培では、換気を怠ると、高温と多湿により球形状の乱れや病害の発生など秀品率の低下を招くので、適宜換気が必要である。

(2) おいしく安全につくるためのポイント

トンネル被覆前防除を徹底することで、冬

図3　冬どりレタスのトンネル栽培風景

表4　秋まき冬春どり栽培のポイント

	技術目標とポイント	技術内容
定植の準備	◎圃場の選定と土つくり	
	・圃場の選定	・排水性，保水性，日当たりがよい圃場を選定する
	・土つくり	・完熟堆肥を施用し，可能であれば深耕する ・排水溝，弾丸暗渠を施工する
	◎施肥基準	・緩効性肥料を効かせるためにマルチ内の水分状態に注意する ・厳寒期に有機質肥料を使用する場合は早めに施肥，耕起，ウネ立て，マルチを行ない無機化を促進する（定植2週間前が目安）
	◎整地，ウネ立て（適度な水分状態で耕起，ウネ立て，マルチを行なう）	・ウネ幅130cm（2条植え）～180cm（4条植え）にウネ立てをする ・ウネの中央が沈下しないように整地する ・土壌とマルチの間に隙間ができないように密着させてマルチを張る（マルチが風などでバタつくと球形状の変形が発生）
育苗方法	◎播種の準備	・128穴または200穴セルトレイに，市販の育苗培土を均一に充填する（厳寒期に収穫する作型の育苗は128穴を推奨する）
	・ハウス育苗，トンネンル育苗	・育苗トレイはベンチアップ（地面から離す）して並べ，根への通気に配慮する
	◎播種作業	・コート種子専用の播種板を使うことで省力化できる
	・播種時の灌水量	・播種後の1回の灌水量はセルトレイの下穴から水が出るまでに留め，灌水しすぎないようにする
	◎健苗育成	・発芽後の苗出しは高温の時間帯を避け，徒長させないようにする
	・病害虫防除	・育苗期にセルトレイに散布，灌注できる薬剤を使用し，虫害を予防する
定植方法	◎適期定植	・本葉3～4葉を基準にセルトレイから抜けるようになった若苗を定植する ・根鉢の表面が浅く隠れる程度に定植し，深植えにならないように注意する（深植えにすると球形状が乱れる）
	◎活着確保	・定植後，十分に灌水し活着を促進する
定植後の管理	◎トンネル被覆	・日平均気温が10℃以下になったころに被覆を開始する ・トンネル設置には時間がかかるので事前に準備する
	◎温度管理	・外葉形成期までは25℃以上で換気を行ない，外葉形成期から結球期への生育転換を図るため，結球初期には3日程度の換気を行なう ・1～3月どりの作型では結球部が握りこぶし大になったころからトンネル内に不織布などのベタがけを設置する二重被覆を行なう ・二重被覆時は多湿になりやすく，病害も発生しやすくなるのでトンネルの片側数カ所の換気を行なう ・結球期から収穫までは保温に努め，20℃以上で適宜換気に努める
	◎灌水管理	・春先などに乾燥が続く場合は，石灰欠乏症対策にウネ間灌水を行なう ・ウネ間灌水は天気のよい午前中に行なう
	◎病害虫防除	・トンネル被覆前に病害防除を徹底する ・厳冬の年は冬季の低温により凍傷害が発生し，そこから2次感染により細菌性の腐敗が多発するので，薬剤を予防的に散布する ・気温が上昇する春どり作型では菌核病やアブラムシ類，ナメクジ類が多発することがあるので注意する
収穫	◎適期収穫	・若どりを心がけ，球が締まり重くなるまでに収穫する ・とくに春どりでは収穫適期が短いので，収穫遅れに注意する ・気温の低い時間帯に収穫し，しばらく置いてからラップ包装をする

季の防除回数を減らす。気温が上昇する春どり栽培では収穫適期が短く、収穫適期を逃すと秀品率が下がるだけでなく、レタスの苦みが増すので注意する。

(3) 品種の選び方

品種の選定については、結球性に優れ、球形状が安定し、また低温伸長性、耐寒性がある品種が求められる。サリナス、バンガードタイプの葉重型の品種が好まれる。とくに最近では、葉が分厚く、べと病の耐病性が明記された品種が販売されており、そのような品種は菌核病や細菌性の腐敗に対しても強い傾向にある。レタスビッグベイン病耐病性については、耐病性品種であっても連作すると発病が増えるため、輪作を心がける。各作型における代表的な品種は以下の通りである（図2参照）。

①12〜1月どり栽培

9月中旬播種、10月中旬定植となるので、育苗〜結球中期までは生育適温下で順調に生育するが、収穫前の霜害を防ぐため、トンネル・ベタがけによる栽培が必要となる。年末・年始需要に向けた出荷であることから、市場価格は比較的安定している。品種は〝ビブレ〟（フジイ）、〝Ｊブレス〟〝シスコビバ〟〝レガシー〟（以上、タキイ）、〝ツララ〟（ツルタ）などがある。

②2月どり栽培

9月下旬〜10月上旬播種、10月下旬〜11月上旬定植となるので、生育の大半を低温下で過ごすため、トンネル・マルチ栽培が必須である。この作型は、球の肥大が悪く、レタスビッグベイン病も発生しやすいため、最も栽培がむずかしい。耐寒性と低温肥大性に優れ、かつ形状の安定した品種選定が重要で、〝ＬＥ３３３〟（フジイ）、〝ビックガイ〟〝シスコＦ〟〝ＴＬＥ５８０〟（タキイ）などが適している。保温性を高めるため、結球部が握りこぶし大になったころから収穫まで、トンネル内にベタがけ資材を設置し、二重被覆を励行している。

③3月どり栽培

10月中下旬播種、11月上旬〜12月上旬定植となるので、トンネル栽培が必須となるが、3月以降の気温上昇に伴って球の肥大が進むため、2月どりより栽培しやすい。しかし、トンネル被覆が遅れると小玉になることもあるので、2月どりに準じて保温する。品種は〝ＬＥ３３３〟（フジイ）、〝シスコビバ〟（タキイ）などを使用している。

④4、5月どり栽培

1作目の冬どりで使用したトンネル、マルチを連続利用するため、12月下旬〜3月定植と定植期間の幅は広い。気温が上昇する3月下旬からトンネルを撤去していくため、5月どりの被覆期間は短い。品種は〝春Ｐ〟（武蔵野）、〝コンスタント〟〝アモーレ〟（以上、ツルタ）などが適品種である。

3 栽培の手順

(1) 育苗のやり方

育苗は２００穴セルトレイによるベンチ育苗が一般的であるが、冬どりの場合、苗の貯蔵養分を高め、低温耐性に優れた大苗生産を目的に、１２８穴セルトレイを用いる場合もある。

①播種方法

育苗培土はピートモス主体の市販品を使用する。未開封の育苗培土でも、1年以上経過すると水分が抜け発芽率の低下につながるため、播種前に十分灌水を行なう。セルトレイ

図4　セルトレイの穴数（根鉢容量）の違いによる苗の生育の違い

左：128穴苗，右：200穴苗

に培土を充填し、軽く鎮圧した後、目の粗い、水抜けのよいアンダートレイの上に置き、プラグトレイの底穴から水が抜ける程度を目安に灌水する。培土に水がしみ込むまで静置後、鎮圧ローラーで播種用の穴をあけ、セルの中心にコート種子を1粒播種する。

②播種後の管理

播種後、セルトレイ当たり500mlを目安に灌水し、発芽まで乾かさないようにセルトレイを積み重ね、ビニールなどでくるむ。その間、発芽適温の20℃に保つようにする。春どり作型の場合、播種が低温期になるので、水稲の育苗器に入れるなどの保温により、発芽揃いをよくすることがポイントである。発芽を確認後、苗出しを行ない、セルトレイをベンチに並べる。

覆土は苗出し時、ベンチにセルトレイを並べた後に行ない、パーライトをかける。レタスの種子は好光性であるため、覆土のパーライトはごく薄くするか、かけなくてもよい。覆土が厚いと過湿により発芽揃いが悪くなることがあるので注意が必要である。苗出しのタイミングは、播種後1～1.5日を目安に遅れないようこまめに生育の状態を観察する。トンネル育苗またはハウス育苗を行なう（図5）。

図5　育苗方法の種類とセルトレイの設置

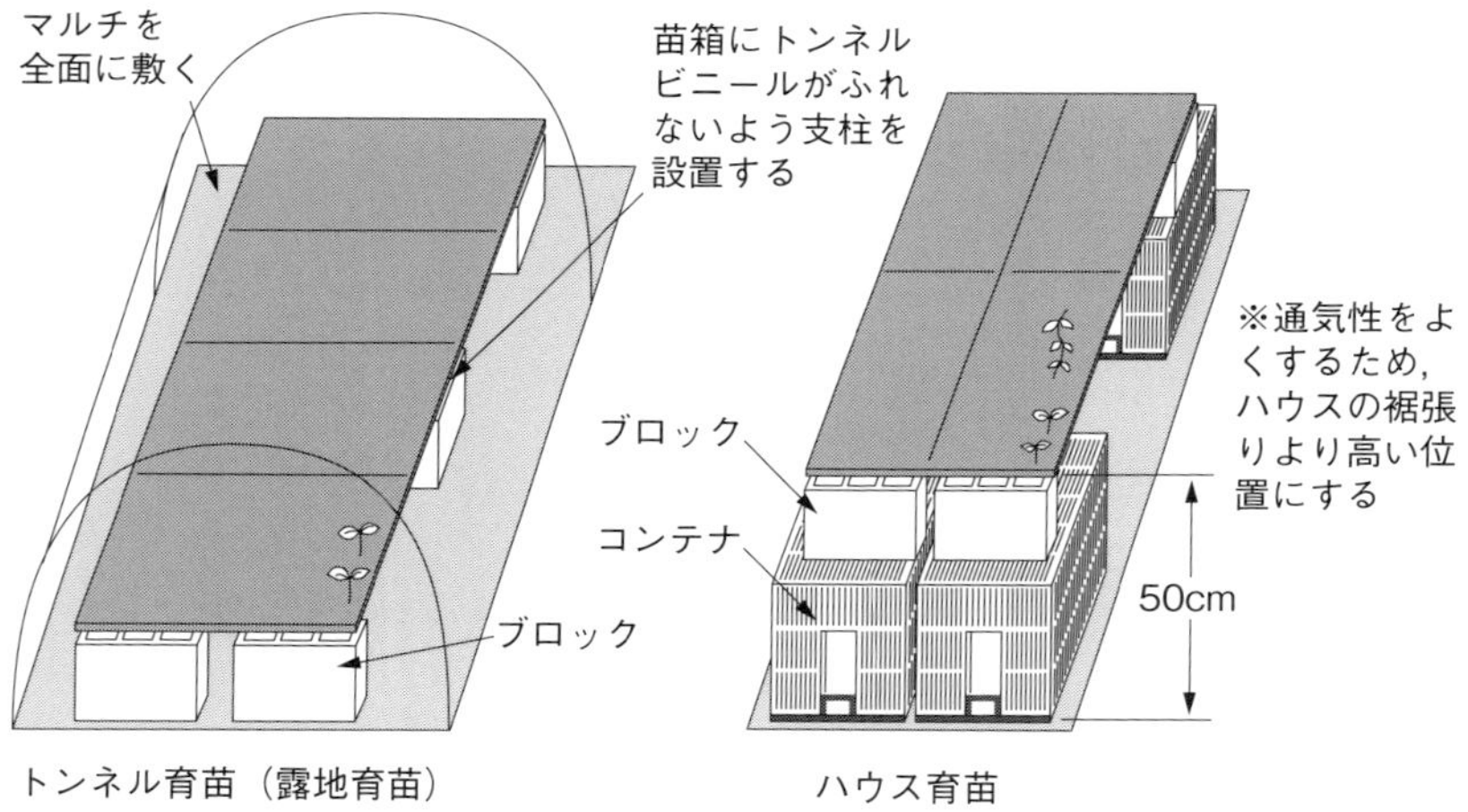

灌水は上水（水道水）が望ましく、天候に合わせて1日数回行なう。夕方には培土が乾く程度の灌水とし、気温の低下とともに灌水量は減らしていく。

肥切れしないよう、本葉2枚展葉ころから窒素成分10％程度の液肥を300～400倍に希釈し施肥する。定植前には外気に慣らす順化を行ない、苗がセルトレイから抜けるようになったら定植する。老化苗は活着不良になりやすく、初期生育が低下するので注意する。作型別の育苗日数の目安を表5に示す。

(2) 定植のやり方

①圃場準備

堆肥、元肥はあらかじめ施用しておき、土壌条件のよい日に整地、ウネ立て、マルチングを行なっておく。有機質肥料を使用する場合は、地温の低下とともに無機化が進まず肥効が低下する場合があるので、早めに施肥、マルチングし、無機化の促進を図る。冬どり栽培では、低温期に安定した肥効を得るために、緩効性肥料を使った全量元肥体系が一般的である。

兵庫県の施肥体系例では、冬どりと春どり2作分を全量元肥として施肥する「一発施肥型」と、春どりの定植時に化成肥料を穴肥で施肥する「追肥型」とに分かれる（表6）。兵庫県淡路地域では、肥大性を高めるため、12月どり以降の作型では黒色ポリエチレンによるマルチ栽培を必須条件としている。また、全国的には、ウネ幅１８０cm、株間30cmの大型トンネルによる4条植えが多いが、兵庫県淡路地域ではウネ幅１３０cm、株間26cmの小型トンネルによる2条植えを推奨している（図6）。従来の中型3条植え・大型4条植えトンネルの場合、トンネルの保温性は優れているものの、中央と両端の条とで球の肥大に差が出てしまうことが欠点である。

表5　レタスの育苗日数の目安

作型	育苗日数
12月どり	20～25日
1月どり	25～30日（128穴トレイ）
2月どり	30～40日（128穴トレイ）
3月どり	40～50日
4月どり	40～50日
5月どり	30～50日

表6　秋まき冬春どりレタス2作どりマルチトンネル栽培の施肥体系例

施肥体系	1作目肥料名	2作目肥料名	トータル窒素（kg/10a）
一発施肥型	スーパーエムコートS066	–	36.0～44.0
追肥型	スーパーIB890	あさひS634（穴肥施肥）	31.2～38.4

②定植、定植後の管理

本葉3～4葉の若苗を定植する。定植直後に株元に灌水し、活着を促進する。結球期の前後に乾燥すると石灰欠乏症が発生し、品質低下を招くので、適宜、ウネ間灌水を行ないマルチの中が乾かないように管理を行なう。

(3) トンネル管理

レタスの生育限界温度は8～10℃であるため、トンネル被覆は平均気温が10℃以下となる12月上旬を目安とする。トンネル被覆が遅

図6　トンネルの大きさおよび条数の違い

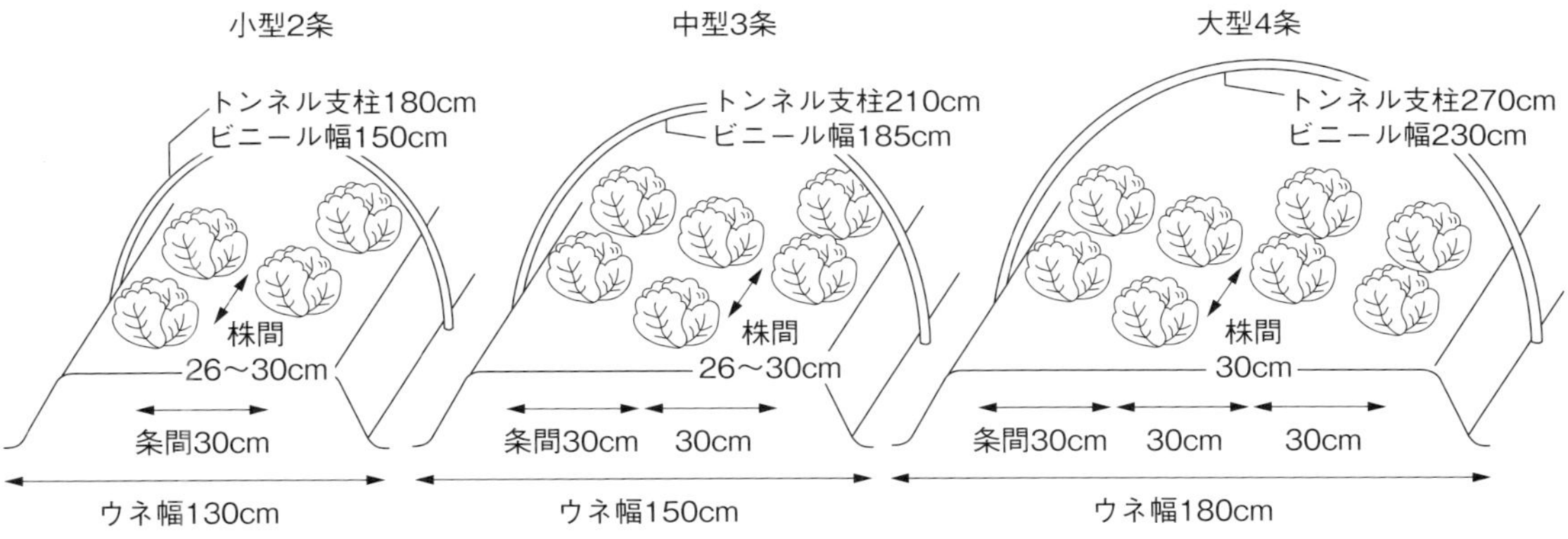

れると生育が停滞し、品質の低下や結球不良につながるので注意する。とくに低温の影響を受けやすい2～3月どり作型からトンネル被覆を開始し、1月どり、12月どりと順に設置を行なう。トンネル設置は風の少ない日が適しており、作業時期が短く、集中するので、11月の早めから設置を開始し、全開状態にしておき、気温の低下とともに閉めていくことで大面積に対応できる。

外葉形成期までは25℃以上で換気を行ない、外葉形成期から結球期への生育転換を図るため、結球初期には3日程度の換気を行なう。とくに厳寒となる1～3月どりの作型では、結球部が握りこぶし大になったころからトンネル内に不織布などのベタがけを設置する二重被覆を行なう。ただし、二重被覆は多湿により病害が発生しやすくなるため、トンネルの片側数カ所の換気を行なう。結球期から収穫までは保温に努め、20℃以上で適宜換気に努める。

春の気温上昇期には高温による葉焼けを防ぐため、最高気温が20℃以上になった時点から徐々にトンネルを全開にしていき、平均気温が10℃以上となる4月上旬を目安にトンネル被覆のビニール撤去を始める。ただし、晩霜害には注意する。

トンネルの資材は、ビニールまたはPOが使用されている。POに比べ、ビニールは保温性に優れる一方、耐久性はPOが優れている。トンネル被覆用のPOの中には裾換気を省略するためにあらかじめ穴があけられたPOも市販され、一部の地域で利用されている。

表7　収穫適期日数の目安

作型	収穫適期日数
12月どり	7～10日
1月どり	10～14日
2月どり	14日
3月どり	10日
4月どり	7日
5月どり	4日

(4) 収穫

レタスは、結球内が詰まり重くなりすぎると秀品外となるので、適期収穫に努める。収穫後の日持ちを考慮し、日中の収穫は避け、若どりでの収穫を心がける。冬どりの場合、収穫適期は7～14日と、秋・春どりと比べ長い（表7）。逆に春どりの適期は短いことから、収穫遅れに注意する。収穫時のサイズはLの秀品で450～500g程度を目標とする。圃場から外葉をつけた状態で作業場まで持ち帰り、外葉を1～2枚残すように調製する。調製したレタスはレタス包装機によりラップ包装し、規格・等級別に選別、箱詰めする。JAの出荷場では真空予冷後に出荷される。とくに春どりでは収穫後の予冷は必須である。レタス包装機はほとんどの産地で導入されており、近年ではさらなる省力化のため、搬送用のアームとベルトコンベアを備えたロボットタイプの包装機も普及している（図7）。

図7　レタス供給ロボット（右）とレタス包装機（左）

4 病害虫防除

(1) 基本になる防除方法

トンネル育苗、ハウス育苗のため、多湿になりやすい苗床ではとくに、べと病の発生に注意する。播種前から定植までに、セルトレイに散布、灌注するミネクトデュオ粒剤、ベリマークSCなどを使用することで、オオタバコガ、ネキリムシ類、アブラムシ類の害虫を防除することができる。トンネル被覆前に、すそ枯病、軟腐病、斑点細菌病、菌核病、灰色かび病の予防散布を徹底する。とくに厳冬の年は低温による凍霜害が発生し、そこから二次的に細菌が侵入することで細菌性の腐敗が発生する場合があるので、カセット水和剤などの薬剤を予防的に散布する。また、気温が上昇する春どり作型では、菌核病やアブラムシ類、ナメクジ類が多発することがあるので注意する（表8）。

(2) 農薬を使わない工夫

菌核病は、夏季に湛水できる圃場であれば、水温20℃で14日以上湛水することで菌核が死滅し、発生を減らすことができる。また、レタスビッグベイン病を含む土壌伝染性の病害は、夏の太陽熱消毒により発生を低減できることが知られている。レタスビッグベイン病対策については、耐病性品種に加えて、耕種的防除法の開発が進んでいる。

表8　病害虫防除の方法

	病害虫名	防除法		適正使用基準
病気	すそ枯病	ダコニール1000	1,000倍	収穫14日前まで，3回
		バリダシン液剤5	800倍	収穫7日前まで，3回
		リゾレックス水和剤	1,000倍	収穫7日前まで，3回
		アミスター20フロアブル	2,000倍	収穫7日前まで，4回
		アフェットフロアブル	2,000倍	収穫前日まで，3回
	菌核病 灰色かび病	トップジンM水和剤	1,500倍	収穫7日前まで，2回
		アミスター20フロアブル	2,000倍	収穫7日前まで，4回
		アフェットフロアブル	2,000倍	収穫前日まで，3回
	斑点細菌病 腐敗病 軟腐病	キノンドー水和剤40	600倍	収穫21日前まで，5回
		カセット水和剤	1,000倍	収穫7日前まで，2回
		バリダシン液剤5	800倍	収穫7日前まで，3回
	べと病	キノンドー水和剤40	600倍	収穫21日前まで，5回
		ダコニール1000	1,000倍	収穫14日前まで，3回
		プレビクールN液剤	500倍	収穫14日前まで，3回
		レーバスフロアブル	2,000倍	収穫7日前まで，3回
		アミスター20フロアブル	2,000倍	収穫7日前まで，4回
害虫	アブラムシ類	ミネクトデュオ粒剤	育苗トレイ1枚40g	播種覆土後～育苗期後半まで，1回
		ベリマークSC	400倍灌注	育苗期後半～定植当日，1回
		モベントフロアブル	4,000倍	収穫7日前まで，3回
		スタークル顆粒水溶剤	2,000倍	収穫3日前まで，2回
		コルト顆粒水和剤	4,000倍	収穫前日まで，3回
	ハスモンヨトウ	ベリマークSC	400倍灌注	育苗期後半～定植当日，1回
		プレオフロアブル	1,000倍	収穫7日前まで，2回
		グレーシア乳剤	2,500倍	収穫3日前まで，2回
		コテツフロアブル	2,000倍	収穫前日まで，2回
	ネキリムシ類	ミネクトデュオ粒剤	育苗トレイ1枚40g	播種覆土後～育苗期後半まで，1回
		アクセルベイト	3～6kg/10a,株元散布	収穫前日まで，3回
	ナメクジ類	スラゴ	1～5g/m^2	—

虫害では苗床を中心に黄色灯を利用して、ハスモンヨトウやオオタバコガの光防除も行なわれている。

5 経営的特徴

冬春どりレタス栽培を行なうためには、トンネル栽培が必須となるため、コスト高で重労働となるが、冬場のレタス価格の高位安定により、経営的に成り立っている（表9）。

作型と定植時期の分散により、規模拡大は比較的容易であるが、トンネル設置にかかる労働時間に限りがあるので、計画的に設置していく必要がある。冬どりに関しては比較的収穫適期が長いので、専業農家ではコート種子1缶（5000粒）単位で播種、定植していくことが多いが、春どりでは収穫適期が短く、播種、定植をより細分化して収穫時期を分散させている。とくに春どりでは収穫適期を逃し、商品性が低下することがあるので注意が必要である。経営的には、農家単位でラップ包装して出荷したほうが収益性は高いが、近年では収穫までは生産者が行なうものの、出荷調製の外部委託や、ラップをせずに出荷するノーラップ出荷など、省力化に向けた取り組みも春どり作型を中心に増えつつある。

（執筆：中野伸一）

表9　秋まき冬春どり栽培の経営指標[1)]

項目	12～2月どり	3～4月どり
収量（kg/10a）	2,800	3,100
単価（円/kg）	300	200
粗収入（円/10a）	840,000	620,000
種苗費　（円/10a）	14,610	13,169
肥料費	30,023	12,867
農薬費	15,359	12,317
資材費	44,775	34,871
動力光熱費	9,469	23,897
農機具費	78,313	66,439
施設費	18,705	15,862
流通経費	89,044	61,161
荷造経費	92,516	92,516
管理費[2)]	108,441	98,726
農業所得（円/10a）	338,745	188,175
労働時間（時間/10a）	194	187

注1）自家育苗，包装機，レタス供給ロボットによるラップ包装，ダンボール詰め，個選，JA出荷の試算

注2）租税公課，社会保険料，その他として経費の13%を計上

夏秋どり栽培

1 この作型の特徴と導入

(1) 作型の特徴と導入の注意点

夏秋どり栽培は、6月から10月までに収穫期を迎える作期を指す場合が多い。この作期の特徴は、年間で最も気温の高い時期が栽培期間中に含まれることである。

レタスは主に高温によって花芽分化し、抽台現象に達する。抽台は、花茎が伸長して球外に現われてくることで、収穫前にこのような状態になると収穫ができなくなってしまう。これを灌水や肥料の多少といった栽培的手法や植物生育調節剤などの化学的手法で回避することはむずかしく、播種から収穫までの作期の選定で危険な時期を避けることが最も有効な手段になる。

図9は、長野県の標高・平均気温とレタスの生育適温の時期を表している。図中の①の

図8　レタス夏秋どり栽培　栽培暦例

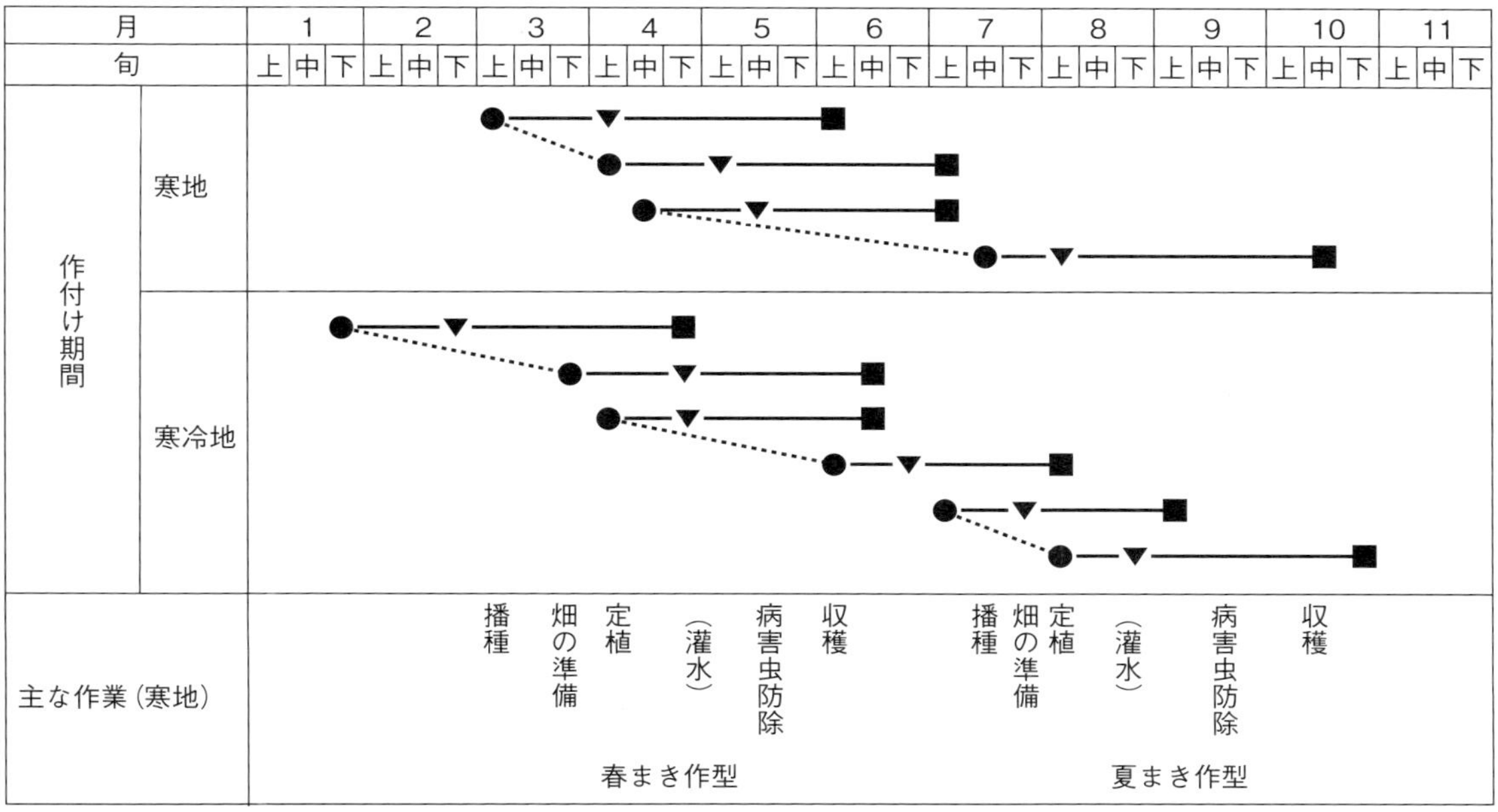

●：播種，▼：定植，■：収穫

図9　標高とレタスの生育適温帯（平均気温18～23℃）

（塚田原図，小沢改図）

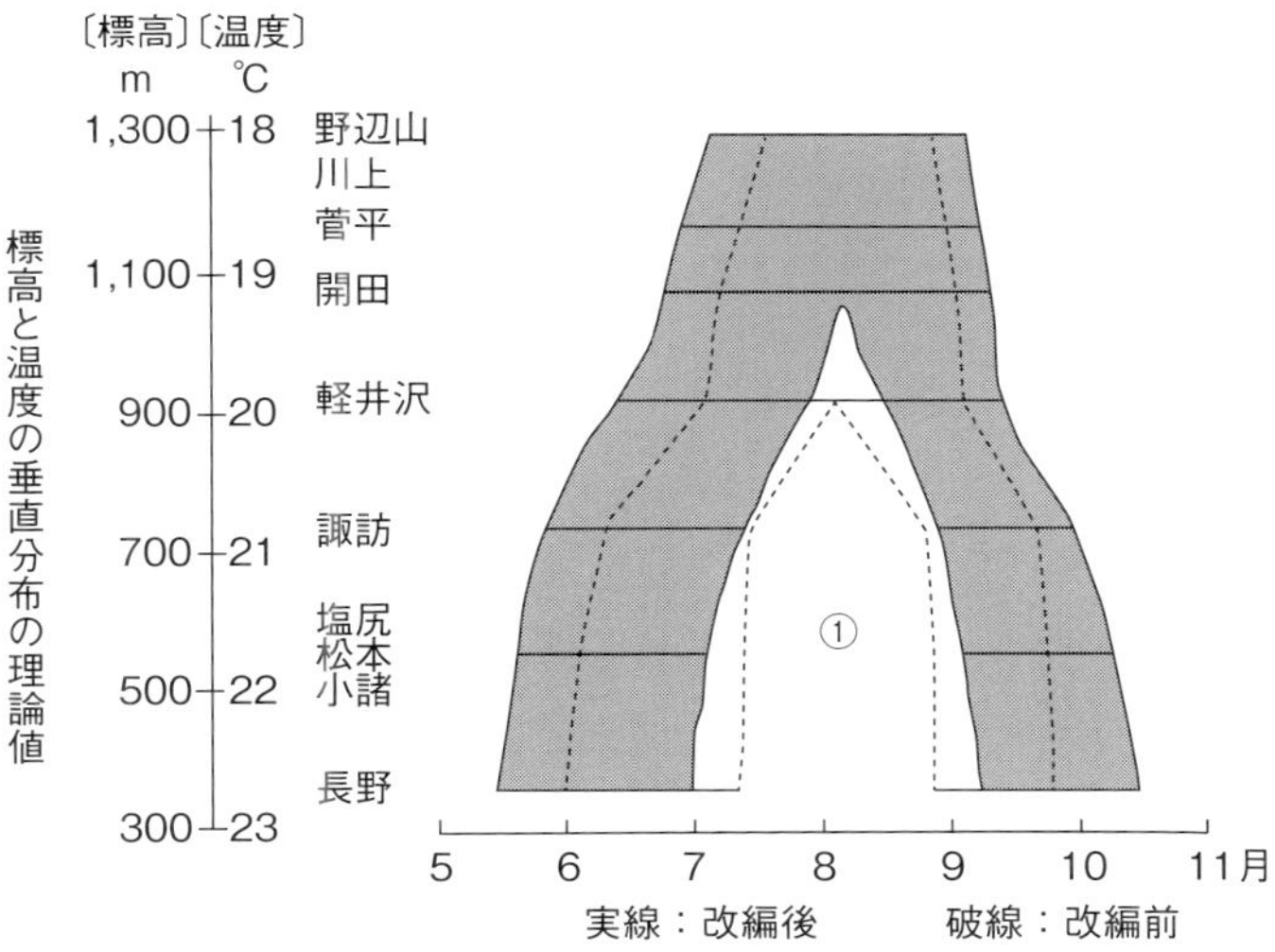

領域で収穫期が抽台の危険性が高い。標高・平均気温あるいは品種によっても抽台の危険期は変わってくるので、この図はあくまでも目安としていただきたい。温度的な制約が作期決定の主要因になるが、収穫労力や前後作との関係などから作期の分散も図る必要がある。図の栽培暦例を参考に、無理のない範囲での作型、作期の移動も可能である。

一方、近年、地球温暖化の影響により、従来の作期で栽培が安定しないケースも増えてきているので、今後注意が必要になる。

(2) 他の野菜・作物との組合せ方

レタスは生育期間が短く、播種後20日程度で定植、その後45日程度で収穫となるため、他品目との二毛作を組み合わせやすい。葉菜類は晩秋でも収穫が可能であるため、レタスを秋作で栽培すると他の品目と組み合わせやすい。レタスだけをある程度の面積に栽培する場合は、定植および収穫作業が繁忙になるので、その時期に他作物の管理作業が重ならないように作期を設定したい。なお、1人で収穫可能な面積は、標準的な専業農家の場合、箱づくりから出荷までの作業を含んで2a（約1500株）である。

2 栽培のおさえどころ

(1) どこで失敗しやすいか

レタスは発生する病害虫も比較的少なく栽培しやすいが、注意する点は①品種の選定、②施肥量、③定植後の活着、④結球始期前後の病害虫防除である。

品種選定 夏秋どり栽培における品種選定は、晩抽性、耐病性、結球性が重要な選択基準で、これらの要因にかかわる品種の生理生態的な特性は、春からの気温上昇期、盛夏期、秋の気温下降期といった気温の変化に伴って変化する。気温上昇期ではタケノコ球などの異常球が多発しやすいため、安定した結球性、盛夏期では晩抽性、気温下降期では耐病性が品種選定の重要な基準となる。近年、主産地で課題となっている根腐病やビックベイン病に対しては抵抗性品種の利用が必須になる。

夏秋どり栽培に適した主要品種の特性を表10に紹介する。

表10　夏秋どり栽培に適した主要品種の特性

品種名	販売元	特性
ウィザード	タキイ種苗	草勢はやや強めで肥大性，早生性，球揃いに優れる。低温伸長性に優れ，斑点細菌病に強く，肋部の低温障害発生が少ない
パスポート	タキイ種苗	レタス根腐病レース1，レース2に耐病性を持つ。草勢がややおとなしく，肥大性と結球性のバランスがよいサリナスタイプの早生種
スターレイ	タキイ種苗	草勢がややおとなしいサリナスタイプで，結球性と肥大性のバランスがよい。レタス根腐病レース1に対して比較的強く，生育抑制が少ない
ルシナ66	タキイ種苗	レタス根腐病レース2に対して耐病性を示す。夏秋どり品種の中では草勢旺盛で球肥大がよい。結球スピードが緩やかで過剰生育しにくい晩抽中早生種
ファンファーレ	サカタのタネ	レタス根腐病レース1，レース2および黒根病に耐病性がある晩抽性早生品種。結球性に優れる
ハイジ	サカタのタネ	レタス根腐病レース2に耐病性があり，晩抽性あり，結球性が優れる早生品種
タフV	カネコ種苗	レタス根腐病レース1，レース2に耐病性があり，腐敗病，斑点細菌病に強いサリナスタイプの早生品種。高温条件での結球性と晩抽性に優れる
ラプトル	横浜植木	サリナス系×エンパイヤ系の極早生種。外葉形成と結球肥大が同時進行するタイプで，形状安定性も高い。斑点細菌病に強い
ヴィスタ	横浜植木	レタス根腐病レース1，レース2に耐病性，結球安定性の高い晩抽性品種
シナノホープ	長野県原種センター	レタス根腐病レース1耐病性。晩抽性

注）種苗メーカーのホームページなどからの抜粋

施肥量 レタスは同じ葉菜のキャベツなどに比べて施肥量の多少が生育に反映されやすい作物で、とくに施肥量が多いと球の高さが球の幅に比べて極端に長い「タケノコ球」や球の締まりが甘い「過大軟球」といった変形球が発生しやすい。土壌診断を実施して、肥料は適正量を施用する。

活着不良 定植後の活着不良は生育のばらつきを招き、収穫日のばらつきや変形球発生の要因になるので注意したい。スムーズな活着のためには、適期苗の定植、必要に応じた灌水などを心がけたい。

病害虫防除 地上部病害の多くは結球始期前後に感染しやすいとされている。そのため、この時期の薬剤散布はとくに重要になる。なお、結球期後半になると球の下部や内部に農薬がかかりにくくなるため、結球開始期の薬剤散布は重要になる。

(2) おいしく安全につくるためのポイント

食味については、施肥量が多いほど食感が硬くなり、甘さが低下することが知られているので、多肥にならないように心がける。

3 栽培の手順

(1) 圃場の選定と準備

①圃場の選定

レタスは、とくに土質を選ばなくても栽培できるが、土壌酸度はpH6・0〜6・5に矯正する。排水性が悪い圃場では深耕するか高ウネにするなどして湿害を防ぐ。また輪作を念頭におき、前後に栽培する作物を考慮して決める。なお、シュンギクやサラダナは同じキク科の野菜なので、連作にならないように注意する。

②圃場の準備

圃場が決まったら、土壌改良、施肥・耕

表11　夏秋どり栽培のポイント

	技術目標とポイント	技術内容
作期の設定	◎播種期の設定	・早期抽台危険期を避けた播種期の設定（平均気温からの推定）
	◎他作物との労力配分	・レタスの定植期と収穫期が他作物の繁忙期と重ならないようにする
圃場の選定と準備	◎圃場の選定	・輪作を念頭においた圃場の選定 ・土壌診断などによる圃場特性の把握（地力，排水性）
	◎圃場の準備	
	・土壌改良	・堆肥，苦土石灰の投入。深耕による排水性向上
	・施肥・耕起・整地	・土壌診断にもとづいた施肥設計
	・ウネ立て	・ウネ幅45cm，ウネ高15cmを基準とする
	・マルチ張り	・ウネ立て作業後速やかにマルチ張りを行ない，土壌水分の保持に努める（高ウネ全面マルチ栽培）
育苗方法	◎育苗施設の点検 ・加温設備，灌水施設，光環境	・事前に加温設備，灌水施設を点検しておく ・発芽温度は平均気温で20℃が目標 ・本葉が確認できるようになったら，日中は25℃を目標に換気する
	◎健苗育成	
	・灌水（タイミング，回数，量）	・水管理は，やや乾燥傾向にし，軟弱徒長を防ぐ（盛夏期では，3回 / 日程度。基本的に，午前中を主体に午後2時以降の灌水は行なわない）
	・病害虫防除	・過湿の管理をすると立枯れ性の病害が発生する
	・定植前の苗の順化	・定植数日前からの順化を実施
定植方法	◎適期定植	・播種後20日前後（早春期：30日，盛夏期15日程度）
	◎適正な植付け姿勢と深さ	・苗が傾いたり深く植えられると，変形球が発生するので注意する ・植付けが浅いと欠株が生じる恐れが高くなる
	◎高温時を避けた定植の励行	・日中はマルチ面が高温になるので，なるべく朝夕に定植作業を行なう
定植後の管理	◎外葉形成の促進 ◎球肥大の充実	・活着するまで乾燥させないように灌水する ・結球始期までに10日以上の降雨がない場合は灌水する ・突発的気象災害への対応を速やかに行なう ・病害虫防除（すそ枯病，菌核病，ナモグリバエなど） ・細菌性病害（軟腐病，斑点細菌病，腐敗病），虫害（オオタバコガ）の防除を行なう
収穫	◎適期収穫と品質保持	・適期収穫の励行 ・過熟球による品質低下の防止 ・雨中収穫での品質低下の防止

起、ウネ立て、マルチ張りの順で準備を行なう。定植の1カ月以上前に堆肥と苦土石灰を入れ、土壌改良を行なう。深耕する場合は、このときに一緒に行なってもよい。

本圃の基本的な施肥成分量は、10a当たり窒素10～15kg、リン酸15kg、カリ10kgであり、前作の残存窒素量、地力窒素などや作期に応じて決定する（表12）。作期による施肥量の増減は基準量の50～60%程度で、低温期は多く高温期ほど少肥栽培とする。低温期栽培では、外葉の生長不良によって不結球や小玉となりやすくなる一方、夏秋どりを中心とする高温期栽培では、外葉の過剰生長による過大軟結球が多発し、品質低下の主要因となっている。なお、本圃での栽培日数が40～50日程度であり、全量元肥が基本となる。畑全面に肥料を散布した後、整地を兼ねて細かく耕起する。

表12　施肥例　（単位：kg/10a）

	肥料名	施肥量	成分量		
			窒素	リン酸	カリ
元肥	牛糞堆肥	2,000			
	苦土石灰	100			
	BBN-552	67	10	10	8
施肥成分量			10	10	8

注）基準よりやや少肥栽培の場合

次にウネ立てとマルチ張りを行なう。この作期の大規模産地では、1条植えで圃場全面にマルチを張る様式「全面マルチ」（図10、図11）を採用している。ウネ幅は45cm、ウネ高は15cmを標準とする。排水が悪い圃場では、ウネの沈み込みを考慮して高めにウネ立てを行なう。

ポリマルチは、低温期は地温上昇のために黒色マルチ、高温期は地温抑制のため白黒ダブルマルチを使用するが、マルチの二作利用（二期作あるいは二毛作）を行なっている産地では、春作から白黒ダブルマルチを使用することが多い。ポリマルチの効果は生育促進や球の肥大・充実に大きく関与し、低温期ほどこの傾向が顕著である。高温期でも乾燥や土壌の物理性・化学性の変動を緩和する作用が大きく、生育促進と同時に品質向上にも効果が大きい。マルチ展張は適湿時に行なうことが大切で、過乾、過湿状態だとマルチ後の土壌水分を適湿に変えることが困難なため注意したい。施肥後の耕起からマルチ張りまでの期間をあけず、土壌水分を逃さないことがポイントになる。理想的な土壌水分の状態は、土を軽く握って塊になる程度といわれている。少なくともウネ立てからマルチ張りまで日をあけずに行ないたい。大規模産地では、図12のようなウネ立てマルチ同時作業機の利用が多い。なお、二作利用する場合の施肥については、速効性と緩効性の2種類の混合肥料（二作専用肥料）の利用や、2作目の定植前に追肥作業を行なっている。

(2) 育苗のやり方

移植栽培が基本であり、ペーパーポット育苗、ソイルブロック育苗を経て、現在はセル成型育苗が主流である。セルトレイはポリスチレン製が一般的であるが、発泡ポリスチレン製もある。春まき作型のような低温期は200穴の黒色トレイを使用し、夏まき作型の高温期の育苗には200穴、あるいは288穴の白色トレイを使用することが多い。育苗培土は市販の「セル成型育苗用」を使用するが、窒素成分量は100mg／ℓ程度が望ましい。

育苗日数は、低温期は30～40日で、気温の上昇とともに短くなり、高温期は15日ほどで移植可能になる。水管理はやや乾燥ぎみにし、軟弱徒長を防ぐ。過湿に管理すると立ち枯れ性の病気が発生するので注意する。灌水は、育苗培土の乾き具合を見ながら行なうことになるが、培土が常に湿っている状態ではなく、乾き始めてから行なうようにしたい。なお、灌水はなるべく午前中に行ない、午後2時以降は行なわないようにする。育苗期間中の追肥はほとんど必要なく、定植時にはやや肥料切れしているくらいがよい。葉色が淡くなった場合は、希釈倍率3000倍程度の液肥を灌水同時施用する場合もある。

ハウスやトンネル内で育苗する場合は、本葉2枚が確認できるようになったら、日中の気温25℃を目標に換気を行なう。定植の1週

図10　全面マルチのイメージ

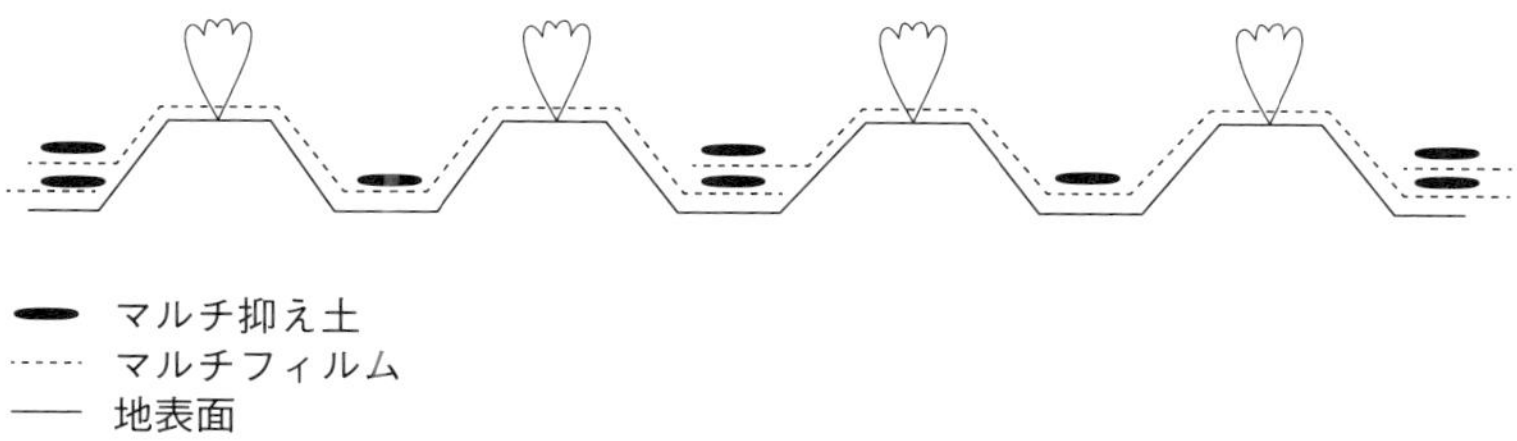

図11　高ウネ全面マルチ

図13　定植時のレタス苗の状態
（セル成型苗）

図12　ウネ立てマルチ同時作業機

図14　高ウネ全面マルチ栽培における
ウネの形状，株間の例

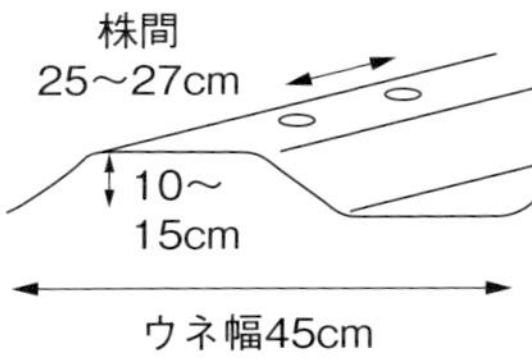

間前から苗の順化を行なう。とくに春まき作型では定植後に降霜にあう恐れがあるので、ぜひ順化を行ないたい。定植時の本葉枚数は3枚程度である（図13）。

(3) 定植のやり方

本葉3葉程度に達したら適期を逃さずに定植する。老化苗より若苗の方が活着がよく、大苗ほど植え傷みが大きく、生育がばらつく原因となるので植え遅れないよう注意する。大規模産地の標準的な栽植密度は、ウネ幅45cm、株間25～27cmの1条植えである（図14）。ウネ面に植穴をあけ、セル成型苗の根鉢部分が隠れる程度に定植する。浅植えでは、根鉢が乾燥し活着が悪くなり、深植えすぎるとレタスの球底部が尖りぎみの生育になり、苗の植付け姿勢が悪いと変形球が生じやすくなるため、鉛直方向から20度以上傾けて植えないように留意する。日中はマルチ面が高温になるので、なるべく朝夕に定植作業を行ない、苗の萎れを極力防ぐ。

(4) 定植後の管理

定植後、灌水を行ない、活着まで乾燥させないようにする。順調に活着が進めば、定植後1週間で新葉が展開してくる。

収穫までは病害虫防除以外目立った管理作業はないが、結球始期（定植後約30日）までの外葉形成期に10日以上雨が降らなかった場合は、石灰欠乏症（チップバーン）が発生しないように灌水を行なう。結球始期以降の灌水は病害の発生を助長するので細心の注意を払う。

多量の降雨によって湿害が発生した場合は、ウネ間などからできるだけ早く排水し、病害の防除を行なって回復を待つ。雹や突風などで地上部だけが障害を受けた場合は、液肥を葉面散布し、早期回復に努める。

全面マルチ栽培では、除草作業はほとんどないが、植穴や水抜き穴から発生する雑草については大きくなる前に手作業で引き抜いておきたい。

(5) 収穫

栽培時期や品種によって異なるが、定植後45日前後で収穫期を迎える。収穫適期の目安は結球重が500g前後で、この時期に上から軽く押すと弾力があり、さらに押すと硬さを感じる程度に球が締まっている。最初から硬さを感じるようでは明らかに過熟球である。過熟球は、葉色や光沢が落ち、細菌性病害に対する耐性も急激に落ちるので、適期収穫を心がける。

レタスは外葉を1～2枚つけて出荷することが多い。外葉を1～2枚残して切断し、切断面の白色乳液を噴霧器を用いて水道水で洗浄する。この白色乳液は時間がたつと酸化し、赤褐色に変色して見栄えが悪くなる。

降雨中や降雨直後に球が濡れた状態で収穫すると出荷後に腐敗の発生を助長するので、雨天時の収穫は避けたい。

表13　病害虫防除の方法

	病害虫名	特徴	防除法
病気	すそ枯病	結球期の高温と多湿により発生。窒素多施用で軟弱生育すると助長する。生育初期に発生すると苗立枯れとなる。土壌伝染性のため連作すると発生しやすい。菌糸や菌核を生じないので，灰色かび病や菌核病と区別できる	連作を避ける。多窒素栽培を避ける。雨の跳ね上がりを防ぐマルチ被覆も有効
	灰色かび病	地際部の葉や茎に水浸状の病斑が現われ，内部が腐敗していく。すそ枯病の発生条件に似ているが，発生温度は低くトンネル栽培などで発生しやすい。多湿条件で激発しやすいのでマルチ栽培より無マルチ栽培の方が株元の湿度が高いため発生しやすい	被害葉や枯れ葉を除去する。マルチ被覆し，土壌と直性接触しないようにする
	菌核病	灰色かび病と同様，やや低温多湿下で発生が多く20℃以上では発生が抑制される。腐敗が進むと葉の萎れが目立つようになり，白色の菌糸やネズミの糞のような菌核が形成される。菌核は土中で数年生存するため連作で発生は助長される	連作を避ける。被害株はできるだけ早く除去，処分する。菌核形成前に除去することが重要
	斑点細菌病	葉縁付近から発生することが多く，淡黒褐色不正形の油浸状病斑が現われ，拡大するとV字状に枯れ込む。細菌病では比較的低温下で発生が見られ，春，秋に発生が多く，高温時の発生は少ない。土壌および空気伝染する。外葉および結球外葉に発生が多く，内葉に発生することは少ない	連作を避ける。土壌が過湿にならないように管理する。外葉への土の飛散を防ぐ。ポリマルチ被覆も有効
	軟腐病	過湿地での発生が多く，高温期収穫のものに多い。発生初期は，髄部が淡緑色となり，次第に黒変し，悪臭を発するようになる。茎が侵されると髄部が淡緑色水浸状になり，ひどくなると黒く腐り，空洞化する	外葉を傷つけない。肥料を控えめにする
	腐敗病	発生要因は軟腐病に似る。結球葉2枚目くらいから病徴が見られることが多く，健全球に見えても発生していることがあり，収穫後流通段階で問題となることがある。被害部でも細胞膜が残り悪臭を発しないことから軟腐病と区別できる。現地では，キンキラ病，タール病とも呼ばれた	連作を避ける。被害葉は早めに除去する
	べと病	葉脈に囲まれた淡黄色の角形病斑が現われ，後に褐色に変わり，葉縁が次第に黄変して枯れる。他の野菜のべと病と病徴は似ているが，寄生性は異なる	灌水などによって過湿にならないようにする
	根腐病	土壌伝染性病害で，典型的な導管病である。とくに高温期の発生が多い。発病株の根部を縦に切断すると導管部が褐変している。外葉は黄化萎凋し，やがて枯死する。軽症株は，結球にいたる場合もある。連作によって被害は拡大する。3つのレースが確認されている	3つのレースのうち，レース1とレース2には抵抗性品種が育成されているので発生圃場のレースを確認したうえで対応した品種を作付けする。高温期の作付けを避ける
害虫	オオタバコガ	外葉のみならず結球葉内部にまで侵入する。トマトやナス，カーネーションなども食害する。6月ころから羽化し，9月ころに発生のピークが見られる	結球内部に食入してしまうと防除困難となるため，早期発見・早期防除が重要になる
	ヨトウガ	卵が葉裏に卵塊として産み付けられ，孵化した若齢幼虫は葉裏を集団で食害する。ハクサイ，キャベツ，エンドウ，ピーマン，スターチスなど加害植物は多岐にわたる	幼虫は発育が進むと分散するので，発見したら，被害が拡大する前に葉ごと除去する
	アブラムシ類	モモアカアブラムシ，ジャガイモヒゲナガアブラムシ，タイワンヒゲナガアブラムシなど。葉裏に群生して吸汁被害を与える。ウイルス病を媒介する	シルバーストライプマルチの利用により有翅虫の飛来忌避効果も期待できる
	ナモグリバエ	幼虫は，葉肉を潜りながら食害し，食害痕は曲がりくねった白っぽい線状になる	
	ネグサレセンチュウ	根に褐色～黒褐色の紡錘形の斑点が生じ，しだいに根全体が黒変し細根は少なくなる。地上部の生育が不揃いになったり，欠株が生じたりする	殺線虫剤による土壌消毒。マリーゴールドやエン麦（効果の認められている品種）など対抗植物の輪作
	ネコブセンチュウ	根にコブが無数に着生する。地上部の生育が抑制され，日中葉が萎れる	殺線虫剤による土壌消毒

4 病害虫防除

(1) 基本になる防除方法

表13に発生が考えられる病害虫とその防除方法を示した。

病害では、軟腐病と腐敗病に注意する。軟腐病は外葉の地際付近から、腐敗病は球の外側から2～3枚内側の結球葉に発生し、最初褐色から水浸状の病斑を形成し、やがて腐敗していく。いずれも結球後半になって病徴が現われるが、それからでは防除が困難なので、結球始期前後からの予防的な防除が必要になる。

害虫では近年ナモグリバエとオオタバコガの発生が多くなっている。ナモグリバエは育苗期から葉中に産卵し、孵化した幼虫が葉肉を食害して筆で描いたような食痕を多数残す。定植時に産卵痕がある苗は、植えないようにする。作付けごとに発生が見られる場合は、アブラムシ類防除を兼ねて登録のある殺虫剤を育苗中に散布すると効果が高い。

オオタバコガは寒冷地・寒地では7～8月に発生が多く、主に球内部を食害する。齢が進んだ幼虫には農薬の効果が下がるので、見つけ次第すぐに防除する。

(2) 農薬を使わない工夫

病害虫防除のためには、農薬に頼らざるを得ない場合が多い。しかしながら、小規模であれば、害虫防除のための防虫ネットによるトンネル被覆栽培や細菌性病害対策として雨除けハウス栽培も考えられる。また、病害に対する感受性が明らかになっている品種もあるので、それらの品種を利用することにより農薬散布を減らしたい。

表14　夏秋どり栽培の経営指標

	項目	
経営費	種苗費　（円 /10a）	13,204
	肥料費	33,252
	農薬費	25,810
	諸材料費	66,032
	光熱・動力費	9,760
	小農具費	1,500
	修繕費	14,535
	土地改良・水利費	1,000
	賃借料・料金	549
	償却費	
	建物・構築物	4,063
	農機具・車両	70,238
	植物・動物	0
	共済金・租税公課	0
	支払利息	2,662
	雇用労賃	9,504
	雑費	1,000
	小計（円 /10a）	253,109
	流通経費（円 /10a）	217,860
	合計（円 /10a）	470,969
収益	生産物収量（kg/10a）	4,000
	平均単価（円 /kg）	145
	粗収益（円 /10a）	580,000
農業所得（円 /10a）		109,031
1時間当たり農業所得（円 /10a）		1,181
農業所得率（%）		18.8
労働時間（時間 /10a）		103

5 経営的特徴

レタスは必要な労働時間が比較的少なく、収穫物も軽いので女性や高齢の方でも取り組みやすい。経費は、表14のようにキャベツ並みで、果菜類に比べればかなり安い。ただ、貯蔵がむずかしいため無人販売などでは販売がむずかしく、販路の確保が必要になる。

販路を決める考え方の一つは、生産地からできるだけ近いところに販売先を見つけることである。収穫してその日のうちに販売できれば品質的にも問題なく、新鮮さもアピールできる。もう一つは、大規模産地と同様に収穫後速やかに冷却して品温を下げ、出荷することである。こうすると長距離の輸送が可能になり、多くの販売先へ出荷できる。ただし大型の冷却施設が必要になる。

（執筆：小松和彦）

秋春どり栽培

1 この作型の特徴と導入

(1) 作型の特徴と導入の注意点

この時期の栽培は大きく分けると、10～12月まで収穫する秋冬どり作型と、3～6月に収穫する春どり作型（3～4月どりはトンネル被覆を行なう）がある。

秋冬どり栽培は栽培期間中の気候条件がレタスの生育に好適であるため比較的つくりやすく、品質のよいレタスが収穫できる。栽培の注意点としては、地域・収穫時期・圃場条件などに合わせた品種の選定および播種期・定植期の厳守が基本であり、育苗期は高温条件下となるため温度管理には注意が必要である。また、栽培期間はチョウ目を中心とした害虫にとっても生育適温であり、近年は異常気象の影響から集中豪雨や連続台風などの被害も見られるため、病害虫の適期防除が重要となる。

春どり栽培は冬から春にかけての栽培となるため生育期間中の気温変化が大きく、適正な品種選択とともに、トンネルの温度管理など時間と技術が必要となる。

(2) 他の野菜・作物との組合せ方

ハクサイ、キャベツ、ネギなどの葉茎菜類や夏期のスイートコーン、ナス、加工トマトなどの果菜類との輪作や、土壌改良を兼ねて緑肥の導入を行なう。

図15　レタスの秋春どり栽培　栽培暦例

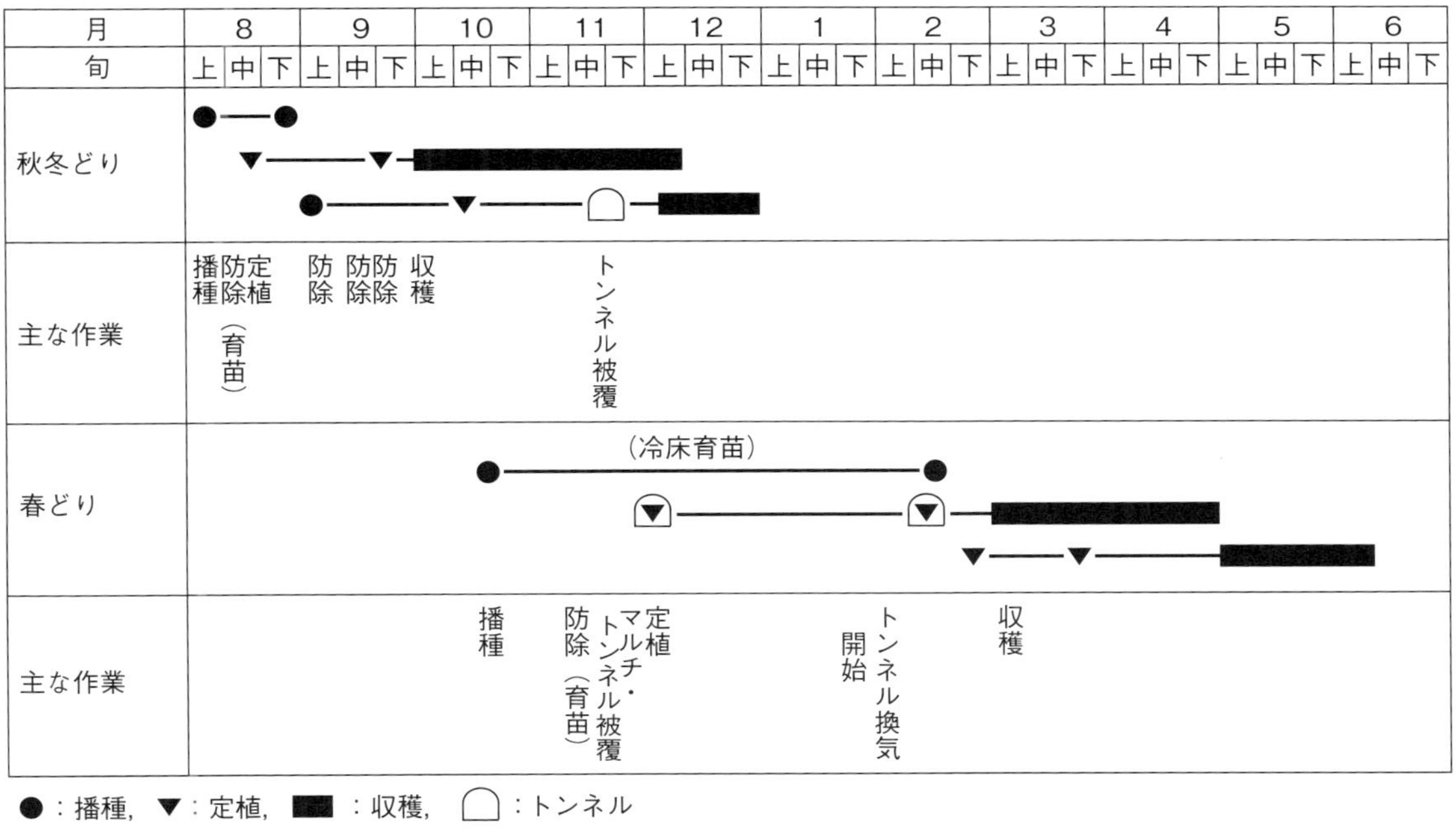

また、春どり作型は水田の裏作として栽培されることが多く、収穫後に飼料用イネなどが作付けされる。

2 栽培のおさえどころ

(1) どこで失敗しやすいか

①品種の選定

レタスの品種は多く、数種～数十種のラインナップがカタログには載っているが、気象や圃場条件などによる品質の差は大きいため、周辺産地で栽培されている品種が適するとは限らない。適応品種の選定には特性をよく把握したうえで数種類を数年試作し、自分の栽培に合ったものを時期ごとに選んで組み合わせることが必要である。

②育苗管理

秋冬どり栽培では、高温・乾燥による不発芽・不揃い、苗の徒長や根張り不足に注意して暑熱対策や灌水管理を行なう。春どり栽培では、日照不足による徒長やべと病などの病害予防が重要となる。どちらも、定植前にしっかりと順化して苗を硬く仕上げ、順調な初期生育につなげる。

③圃場の選定

過湿に弱い野菜であるため、圃場の排水性は重要なポイントとなる。栽培時期的に台風や長雨により冠水・滞水の危険があるため、できるだけ水はけのよい圃場を選定する。排水が不安な圃場の場合は、高ウネの導入、圃場内外の排水対策や有機物の投入、緑肥作物との輪作を行なう。

④病害虫の適期防除

この作型は病害虫の発生が多く、結球葉内部に害虫や病気が入ってしまうと防除できなくなってしまうため、早期発見・初期防除が重要となる。大型チョウ目害虫や、効果のある薬剤が限られる細菌性の病害など、防除対象に合わせた薬剤選定も散布タイミングとともに重要となる。薬剤の特性・効果を把握し、適期防除を心がける。

(2) おいしく安全につくるためのポイント

秋冬どりでは全面マルチ栽培を導入することで、雑草防止・肥料削減・病害の発生抑制が期待できる。春どり（3～4月収穫）では害虫発生が少なく、病害の発生はトンネル換気を適正に行なうことで抑えられるため、生育期間中の防除回数を0回にすることも可能である。

(3) 品種の選び方

①秋冬どり栽培

早い作型では耐暑性・晩抽性、遅い作型では耐寒性が基本的に必要となる。加えて、現地での病害の発生状況や圃場の肥沃度などを考慮し、最適品種を選定する。

'サウザー'（タキイ種苗） 高温干ばつ時の結球性・球の形状安定性がきわめて高い、晩抽性の早生品種。草勢はややおとなしく、球尻は中肋の張りが少ないためまとまりがよい。

'タフV'（カネコ種苗） 晩抽性、結球性に優れ、高温期の栽培に適する早生品種。根腐病（レース1・2）に耐病性を持ち、腐敗病・斑点細菌病に強い。施肥にやや鈍感で変形球発生が少ないが、肥料不足は玉伸びが悪くなるため注意する。

'ブルラッシュ'（サカタのタネ） 結球性と肥大性に優れた晩抽性の早生品種。根腐病（レース1・2）、黒根病に耐病性を持ち、'タフV'より結球スピードはややゆっくりである。吸肥力が比較的強いため過剰施肥に注意する。

〝サーマルスター〟（タキイ種苗）　肥沃地での栽培に適し、根腐病レース２に強い晩抽性の中早生品種。草勢はややおとなしく、結球スピードが緩やかで過剰な生育をしにくいため、変形球の発生が少ない。高温期の土壌水分不足は結球遅れ、不結球などを引き起こすため注意が必要。

〝ラプトル〟（横浜植木）　形状安定性が高く、球の肥大性がよい極早生品種。晩抽性だが耐暑性は中程度なので、早播きは避ける。吸肥力が強いため過剰施肥に注意する。

〝スプリングヘッドグラス〟（ツルタのタネ）　草勢、結球性が強く低温肥大性を持つ中早生品種。葉肉が厚く、べと病・腐敗病・すそ枯病に強い。施肥にはやや鈍感であるが、極端な多肥栽培は避ける。

〝パワースイープ〟（サカタのタネ）　結球性に優れ、比較的耐寒性のある中早生品種。葉肉が厚いため、べと病・斑点細菌病に強く、外葉が多めなので風害による変形球の発生も少ない。

②春どり栽培

耐寒性があり低温伸長性がよく、換気不足による変形球（タケノコ球・過大軟球）の少ないものが基本となる。トンネル栽培で多湿になりやすいため、べと病耐病性も望まれる。

〝トリガー〟（カネコ種苗）　低温伸長性、結球性に優れた極早生品種。草勢がやや強めで肥大性も十分あるため、気温が低下しても生育が止まりにくく、厳寒期でもＬ・２Ｌ中心で収穫できる。

〝クールガイ〟（タキイ種苗）　低温肥大性、結球性に優れた極早生品種。吸肥力が強いため元肥はやや控え、多肥栽培や蒸し込み栽培は避ける。低温期の生育が旺盛で熟期が早いので適期作業に努める。

〝からっ風〟（ツルタのタネ）　極低温期での肥大性、形状性に優れる早生品種。草勢は大いに旺盛で吸肥力も強いので、多肥栽培は避ける。扁平球のため、菌核病・すそ枯病など下葉の病気に注意する。

〝からっ風２号〟（ツルタのタネ）　低温期で

表15　レタス秋春どり品種の選び方

秋冬どり

品種名	メーカー	草勢	抽台性	耐暑性	耐寒性
サウザー	タキイ種苗	やや弱	晩抽	強	弱
タフＶ	カネコ種苗	中	晩抽	強	弱
ブルラッシュ	サカタのタネ	中	晩抽	強	弱
サーマルスター	タキイ種苗	やや弱	晩抽	やや強	弱
ラプトル	横浜植木	やや強	やや晩抽	中	中
スプリングヘッドグラス	ツルタのタネ	極強	—	中～弱	強～中
パワースイープ	サカタのタネ	中	やや早	やや弱	やや強

春どり

品種名	メーカー	草勢	耐寒性	低温伸長性	べと病耐病性
トリガー	カネコ種苗	やや強	極強	強	
クールガイ	タキイ種苗	強	極強	極強	
からっ風	ツルタのタネ	強～中	極強	極強	
からっ風２号	ツルタのタネ	中	極強	強	
春Ｐ	シンジェンタジャパン	中	中	中	強
ゴジラ	ツルタのタネ	極強～強	中	中	やや強
カスケード	タキイ種苗	やや弱	中	中	

の肥大性、形状性に優れる極早生品種。草勢は大いに旺盛で結球力も強い。´からっ風´で肥大しすぎて巻きが甘くなる場合はこの品種を使用する。

´春P´(シンジェンタジャパン) 結球性に優れ、球揃いがよい早生品種。根腐病レース2・べと病耐病性を持ち、球尻は平滑で、形状は安定している。極低温下の肥大性は強くないため、過度な早播きは避ける。

´ゴジラ´(ツルタのタネ) 草勢が強く、耐寒性・耐暑性が中程度の大玉品種。葉肉が厚いため病害に強い。肥大力は強いので多肥栽培は避ける。

´カスケード´(タキイ種苗) 草勢と球肥大性がややおとなしい早生品種。適温期から高温期に移行する遅い作型でも変形球の発生が少ない。

表16　秋春どり栽培のポイント

	技術目標とポイント	技術内容
定植の準備	◎圃場の選定と土つくり	・連作を避ける
	・圃場の選定	・排水がよい圃場を選定，圃場内外に排水路を設置する
	・土つくり	・完熟堆肥を2t/10a施用する
		・石灰資材で酸度を矯正する（pH5.5〜6.0目標）
	◎施肥基準（品種と作型に応じた施肥量とする）	・前作や圃場の地力窒素によって元肥施用量を加減する
		・定植10〜15日前に元肥を全面全層施用する
	◎ウネ立て・マルチ（定植時期に応じたマルチを選ぶ）	・秋どりは全面マルチ（条間45cm，1条），冬および春どりはベッド幅120cmの高ウネ
		・ウネ立て時期は圃場の水分状態を考慮して決める
	◎トンネル被覆（定植前に地温を上げる）	・春どり定植5日程前に被覆し，密閉しておく
育苗方法	◎播種準備	
	・発芽の斉一化	・育苗場所は高温・高日射を避け（白・シルバーの遮光ネット利用），25℃以上にならないよう管理
		・ハウスの場合，サイドビニールを開けて風通しをよくする
		・セルトレイ（200穴・128穴）を使用する
		・播種後しっかり灌水，発芽までは乾燥させない
	◎健苗育成	・苗トレイの下に十分な空間を取る（浮かし育苗）
	・苗の生育に応じた灌水	・苗の倒伏を避けるため，目の細かいハス口を使用する
		・灌水は天候を見ながら，基本的に午前中に実施
		・トレイ端は乾きやすいので注意する
	・定植前に順化の徹底	・定植10〜14日前（秋冬どり）または7〜10日前（春どり）から外気温に慣らし，徐々に灌水量を減らす
	・病害虫防除	・多湿を避け，べと病発生を防ぐ
定植方法	◎適期定植	・育苗日数は15〜20日（10月どり），25〜30日（11月以降どり），40〜45日（春どり）程度
		・定植前に十分に灌水を行なう（通常は定植前日，高温期は定植3〜4時間前）
		・秋冬どりの定植作業は夕方に行ない，高温乾燥時に日中定植は避ける
		・春どりは晴天で風の弱い日に定植し，活着までトンネルを密閉
	◎病害虫防除	・定植数日前から当日までに苗処理できる殺虫・殺菌剤を使用
定植後の管理	◎適正な温度管理	・11月下旬〜12月上旬どりでは降霜前にベタがけで保温する
		・12月中旬以降の収穫では，11月中旬にトンネルがけを行なう
		・トンネル内が高温にならないよう注意する
		・春どりでは生育ステージに合わせてトンネル換気を行なう
	◎病害虫防除	・病気では予防散布，害虫では初期防除に徹する
		・秋冬どりではチョウ目害虫による結球内食入が問題となるため，結球始期から殺虫効果の高い農薬で重点的に防除する（例：14日間で3回薬剤散布）
収穫	◎適期収穫の厳守	・レタスの球を手で押し，結球状況を確認してから収穫する
		・過熟・老化による生理障害（ピンクリブ・赤軸・縁腐れなど）の発生に注意する
	◎調製・選別	・外葉1〜2枚を残して調製し，病虫害のないものを選別する

3 栽培の手順

(1) 育苗のやり方

①秋冬どり栽培

　コート種子を9000～1万粒準備（必要株数は8000～8800（全面マルチ栽培）本／10ａ）し、セルトレイ（200穴・128穴）に1穴1粒播種する。培土は市販のセル用培土（窒素含量：10月どり80㎎、11～12月どり80～100㎎／ℓ）を用い、播種前に十分灌水した後、専用ローラーで播種穴をあける。播種は種子が1トレイ分落ちる播種機（ポットルなど）を使用すると簡単にできる。播種後に、バーミキュライトなどでごく薄く覆土する。播種作業は異常発芽を防ぐために夕方に行ない、発芽揃いまでは乾燥に注意する。播種からセルトレイごと冷蔵庫内で24時間程度催芽処理を行なうと、発芽率が向上する。

　風通しがよく、西日の当たらない場所で、25℃以上にならないよう管理する。播種から発芽1～2日目までは強い日射を避けるため、寒冷紗や遮光ネットなどを展張する。発芽後は灌水を午前中に行ない、夕方には土表面が乾くように管理する。セルトレイの土は乾きやすいため毎朝灌水が必要であり、とくにトレイの縁は乾きやすいので注意する。猛暑日などは午前中に数回灌水を行なう必要があるが、その場合も夕方までには乾く程度の灌水量とする。午後3時以降は葉の萎れが見られてもなるべく灌水は行なわず、がっちりとした苗をつくる。トレイの下には十分な空間を取って空気の通り道を確保し、トレイ底面を空気に触れさせることで根鉢が形成でき、定植時に苗が抜きやすく、作業がしやすくなる。

　育苗日数は10月どりで15～20日、11～12月どりで25～30日程度で、本葉3～4枚の若苗を定植する。育苗期後半（播種後10日～2週間）には屋外に移して風や夜露に当て、徐々に灌水量を減らして苗の順化を十分に行なう。

②春どり栽培

　コート種子を7000～9000粒準備（必要株数は6000（3条植え）～8000（4条植え）本／10ａ）し、セルトレイ（200穴・128穴）に1穴1粒播種する。培土は市販のセル用培土（窒素含量150～200㎎／ℓ）を用いる。育苗ハウ

図16　セルトレイによる育苗模式図

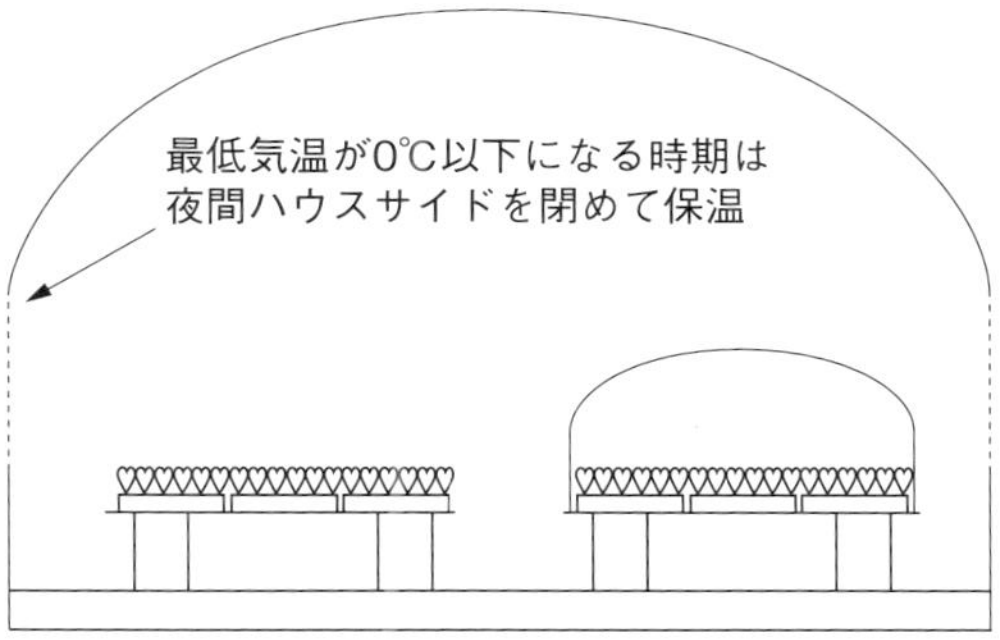
最低気温が0℃以下になる時期は
夜間ハウスサイドを閉めて保温
12月以降の育苗は
小トンネル設置

図17　春どりトンネル栽培の様子

風で飛ばないようにマイカー線などでしっかりと押さえる

ス内で小トンネルと保温マットがけによる冷床育苗とし、日中の温度が20℃前後となるように管理する。ハウス内が25℃以上に上がる場合はトンネルやハウスの換気を行ない、夜間はトンネルや不織布などで保温する。気温が低下し、昼の長さが短くなる時期の育苗であり、苗が必要とする水分量は低下するので灌水量には注意する。育苗後半に肥料切れとなる場合があるため、葉色を見ながら必要に応じて液肥を灌水する。

育苗日数は40～45日、本葉4～5枚の苗を定植する。定植7～10日前から、トンネルやハウスの換気を長めに行なって外気温に慣らし、徐々に灌水量を減らして苗の順化を十分に行なう。

(2) 定植のやり方

①圃場づくり

圃場は降雨災害軽減のため、額縁明渠や排水路の設置、耕盤破砕などを行なう。また、乗用トラクターによる耕うんを何年も続けることで、圃場が中だるみ状態（畑の中央部が低く、周囲が高い）になる危険があるため、①耕うんスピードを上げすぎない、②年に

表17　施肥例

10月どり　（単位：kg/10a）

	肥料名	施肥量	成分量		
			窒素	リン酸	カリ
元肥	サンライム	100			
	重焼燐（0-35-0）	80		28	
	有機質70%含有肥料（10-8-6）	60	6	4.8	3.6
施肥成分量			6	32.8	3.6

11月どり　（単位：kg/10a）

	肥料名	施肥量	成分量		
			窒素	リン酸	カリ
元肥	サンライム	100			
	重焼燐（0-35-0）	80		28	
	有機質70%含有肥料（10-8-6）	100	10	8	6
施肥成分量			10	36	6

4月どり　（単位：kg/10a）

	肥料名	施肥量	成分量		
			窒素	リン酸	カリ
元肥	サンライム	100			
	重焼燐（0-35-0）	80		28	
	有機質70%含有肥料（10-8-6）	180	18	14.4	10.8
施肥成分量			18	42.4	10.8

図18　タコ足球（左）と良品（右）

同圃場同日定植の別品種。安定生産のためには適品種の選定が重要

よって耕うん方向を変える、③レーザーレベラーなどによる均平化などの対策をとる。

酸性に弱いため、土壌pHは5・5～6・0程度に矯正する。石灰資材は定植の2週間ほど前に圃場全面に播き、堆肥を使用する場合は同時に施用する。元肥は定植10～15日前に全面全層に施用する。秋冬どりではとくに作付け前に土壌分析を行ない、土壌中の硝酸態窒素と可給態窒素を考慮して施肥量を決定することで、タコ足球などの変形球（図18）や緑芯症など生理障害の発生が防げる。

図19　全面マルチ展張

②定植

秋冬どりでは、条間45cmの1条高ウネベッドに135cm幅のマルチで全面マルチを展張する（図19）。株間は25～27cmとし、定植直前にマルチに穴を開ける。12月どりで生育期後半に凍霜害防止のためトンネルがけを行なう場合は、ベッド幅120cm・通路幅40～50cm、10cm程度の高ウネをつくり、幅150cm以上のマルチを展張して、株間30cm、条間27cmの4条植えとする（図20）。9月中旬までに定植する10～11月どりでは白黒ダブルマルチ、それ以降に定植する11～12月どりでは黒マルチなどを使用する。近年、猛暑の高温乾燥時には、地温抑制効果が白黒マルチより高い、強力光反射マルチが利用されている。

図20　栽植様式

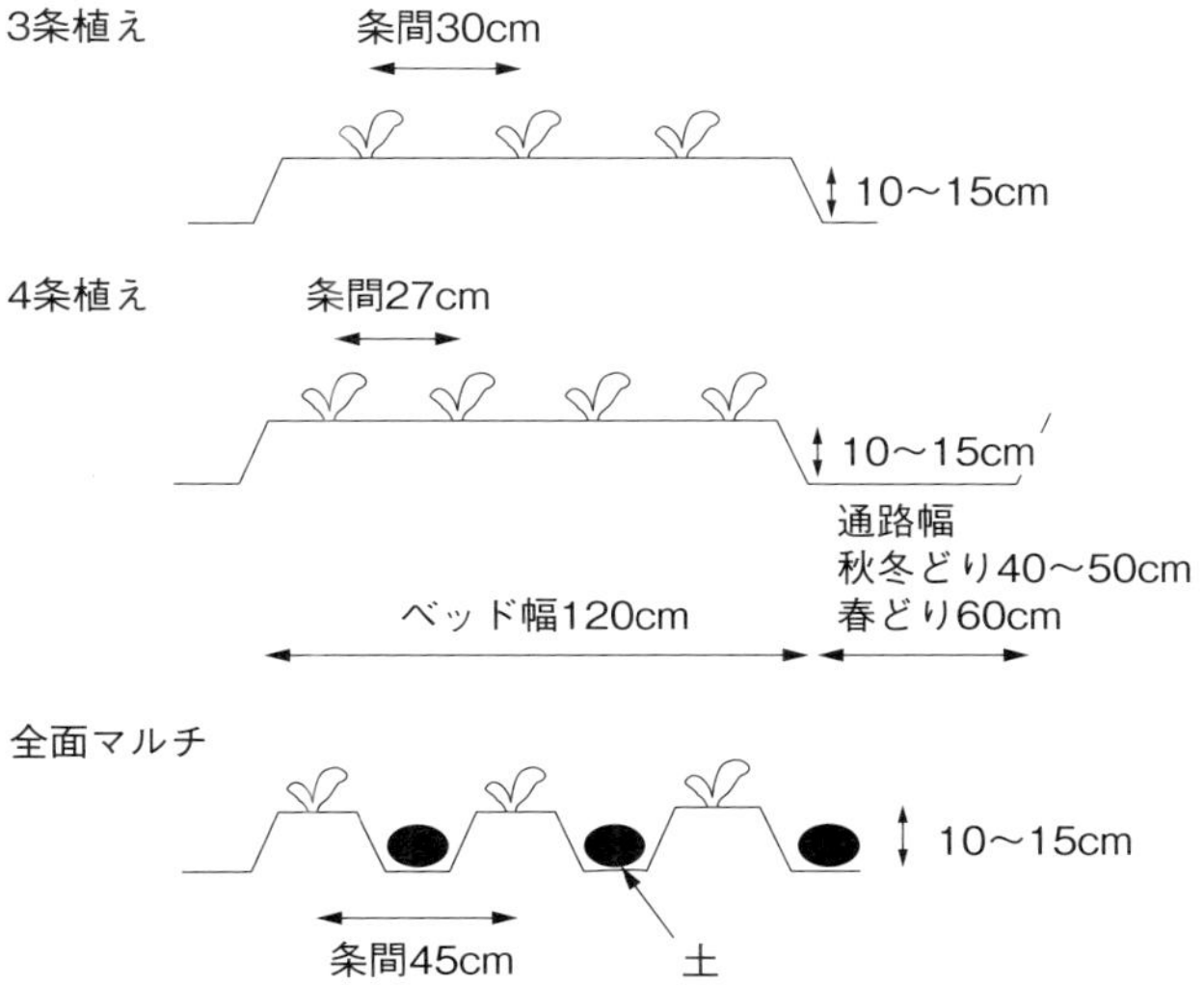

定植前に十分灌水を行なってセル内に水分が行き渡るようにし、セルを土中に押し込むようにして定植する。定植作業は気温が低下してくる夕方に行ない、高温乾燥時の日中定植は避ける。定植後に日照りが続く場合は株元灌水を行なう。定植数日前～当日までに苗処理できる殺虫・殺菌剤を灌注処理や粒剤散布しておく。

春どりでは、定植5日程前の土壌水分が適度な時にマルチングとトンネル展張を実施し、定植までに地温が高まるようにする。ベッド幅120cm・通路幅60cm、半黒・茶・紫など地温上昇効果の高いマルチを展張して10cm以上の高ウネをつくり、210～230cm幅の農ビでトンネル被覆を行なって、1ベッド3～4条植えで株間30cm、条間27cm（4条植え）～30cm（3条植え）とする（図20）。定植作業は晴天で風の弱い日を選び、定植後活着するまではトンネルを密閉しておく。

表18　生育ステージごとの目標温度

生育ステージ	目標温度
定植～本葉10枚程度	22～25℃
本葉10枚程度～結球始期	18～20℃
結球始期～結球肥大期	15～20℃
結球肥大期～収穫期	15～16℃

(3) 定植後の温度管理

11月下旬～12月上旬どりでは、降霜の始まる前にベタがけ資材を展張して保温し、それ以降の収穫となるものは、11月中旬ごろにトンネルがけを行なう。最初のうちはトンネルの裾を上げて高温によるタケノコ球の発生を防ぎ、降霜が始まるころからトンネルを下ろして保温する。

春どりでは、生育ステージに合わせてトンネル内の温度管理が必要になる（表18）。本葉10枚程度まではトンネル内の最高気温25℃程度を目標に換気を始め、夜間は密閉して保温する。結球始期から肥大期、収穫期にかけてしだいに換気を強めていく。トンネル資材に有孔ＰＯフィルムを用いることで換気作業は省力化されるが、生育は農ビよりも遅れる。

(4) 収穫

収穫時期の目安は、レタスの球を上から押さえたとき結球葉上部は柔らかく、さらに押すと内部にやや硬さを感じる程度であり、結球葉1枚目から硬さを感じる場合は老化球である。春どりでは収穫期に向けて気温が上昇し、一気に生育が進む場合があるので取り遅れに注意する。

4 病害虫防除

(1) 基本になる防除方法

基本的には予防防除が中心となる。病害虫の発生しやすい時期、気象条件、圃場条件を認識し、防除計画を立てておく（表19）。ただし、その年の天候によりとくに病害の発生は大きく変化するため、気象の中長期予報に注意し、状況に合わせて防除計画の調整を行なう。

① 問題になる病気

育苗中はべと病が発生しやすいので、育苗エリアは風通しをよくして過灌水を避け、状況に応じて薬剤防除を行なう。本圃ではすそ枯病・菌核病・灰色かび病などに注意する。台風や連続降雨の後は斑点細菌病・腐敗病などが急増するため、細菌に効果のある農薬を速やかに散布する。

② 問題になる害虫

秋冬どりでは栽培期間中のチョウ目害虫（オオタバコガ、ハスモンヨトウなど）の発生が多いので、被害状況を早期に確認し薬剤防除を行なう。定植前に殺虫剤の苗灌注処理や粒剤施用を行ない、作用機作の異なる薬剤によるローテーション防除に努めるとともに薬剤散布後は効果を確認し、害虫が残っているようなら薬剤の系統を見直す。

春どりでは4月以降にアブラムシ類・ナモグリバエの発生が増加するので早期防除に努める。

(2) 農薬を使わない工夫

秋冬どりでは、全面マルチの利用により雑草抑制・湿害軽減・すそ枯病などの病害抑制が期待できる。誘殺トラップによる害虫発生予察情報をもとに、害虫増加前の産地一斉防除が導入されている産地もある。

表19　病害虫防除の方法

病害虫名	発病最適温度／害虫発生時期	防除法
べと病	7～13℃	・育苗時の多灌水を避ける ・育苗ハウス内および本圃トンネルの換気を適宜行なう ・圃場周辺の雑草などを除草する ・健全苗のみを定植する ・オロンディスウルトラSC，ザンプロDM，ピシロックフロアブルなど，べと病に効果の高い薬剤を中心に散布する
すそ枯病 菌核病	25℃前後 15～20℃	・連作を避け，圃場排水性を改善 ・地際から発病することが多いので，マルチ栽培を行なう ・定植前にパレード20フロアブルを苗に灌注処理する ・防除薬剤は株元にかかるように散布する ・農薬（両方）：アフェットフロアブル，シグナムWDG，ファンタジスタ顆粒水和剤，アミスター20フロアブル （すそ枯病）：リゾレックス水和剤，ドーシャスフロアブル，バリダシン液剤5など （菌核病）：スクレアフロアブル
腐敗病	25～30℃	・細菌が傷から侵入するため，凍霜害をなるべく避ける ・トンネル内が高温多湿にならないように換気を十分行なう ・台風・大雨前後は細菌病に効果のある薬剤を散布 ・薬剤散布は結球始期から重点的に行なう ・農薬：バリダシン液剤5，カセット水和剤など
斑点細菌病	26～28℃	・連作を避け，圃場排水性を改善 ・低感受性品種の利用 ・害虫の食害，管理作業・強風による葉の損傷を防止 ・常発圃場では結球始期まで予防中心に徹底防除 ・台風・大雨前後は細菌病に効果のある薬剤を散布 ・農薬：スターナ水和剤，カスミンボルドーなど
ヨトウムシ類 オオタバコガ	5月～10月下旬	・圃場周辺の雑草防除 ・定植前に浸透移行・残効性のある薬剤（ミネクトデュオ粒剤，ガードナーフロアブルなど）を苗に処理する ・生育初期および結球直前の徹底防除（ヨーバルフロアブル，ブロフレアSC，グレーシア乳剤，ディアナSCなど） ・感受性低下を避けるため，薬剤のローテーション防除を行なう
アブラムシ類	5月～11月	・早期発見，初期防除の徹底（トンネル内では4月から注意） ・農薬：ウララDF，トランスフォームフロアブルなど

表20　秋春どり栽培の経営指標

項目	秋冬どり	トンネル春どり
収量（kg/10a）	2,800	3,000
単価（円/kg）	140	180
粗収入（円/10a）	392,000	540,000
経営費（円/10a）	257,000	353,000
種苗費	9,000	8,000
肥料費	17,000	26,100
農薬費	24,000	6,600
諸材料費	24,500	99,800
光熱動力費	3,000	3,000
農機具費	26,000	26,000
施設費	1,500	1,500
流通経費	90,000	118,000
出荷資材費	62,000	64,000
農業所得（円/10a）	135,000	187,000
労働時間（時間/10a）	116	185

5　経営的特徴

機械化がほとんど進んでおらず，総労働時間における収穫・調製作業時間は秋冬どりで75％，春どりで52％を占めている。収穫が遅れると商品価値が0となってしまうため，収穫時の労力を考慮して作型を配分した作付け計画を立てる必要がある。また，春どりではトンネル換気作業（労働時間の約20％）を考慮し，自宅から近い圃場を中心に作付けを行なう。

（執筆：瀧澤利恵）

リーフレタスの露地栽培

1 この野菜の特徴と利用

(1) 野菜としての特徴と利用

リーフレタスは、球にならない不結球レタスのことである。アントシアンを発現する赤（紅）系の品種群と、アントシアンを発現しない緑系の品種群に大別されるほか、葉形や緑色の濃淡などにもさまざまな変異が見られ、きわめて形質の多様性に富んだレタスである。

リーフレタスは展開葉をそのまま食用とするため、葉柄が小さく、柔らかく、葉幅の広い特性を備えた系統が選抜され、さらに葉質では歯ざわりなどが選抜形質とされてきた。最近では、いろいろなタイプのリーフレタスが栽培されるようになってきており、葉先の尖ったもの、葉柄の厚くてボリュームがあるもの、独特の香りや味のあるものなど、用途により使い分けされるようになってきた。

玉レタスに比べて生育期間が短く軽量で、収穫期が比較的長いこと、玉レタスで問題となる変形球や異常球発生の心配がないことから栽培管理面の苦労は少ない。

(2) 生理的な特徴と適地

レタス類の一番の特徴は、高温による抽台（花芽分化～花茎伸長～開花）である。そのためレタスの需要が多くなる7～8月の出荷がむずかしくなる。早期抽台を回避するために、晩抽性品種（抽台が遅い品種）の選定が重要になる。

リーフレタスの生産は、高温期の早期抽台を避けるように、栽培は長野県などの標高600～1300m地域に、低温期には茨城県などの低標高地域に多い。いずれの地域でも露地栽培が基本だが、春の低温期には防霜、晩秋の低温には生育促進のための不織布などによるベタがけかトンネル被覆が行なわれている。

図21　リーフレタスの露地栽培　栽培暦例

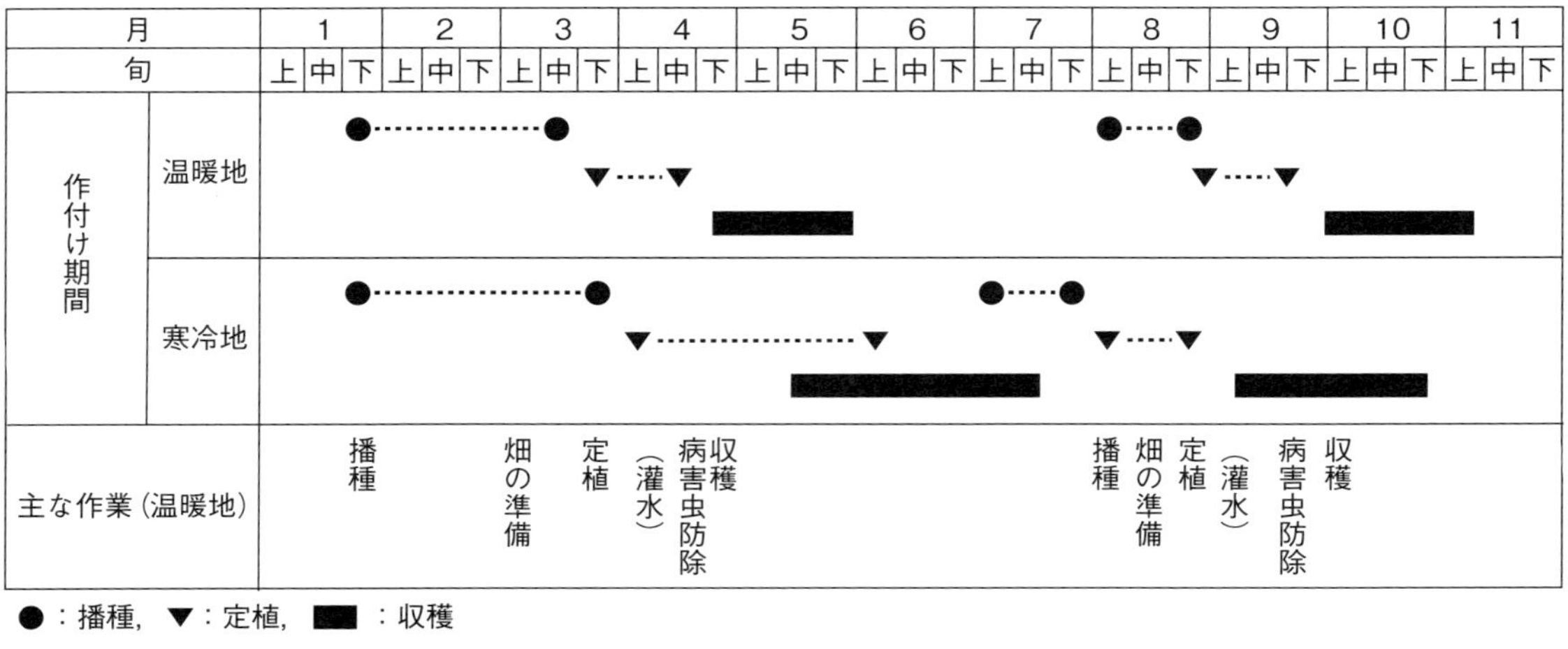

●：播種，▼：定植，■：収穫

2 露地栽培の特徴と導入

(1) 栽培の特徴と導入の注意点

早期抽台を除けば、リーフレタスの栽培は容易にできる。とくに4月上旬定植の6月上旬収穫では、ほとんど手をかけずに栽培することができる。

栽培にあたっては、導入する品種の抽台性と栽培地域の標高（気温）を考慮して、播種期を決定する。

(2) 他の野菜・作物との組合せ方

高温期にリーフレタスが栽培できない地域では、チンゲンサイとの組合せがおもしろい。作業内容や道具・資材がほとんど共通しており、とても軽量で栽培が容易である。違いは温度適応性で、チンゲンサイはリーフレタスに比べて高温にも低温にも強く、幅広い期間栽培できることとである。

3 栽培のおさえどころ

リーフレタスは玉レタスに比べると生育期間が短く、乾燥、湛水、根傷みなどで生育が滞ると回復がむずかしくなり、収穫物の品質が著しく低下してしまう。したがって、以下の点を踏まえ、スムーズな生育をさせることが、栽培のポイントになる。

連続的な肥大伸長　玉レタスと異なり、葉のすべてが食用になるため、良品の収穫には、全生育期間を通してストレスなく生育させることが重要になる。とくに葉の分化と肥大は株の充実度（株張り）と品質に深くかかわっており、葉の肥大が極端な不連続性を示すと、心葉に近い部分が中空となり、株張りの悪い生育となる。これとは逆に、葉数の分化が十分で外葉から心葉にいたる葉の肥大伸長が連続的に進み、しかも最外葉の2～3枚が大きすぎない株が良品といえる。

若苗の使用　育苗期間が必要以上に長く、外葉の伸長が抑制された状態で葉数分化が進んだり、定植後の乾燥条件が著しいときには、外葉の伸長に対して心葉の分化が相対的に過度になって結球することがある。そのため、育苗期間が長くなった老化苗は使用せず、なるべく若い苗を使用する。

灌水管理　スムーズな生育をさせるためには、灌水が重要になる。定植のための植穴への灌水、定植後の活着促進のための灌水、葉の肥大のための生育期の灌水などを行なう。灌水が十分にできない場合は、乾燥によって在圃期間が長くなり、とくに秋も高温で推移した場合には抽台の危険性が大きくなる。また、生育期間中の水分量の極端な増減は、葉の肥大や株の充実に不連続性を引き起こし、品質低下をまねく。

4 栽培の手順

(1) 育苗のやり方

①品種の選定

現在、わが国で利用されているリーフレタスの主要品種は扇葉形の品種であり、これにアントシアンの有無によって赤系、緑系の品種群に大別される。

リーフレタスは玉レタスと比較して葉質が異なり、柔らかくなめらかである。このため食味性は、レタスのようなパリパリした歯ざわりはなく、バターヘッドタイプ（サラダ菜）に近い舌ざわりである。この傾向は緑系品種に比較して赤系品種に強い。リーフレタスで最も重要な特性は、株張り、葉色、生理障害耐性（チップバーン）、晩抽性で、品種選定では常にこの点についての評価に力点をおく必要がある。

高温期の栽培には、晩抽性品種を選択する。紅（赤）系のサニーレタスでは、発色のよい品種を選ぶ。添え物としては、形の変わった品種を選ぶのもおもしろい。

赤系品種はアントシアンの発現が品種選定上大きな要素となるが、一般に葉緑素発現の少ない品種ほどアントシアンとの配色は鮮やかである。しかし、アントシアンの発現が多いほど濃紅色となり、葉緑素と重なると黒ずんだ発色となり、市場性は低下する。アントシアンの発現は、春、秋に多く、夏季の高温期は少なくなるので、品種選定では必ず異なる作期での試作が必要である（表22）。

表21　リーフレタスの露地栽培のポイント

	技術目標とポイント	技術内容
育苗方法	◎品種の選定 ◎育苗培土つくり ◎播種期の決定 ◎健苗の育成 ・育苗の効率化 ・斉一な発芽 ・健苗育成	・作型に適した品種を選定する ・市販培土の利用など，簡便で安全に健苗を育成する ・早期抽台が起こらないように播種期を設定する ・労力配分，土地の有効利用を考えた播種期の設定 ・セル成型育苗，コート種子の利用 ・コート種子，灌水施設の利用 ・水管理はやや乾燥ぎみに行ない，軟弱徒長を防ぐ ・日中は25℃を目安に昇温防止を図る ・苗床での病害虫防除の徹底
定植の準備	◎畑の準備	・土壌診断により，適正な施肥設計を行なう ・干害，湿害の防止（土壌物理性の改善） ・ウネづくり ・マルチ資材の選択 ・適湿時のマルチ張り
定植・定植後の管理	◎定植後の活着促進 ◎病害虫防除 ◎生育促進 ◎気象災害の回避	・日中，高温時を避けて定植作業を行なう ・定植直後の灌水 ・若苗を定植する ・深植えを防止する ・病害虫の早期発見 ・薬剤による予防，保護，適期防除 ・乾燥時には灌水を行なう ・長雨，集中降雨時の圃場排水
収穫	◎適期収穫 ◎品質保持	・適期収穫を行なう。そのために，心葉が草丈の7割程度に伸長し，株重が300g程度になったときを目安とする ・葉温，気温が低いうちに収穫する ・病害虫の被害葉，被害株を除去する ・雨中で収穫して品質低下をまねかないようにする ・予冷施設への早期搬入

表22　リーフレタスの主要品種の特性（赤系：サニーレタス）

品種名	販売元	特性
晩抽レッドファイヤー	タキイ種苗	晩抽で鮮明な濃赤褐色に着色し，高温期の栽培でも品質に優れる。株張りは中位で，耐暑性が強い早生種
キュアレッド2号	横浜植木	レタス根腐病レース1，レース2に比較的強い。草姿は立性で葉柄の形状も安定する。チップバーンやサビ症の発生も少ない
ユニーク2号	ツルタのタネ	レタス根腐病レース1，レース2に強い。耐暑性に優れ，抽台に強く，ボリュームある大株になる
晩抽タフレッド	カネコ種苗	レタス根腐病レース1，レース2に耐病性。葉色は鮮赤色で高温・日照不足で発色不良が少ない。草勢は立性

注）種苗メーカーのホームページより抜粋

緑系品種は扇葉形の品種が中心となっているが、最近では葉質が玉レタスに近い品種も出てきており、そのシェアは徐々に伸びつつある。葉色は濃緑色～淡緑色、また黄緑色まで幅広くあるが、ミックスサラダなどに混ぜたときの配色のよさから、緑色の濃いものが好まれている。赤系品種に比較すると晩抽性の点が弱点で、夏季での安定生産のためにも晩抽性の安定した優良品種の育成が期待される（表23）。

②育苗培土の選定

市販培土とセル成型トレイを利用して、簡便で安全に健苗を育成する。レタス用の育苗培土を利用するが、高温期には窒素成分の少ないタイプ、低温期には窒素成分のやや多いタイプを選択する。

自分で培土をつくるときには、土壌消毒を必ず行なう。

③播種と育苗管理

コート種子を利用する。セル成型トレイは、２００～２８８穴程度のものを使用する。播種後の覆土はしないか、種子が隠れる程度とする。

播種後、低温期には20℃程度のハウス内で、高温期にはなるべく涼しい場所に置いて、一斉に発芽させる。発芽後は徒長を防ぐために日光に当て、灌水を控えめにして、通気のよい涼しい場所に置く。育苗期間は20～30日程度で、本葉が緑色で硬くしっかりした苗を目指す。

(2) 圃場の準備

土つくり輪作体系の組み方は、玉レタスと共通で、土壌の適応性も同様の考え方である。畑は定植10～14日前ころまでに有機物の施用やpHの矯正をし、傾斜地や排水不良畑で

表23　リーフレタスの主要品種の特性（緑系：グリーンリーフレタス）

品種名	販売元	特性
グリーンジャケット	タキイ種苗	晩抽性と耐暑性に優れる濃緑種。草勢はややおとなしくチップバーンの発生が少ないので，高温期でも安定栽培可能
ダンシング	タキイ種苗	晩抽，耐暑性に優れる。草勢は旺盛で病害に強く，草姿は中立性で葉形は適度なウェーブがある
キュアグリーン1号	横浜植木	レタス根腐病レース1，レース2に比較的強い。草姿は開帳性で葉数が多く，ボリューム度抜群
ノーチップ	横浜植木	草姿は開帳性，葉色は超濃緑色で葉先の刻みは細かい。チップバーンに強く，斑点細菌病の発生も少ない
カットマン	朝日アグリア	レタス根腐病レース2耐病性。極早生で抽台は遅い
スペンサー	朝日アグリア	レタス根腐病レース1，レース2に耐病性，べと病に強い。チップバーンの発生が少ない早生品種
ウォームグリーングラス	ツルタのタネ	レタス根腐病レース2に強い。極早生，晩抽性で生理障害に強く，チップバーンの発生が少ない
アーリーインパルス	ヴィルモランみかど	レタス根腐病レース2に中程度耐病性。草姿は半立性，株張りがよい。耐暑性・耐寒性，耐病性が強く，チップバーンなど生理障害にも強い

注）種苗メーカーのホームページより抜粋

表24　施肥例（単位：kg/10a）

	肥料名	施肥量	成分量		
			窒素	リン酸	カリ
元肥	牛糞堆肥	2,000			
	苦土石灰	100			
	BBN-552	67	10	10	8
施肥成分量			10	10	8

注）基準量よりやや少肥栽培の場合

は多量降雨や排水不良に備えた対策を講じる必要がある。

基本的な成分施肥量は10ａ当たり窒素10～15kg、リン酸15kg、カリ10kgであり、前作の残存窒素量、地力窒素などや作期に応じて決定する（表24）。作期による施肥量の増減は基準量の50～60％程度で、低温期は多く高温期ほど少肥栽培となる。畑に適度な水分があるときにマルチを張る。春早い時期、秋遅い時期には黒マルチを、それ以外には白黒ダブルマルチを使用する。マルチは栽植密度に応じて幅１３５～１５０㎝のものを使用する。

図22　リーフレタスのセル成型苗（定植苗）

(3) 定植のやり方

セル成型育苗の根鉢ができたら、早めに定植する（本葉３～４枚、図22）。葉が黄色になったり、根鉢が根でいっぱいになるような状態まで老化させない。定植する1時間くらい前にたっぷり灌水し、培土に水を吸わせる。定植後には、株元に灌水して活着を早める。

図23　リーフレタス（サニーレタス）の全面マルチ栽培

(4) 被覆管理

春早い栽培では、防霜のためにベタがけかトンネル被覆を行なう。また、秋遅い栽培では、生育促進のためにトンネル被覆を行なう。トンネル被覆の場合、被覆開始が早すぎたり、被覆終了が遅すぎると発色不良や病害虫の発生を助長する。

図24　リーフレタス（サニーレタス）の収穫物

表25　リーフレタスの病害虫防除の方法

	病害虫名	特徴	防除法
病気	すそ枯病	結球期の高温と多湿により発生。窒素多施用で軟弱生育すると助長する。生育初期に発生すると苗立枯れとなる。土壌伝染性のため連作すると発生しやすい。菌糸や菌核を生じないので，灰色かび病や菌核病と区別できる	連作を避ける。多窒素栽培を避ける。雨の跳ね上がりを防ぐマルチ被覆も有効
	灰色かび病	地際部の葉や茎に水浸状の病斑が現われ，内部が腐敗していく。すそ枯病の発生条件に似ているが，発生温度は低く，トンネル栽培などで発生しやすい。多湿条件で激発しやすいので，マルチ栽培より無マルチ栽培のほうが株元の湿度が高いため発生しやすい	被害葉や枯れ葉を除去する。マルチ被覆し，土壌と直性接触しないようにする
	菌核病	灰色かび病と同様，やや低温多湿下で発生が多く20℃以上では発生が抑制される。腐敗が進むと葉の萎れが目立つようになり，白色の菌糸やネズミの糞のような菌核が形成される。菌核は土中で数年生存するため連作で発生は助長される	連作を避ける。被害株はできるだけ早く除去，処分する。菌核形成前に除去することが重要
	斑点細菌病	葉縁付近から発生することが多く，淡黒褐色不正形の油浸状病斑が現われ，拡大するとV字状に枯れ込む。細菌病では比較的低温下で発生が見られ，春，秋に発生が多く，高温時の発生は少ない。土壌および空気伝染する。外葉および結球外葉に発生が多く，内葉に発生することは少ない	連作を避ける。土壌が過湿にならないように管理する。外葉への土の飛散を防ぐ。ポリマルチ被覆も有効
	軟腐病	過湿地での発生が多く，高温期収穫のものに多い。発生初期は，髄部が淡緑色となり，次第に黒変し，悪臭を発するようになる。茎が侵されると髄部が淡緑色水浸状になり，ひどくなると黒く腐り，空洞化する	外葉を傷つけない。肥料を控えめにする
	腐敗病	発生要因は軟腐病に似る。結球葉2枚目くらいから病徴が見られることが多く，健全球に見えても発生していることがあり，収穫後流通段階で問題となることがある。被害部でも細胞膜が残り悪臭を発しないことから軟腐病と区別できる。現地では，キンキラ病，タール病とも呼ばれた	連作を避ける。被害葉は早めに除去する
	べと病	葉脈に囲まれた淡黄色の角形病斑が現われ，後に褐色に変わり，葉縁が次第に黄変して枯れる。他の野菜のべと病と病徴は似ているが，病原性は異なる	灌水などによって過湿にならないようにする
	根腐病	土壌伝染性病害で，典型的な導管病である。とくに高温期の発生が多い。発病株の根部を縦に切断すると導管部が褐変している。外葉は黄化萎凋し，やがて枯死する。軽症株は，結球にいたる場合もある。連作によって被害は拡大する。3つのレースが確認されている	3つのレースのうち，レース1とレース2には抵抗性品種が育成されているので，発生圃場のレースを確認したうえで対応した品種を作付けする。高温期の作付けを避ける
害虫	オオタバコガ	外葉のみならず結球葉内部にまで侵入する。トマトやナス，カーネーションなども食害する。6月ころから羽化し，9月ころに発生のピークが見られる	結球内部に食入してしまうと防除困難となるため，早期発見・早期防除が重要になる
	ヨトウガ	卵が葉裏に卵塊として産み付けられ，孵化した若齢幼虫は葉裏を集団で食害する。ハクサイ，キャベツ，エンドウ，ピーマン，スターチスなど加害植物は多岐にわたる	発見したら，被害が拡大する目前に葉ごと除去する
	アブラムシ類	モモアカアブラムシ，ジャガイモヒゲナガアブラムシ，タイワンヒゲナガアブラムシなど。葉裏に群生して吸汁被害を与える。ウイルス病を媒介する	シルバーストライプマルチの利用により有翅虫の飛来忌避効果も期待できる
	ナモグリバエ	幼虫は，葉肉を潜りながら食害し，食害痕は曲がりくねった白っぽい線状になる	
	ネグサレセンチュウ	根に褐色～黒褐色の紡錘形の斑点が生じ，しだいに根全体が黒変し細根は少なくなる。地上部の生育が不揃いになったり，欠株が生じたりする	殺線虫剤による土壌消毒。マリーゴールドやエン麦（の中で効果の認められている品種）など対抗植物の輪作
	ネコブセンチュウ	根にコブが無数に着生する。地上部の生育が抑制され，日中，葉が萎れる	殺線虫剤による土壌消毒

(5) 収穫

病害虫の被害葉を取り除き、出荷規格の大きさにしたがって収穫する。高温期には高温と高湿による品質低下を防ぐため、雨中での収穫を避け、早朝収穫を心がける。

収穫物はできるだけ温度の低い状態で出荷・販売する（図24）。

5 病害虫防除

(1) 基本になる防除方法

リーフレタスには玉レタスと同じ種類の病害虫が発生するが、腐敗性病害の発生は少ない。問題になる病害には、斑点細菌病、すそ枯病、灰色かび病、菌核病などがある。また、害虫ではオオタバコガに対する防除が重要になる。表25を基本に防除を行なう。

なお、玉レタスとリーフレタスでは使用できる農薬が異なる。リーフレタスに使用できる農薬は非結球レタス、野菜類、レタス類に登録のあるものである。

(2) 農薬を使わない工夫

4月から6月上旬にかけては、リーフレタスを最も容易に栽培できる時期にあたる。年によって病害虫の発生量が異なるが、この時期の栽培は農薬を一切使わないで済む唯一のチャンスである。

6 経営的な特徴

市場価格の乱高下が激しい作物なので、他の作物と組み合わせて収入の安定化を図りたい。

（執筆：小松和彦）

表26　リーフレタス栽培の経営指標

	項目	
経営費	種苗費　（円 /10a）	10,167
	肥料費	34,582
	農薬費	25,313
	諸材料費	66,032
	光熱・動力費	9,560
	小農具費	1,500
	修繕費	15,908
	土地改良・水利費	1,000
	賃借料・料金	−
	償却費	−
	建物・構築物	4,447
	農機具・車両	76,874
	植物・動物	−
	共済金・租税公課	−
	支払利息	2,914
	雇用労賃	−
	雑費	1,000
	小計（円 /10a）	249,297
	流通経費（円 /10a）	268,889
	合計（円 /10a）	518,186
収益	生産物収量（kg/10a）	2,400
	平均単価（円 /kg）	261
	粗収益（円 /10a）	626,400
農業所得（円 /10a）		108,214
1時間当たり農業所得（円 /10a）		1,037
農業所得率（%）		17.3
労働時間（時間 /10a）		104

ロメインレタスの露地栽培

1 この野菜の特徴と利用

(1) 野菜としての特徴と利用

ロメインレタスは、玉レタスとリーフレタスの中間的な特徴のレタスであり、ギリシャのコス島が原産地とされ、コスレタスとも呼ばれている（ロメインは「ローマの」という意味があり、ローマのレタスということになる）。半結球レタス、立ちレタスとも称され、ハクサイに似た、ラグビーボールのような形が特徴的である。球頭部が抱合した状態で収穫されるものや、抱合していない状態で収穫されるものもある。

長楕円系の葉は、葉肉が厚く、内側の葉も比較的色が濃い。食感は、玉レタスやリーフレタスよりも「シャキシャキ」「サクサク」感がある。緑色品種が多いが、赤系品種もある。サラダ食材として利用されることが多いが、シーザーサラダは、本来ロメインレタスを原材料としたものである。また、肉厚なことから、加熱しても食感が損なわれず炒め物などにも適している。

図25　ロメインレタスの全面マルチ栽培

生育期間は玉レタスより短く、リーフレタスよりはやや長い。玉レタスのような変形球の発生は少ないものの、高温期には、「球葉のねじれ」などが見られ、栽培管理面の大変さも玉レタスとリーフレタスの中間的な位置である。

(2) 生理的な特徴と適地

レタス類の特徴として、高温による抽台（花芽分化～花茎伸長～開花）があげられる。そのため、レタスの需要が多くなる7～8月の出荷がむずかしくなる。早期抽台を回避するために、晩抽性品種（抽台が遅い品種）の選定が重要になる。

ロメインレタスの生産も、玉レタスやリーフレタスと同様に、高温期には早期抽台を避けるように長野県などの標高600～1300m地域に、低温期には低標高地域に多い。

2 露地栽培の特徴と導入

(1) 栽培の特徴と導入の注意点

ロメインレタスの栽培は、玉レタスやリー

フレタスとほぼ同じ栽培方法で行なわれている。高温期の抽台や葉のねじれが発生しない時期であれば、比較的容易に栽培できる。他のレタス類と同様に栽培にあたっては、導入する品種の抽台性と栽培地域の標高（気温）を考慮して、播種期を決定する。

(2) 他の野菜・作物との組合せ方

高温期にロメインレタスが栽培できない地域では、チンゲンサイとの組合せがおもしろい。作業内容や道具・資材がほとんど共通しており、とても軽量で栽培が容易である。

3 栽培のおさえどころ

ロメインレタスは玉レタスに比べると生育期間が短く、乾燥、湛水、根傷みなどで生育が滞ると回復がむずかしくなり、収穫物の品質が著しく低下してしまう。リーフレタスと同様に、スムーズな生育をさせることが栽培のポイントになる。

連続的な肥大伸長　リーフレタスと同様に葉のすべてが食用になるため、良品の収穫には全生育期間を通してストレスなく生育させることが重要になる。とくに葉の分化と肥大は株の充実度（株張り）と品質に深くかかわっており、葉の肥大が極端な不連続性を示すと、心葉に近い部分が中空となり、よくいわれる株張りの悪い生育となる。これとは逆に、葉数の分化が十分で外葉から心葉にいたる葉の肥大伸長が連続的に進み、しかも最外葉の2～3枚が大きすぎない株が良品といえる。

若苗の使用　定植後のスムーズな活着、ストレスのない初期生育のために、なるべく若苗定植を行ないたい。育苗期間が長くなった老化苗は使用しないよう、作業スケジュールを考えたい。

灌水管理　高温期栽培の場合、スムーズな生育をさせるためには、灌水が必要な場合もある。定植のための植穴への灌水、定植後の活着促進のための灌水、葉の肥大のための生育期の灌水などを行なう。灌水が十分にできない場合は、乾燥によって在圃期間が長くなり、とくに秋も高温で推移した場合には抽台の危険性が大きくなる。また、生育期間中の水分量の極端な増減は、葉の肥大や株の充実に不連続性を引き起こし、品質低下をまねく。

4 栽培の手順

(1) 育苗のやり方

①品種の選定

現在、わが国で利用されているロメインレタスは緑色のものが一般的であるが、赤紫色のレッドロメインレタスもある。玉レタスやリーフレタスと同様に抽台性や温度適応性、病害耐性を基に品種選定する（表27）。

②セル成型育苗

育苗培土　市販培土とセル成型トレイを利用して、簡便で安全に健苗を育成する。レタス用の育苗培土を利用するが、高温期には窒素成分の少ないタイプ、低温期には窒素成分のやや多いタイプを選択する。

自分で培土をつくるときには、土壌消毒を必ず行なう。

播種と育苗管理　コート種子を利用する。セル成型トレイは、200～288穴程度のものを使用する。播種後の覆土はしないか、種子が隠れる程度とする。

播種後、低温期には20℃程度のハウス内で、高温期にはなるべく涼しい場所に置いて、なるべく一斉に発芽させる。発芽後は徒長を防ぐために日光に当て、灌水を控えめにして、通気のよい涼しい場所に置く。育苗期間は20～30日程度で、本葉が緑色で硬くしっかりした苗を目指す。

表27　ロメインレタスの主要品種の特性

品種名	販売元	特性
ロマリア	タキイ種苗	レタス根腐病レース1およびレース2に耐病性。草勢は中程度で晩抽性に優れる。中肋の形状は安定してねじれにくい
晩抽ロマリア	タキイ種苗	レタス根腐病レース1およびレース2に耐病性。草勢はややおとなしく，晩抽性と高温結球性に優れる。中肋の形状は安定してねじれにくい
スプラッシュ1号	横浜植木	高温期栽培向きで，生育は中生。盛夏期は抽台に注意。ねじれが少なく形状が安定し，チップバーンに強い
スプラッシュ2号	横浜植木	低温期栽培向きで生育は中生。盛夏期は抽台に注意。ねじれが少なく形状が安定し，チップバーンに強い
ラ・コスタ	カネコ種苗	球葉がやや多めでボリューム感に優れる。伸長性に優れ，ねじれにくい

注）種苗メーカーのホームページから抜粋

③苗箱育苗

苗箱育苗では、プランターや育苗箱に育苗培土を詰め、灌水してから播種する。播種は5～6cm間隔の条播き、あるいはバラ播きにし、覆土は種が隠れるくらいに薄くする。乾燥を防ぐために新聞紙を被せ、新聞紙の上から灌水する。発芽してきたら新聞紙は外し、本葉2枚のころに9cm間隔に移植して育苗するか、直径9cmのポリポットに鉢上げして育苗を継続する。本葉が4～5枚になったころが定植時期となる。ポット育苗では、育苗培土を詰めた直径9cmのポリポットに4～5粒バラ播きし、発芽後、順次間引きをして本葉3枚時ころまでに1本立ちにする。やはり、定植時期は本葉4～5枚時である。

表28　施肥例（単位：kg/10a）

	肥料名	施肥量	成分量		
			窒素	リン酸	カリ
元肥	牛糞堆肥	2,000			
	苦土石灰	100	10		
	BBN-552	67		10	8
施肥成分量			10	10	8

注）基準量よりやや少肥栽培の場合

(2) 圃場の準備

土つくり輪作体系の組み方は、玉レタスと共通で、土壌の適応性も同様の考え方である。畑は定植10～14日前ころまでに有機物の施用やpHを矯正し、傾斜地や排水不良畑では、多量降雨や排水不良に備えた対策を講じる必要がある。

基本的な成分施肥量は10a当たり窒素10～15kg、リン酸15kg、カリ10kgとし、前作の残存窒素量、地力窒素などや作期に応じて決定する（表28）。作期による施肥量の増減は基準量の50～60%程度で、低温期は多く高温期ほど少肥栽培となる。

ウネ幅70～80cm平ウネ、あるいはウネ幅45cmの高ウネにポリマルチを張る。マルチ張りは土が湿っている状態の時に行ない、乾きすぎていれば灌水してから行なう。マルチなしでの栽培も可能であるが、土の乾燥防止や雑草対策に有効なのでマルチ栽培のほうが無難である。高温期の栽培では白黒ダブルマルチやシルバーマルチ、低温期の場合には黒マルチが適する。マルチは栽植密度に応じて、幅135～150cmのものを使用する。

定植のやり方

平ウネの場合には条間35～40cm、株間20～27cmの2条植え、高ウネでは株間25～27cmの1条植えとする。

セル成型育苗の根鉢ができたら、早めに定植する（本葉2～3枚、図26）。葉が黄色になったり、根鉢が根でいっぱいになるような状態まで老化させない。定植する1時間くらい前にたっぷり灌水し、培土に水を吸わせる。定植後には、株元に灌水して活着を早める。以降、栽培期間中は極端な干ばつ時以外は灌水の必要はない。

(3) 被覆管理

春早い栽培では、防霜のためにベタがけかトンネル被覆を行なう。また、秋遅い栽培では、生育促進のためにトンネル被覆を行なう。

トンネル被覆の場合、被覆開始が早すぎたり、被覆終了が遅すぎると発色不良や病害虫の発生を助長する。

(4) 収穫

収穫の目安は品種により若干異なり、結球頭部が完全に抱合してからのもの、結球頭部の穴が2cm前後のもの、半結球状態のものなどさまざまである（図27）。球重は、300～400gが一般的である。病害虫の被害葉を取り除き、出荷規格の大きさにしたがって収穫する。収穫が遅れると苦味が出るものもあるので、なるべく若どりにしたい。高温期には高温と高湿による品質低下を防ぐため、

図26　ロメインレタスのセル成型苗（定植苗）

図27　ロメインレタスの収穫期の草姿

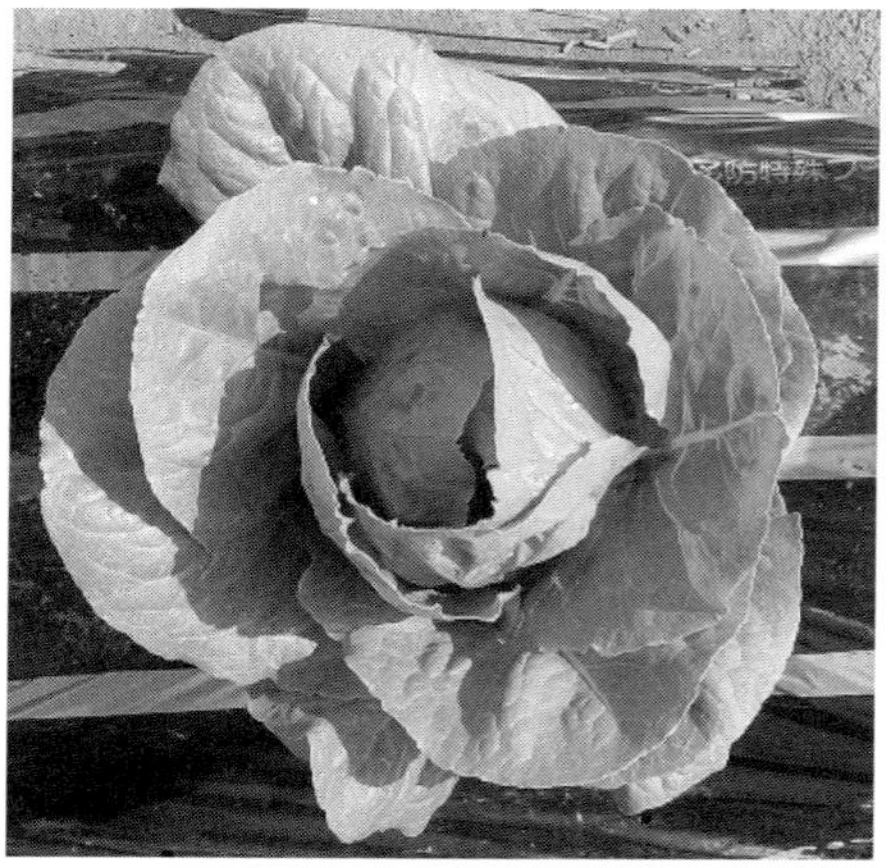

図28　ロメインレタスの収穫物

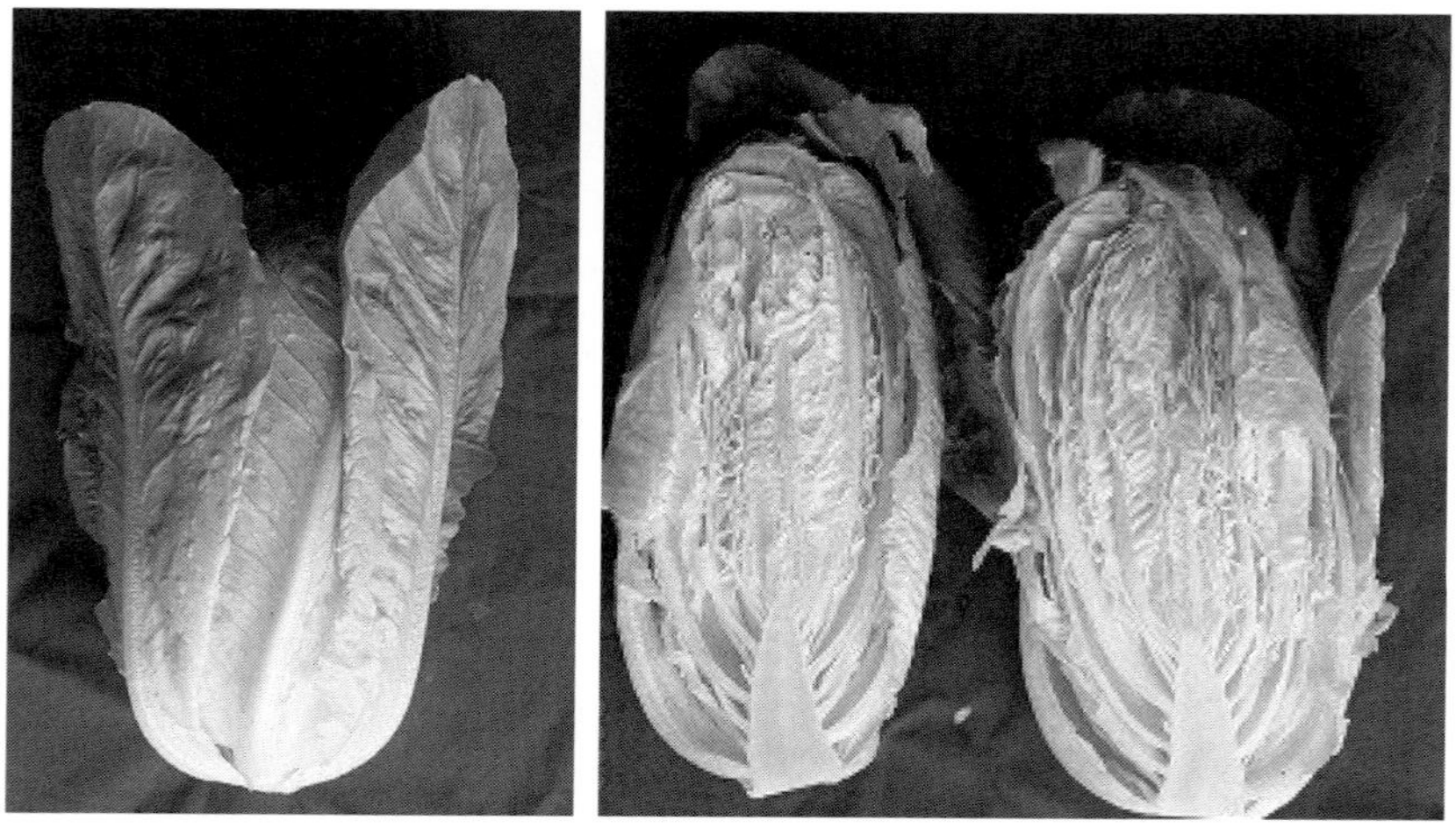

雨中での収穫を避け、早朝収穫を心がける。収穫物はできるだけ温度の低い状態で出荷・販売する。

5 病害虫防除

(1) 基本になる防除方法

ロメインレタスは、玉レタスやリーフレタスと同じ種類の病害虫が発生する。問題になる病害には、斑点細菌病、すそ枯病、灰色かび病、菌核病などがある。また、害虫ではオオタバコガに対する防除が重要になる。リーフレタスの項、表25を基本に防除を行なう。

(2) 農薬を使わない工夫

4月から6月上旬にかけては、ロメインレタスを最も容易に栽培できる時期にあたる。年によって病害虫の発生量が異なるが、この時期の栽培は農薬を一切使わないで済む唯一のチャンスである。

（執筆：小松和彦）

付録

葉菜類の育苗方法

(1) 育苗方法とその特徴

葉菜類の育苗方法とその特徴は表1のとおりである。

近年、セル成型育苗が広まっているが、育苗ハウスで自分で育苗する場合と、育苗セン

表1　育苗方法とその特徴

育苗法	育苗の方法	長所と短所	主な適用野菜と注意点
地床育苗	畑に育苗床をつくり成苗まで育苗する方法と，播種床を別に設けて仮植床に移植して成苗まで育苗する方法とがある	資材を必要としないので，生産コストがかからない。ポリフィルムや寒冷紗などでトンネルがけを行なえば，苗の生育環境を整えることができる	採苗時に断根しやすいため，発根力の強いキャベツなどに適している
ソイルブロック育苗	成型した育苗用土を用いた育苗方法である。用土は，消毒した畑土にピートモスやバーミキュライトを混合し，ソイルブロックマシーンで成型する	発根量は少ないが，活着がよい	必ず土壌消毒した培土を用いる。畑土の利用や灌水回数が少ないことなどの利点があり，レタスやハクサイなどで利用される。近年，セル成型育苗への移行が進んでいる
ポット育苗	育苗用土を種々の大きさのポットに詰めて育苗する。単独と連結したポットがあり，材質は紙，ポリフィルム，硬質のプラスチックなどさまざま。培地は市販品の利用が増えている	ペーパーを利用した連結ポットは，場所をとらずそのまま定植できる簡便さにより，葉菜類の主要な育苗方法になっていた	育苗が長期にわたるセルリー，パセリ，低温期のハクサイ，キャベツなどは，生育に応じて鉢ずらしができる単独のポットを利用するとよい
セル成型育苗	根鉢が一定の形になるようにつくられたセルトレイで育成された苗。培地はピートモス，バーミキュライトなどを主成分に構成されている	施設に費用はかかるが，小面積で効率よく育苗できる。機械定植との連動性にも優れている	葉菜類ではいずれの品目でも育苗可能で，とくにレタス，ハクサイ，キャベツ，チンゲンサイなどの適用性が高い。育苗完了後の苗の老化が進みやすいので，適期定植を心がける

ターや業者が育苗した苗を購入して使う場合がある。労力や施設に合わせて選択するのがよい。

(2) セル成型育苗のポイント

セル成型育苗の手順と主な施設・資材を図1と表2、セルトレイ選択の目安を表3に示した。

灌水　セル成型育苗用に使用されている育苗培土は透水性がよく、過湿になりにくいが、乾燥しやすいため、灌水が重要な管理になる。セルトレイ1枚当たりの標準灌水量は250～300ml程度で、晴天日は2～3回、曇天日は1～2回、雨天日は0～1回を目安とし、いずれも培地の乾燥状態を見て判断する。

育苗完了の判断　育苗完了の目安は、根鉢が崩れずに苗の引き抜きができるようになった時点である。育苗完了後も育苗を継続すると、苗が抜き

図1　セル育苗の作業手順　（塚田原図）

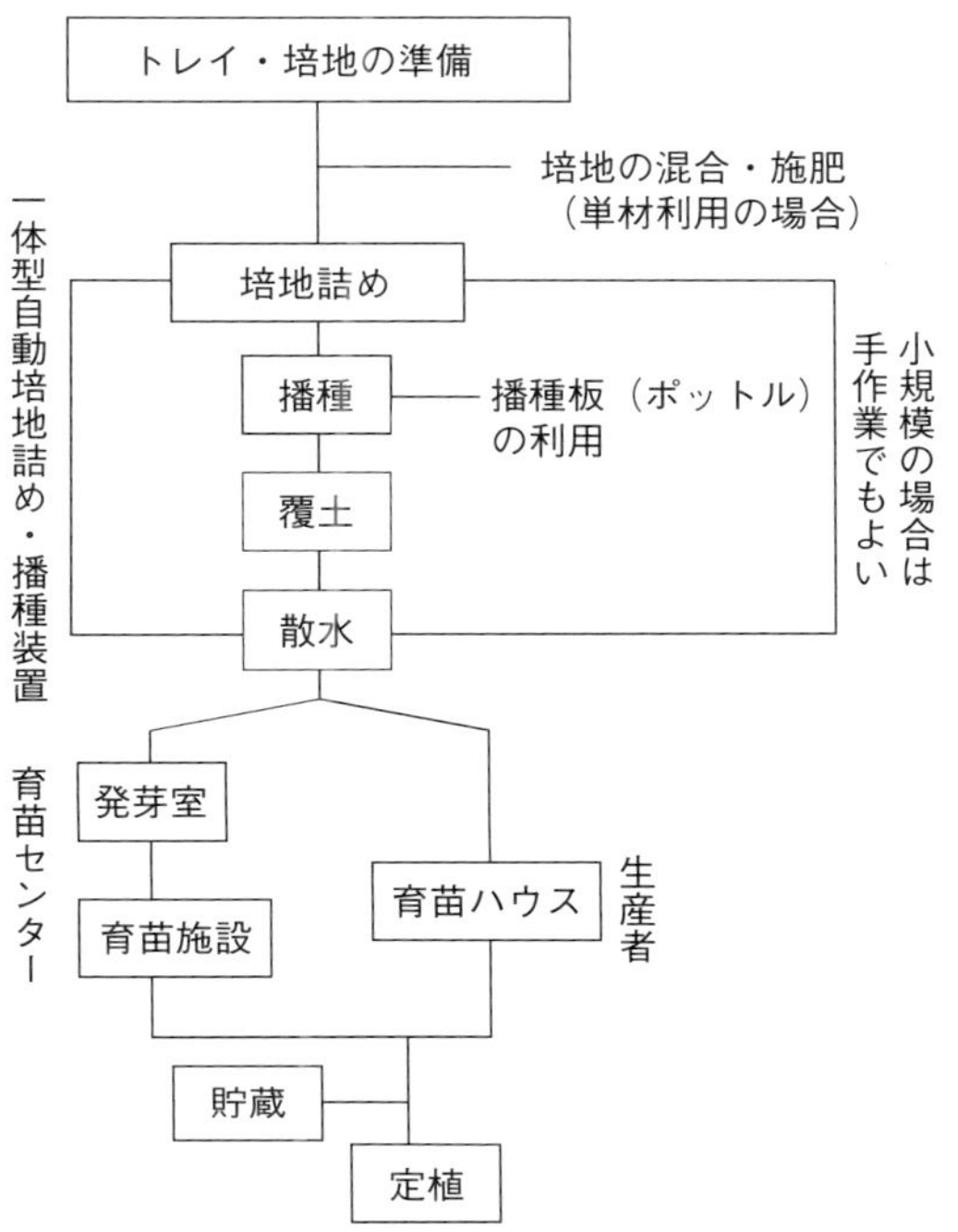

表2　セル成型育苗の施設・資材

育苗施設	・温度，灌水などを制御できる専用の育苗ハウスの利用が望ましい。環境制御施設・機械の自動化をしていなくても育苗は可能であるため，経費に見合った規模と装置とする ・低温期の育苗では，保温，加温設備が必要である。とくにアブラナ科やセリ科野菜のように，低温で花芽分化，抽台が誘起される品目の育苗には，暖房機の設置が望ましい。電熱線や農電マットなどの温床も準備したい ・高温期にはハウス内の温度を下げるために，側窓や天窓，妻窓などの換気口を確保する。また換気扇や循環扇の効果も大きい
育苗ベンチ	・セル成型育苗では，トレイの底が直接地面に接することを避けるため，ベンチ上で育苗する。これは，セルの穴から根が出ないようにするためで，エアープルーニングと呼ばれる。ベンチの高さは，ブロックの上にL鋼を渡したもの(高さ30cm程度)でもよいが,作業性を考慮すると高設ベンチが優れている。また,育苗中の病害防除の観点からも，靴から土の跳ね上がりなどを避けるためにもベンチは高い方が望ましい
灌水施設	・灌水にはタイマー制御による自動灌水や手灌水がある。自動灌水装置は設置コストを要するが，労力の削減と均一な生育の確保に効果的である。セル成型育苗はセル当たりの培地量が少ないため，灌水の回数が多く，自動灌水装置が設置されれば，養液による肥培管理や薬剤散布の省力化にも利用できる
セルトレイ	・セルトレイの大きさは，育苗品目および育苗期間によって適正なものを選定する（表3参照）。移植機を利用する場合には，連動性があるか確認する必要がある
用土	・市販されている育苗用土を用いることが多い。品目や育苗時期に応じて，窒素成分量や培地組成を確認して選定する ・自家製培土の場合，ピートモス，バーミキュライト，パーライトなど，比較的均質で安定的に入手できる資材を用いる。一般的にはピートモス，バーミキュライト，パーライトを3：2：1の比率を基本に混合したものが多い。養分が含まれていないので，品目や育苗期間に応じて養分を添加する ・水だけで管理する場合の養分添加量の目安は，培地1ℓ当たり窒素は硝安で0.6g，リン酸は苦土重焼燐で4g，カリは硫酸加里で0.3gとし，作期や品目に合わせて調整する
種子	・間引き労力を省力化するため，1粒播きを原則とする。コート種子（ペレット種子）を利用すれば播種作業が容易になる。欠株を生じさせないために2粒播きする場合では，間引き作業は本葉展開前に完了する

取りにくくなり、老化も進行する。夏秋どりレタスの定植適期苗は図2のとおりである。

レタスでは、発芽後の子葉色によって養分状態がわかるので、養分管理の目安とする（図3）。他の品目でも参考にするとよい。

苗貯蔵　天候不順や作業の都合などで定植ができない場合、低温貯蔵で苗の老化を防ぐとよい。レタス、ハクサイ、キャベツ、ブロッコリー、カリフラワーなどで行なえる。

貯蔵期間は、レタス、キャベツ、ブロッコリー、カリフラワーでは2℃の暗黒条件で3～4週間程度、5℃程度でも10日程度であれば可能である。また、0℃程度に低下しても問題は生じない。ハクサイは抽台の関係から6月中旬以降の播種から適応でき、2℃で10日程度の貯蔵であれば、低温による抽台現象を回避できる。

（執筆：小松和彦）

表3　野菜の種類とセル成型育苗の例

品目	セルトレイ（穴数）	培地量（ℓ/トレイ）	育苗日数（日）	育苗完了の目安
レタス	200	2.8	20～25	葉数2.5～3枚
レタス（低温期）	128	3.2	30～35	葉数3.5～4枚
レタス（盛夏期）	288	2.6	15～20	葉数2～2.5枚
ハクサイ	200	2.8	30～35	葉数3～4枚
ハクサイ（低温期）	128	3.2	35～40	葉数4～5枚
キャベツ	200	2.8	25～30	葉数3～4枚
キャベツ（低温期）	128	3.2	30～35	葉数4～5枚
ブロッコリー	200	2.8	25～30	葉数3～4枚
ブロッコリー（低温期）	128	3.2	30～35	葉数4～5枚
チンゲンサイ	288	2.6	20～25	葉数2.5～3枚
アスパラガス	128	3.2	70～80	茎数2～3本

図2　レタスのセル成型苗

セルから抜いた苗　　　生育状況

図3　育苗時における葉色と栄養診断

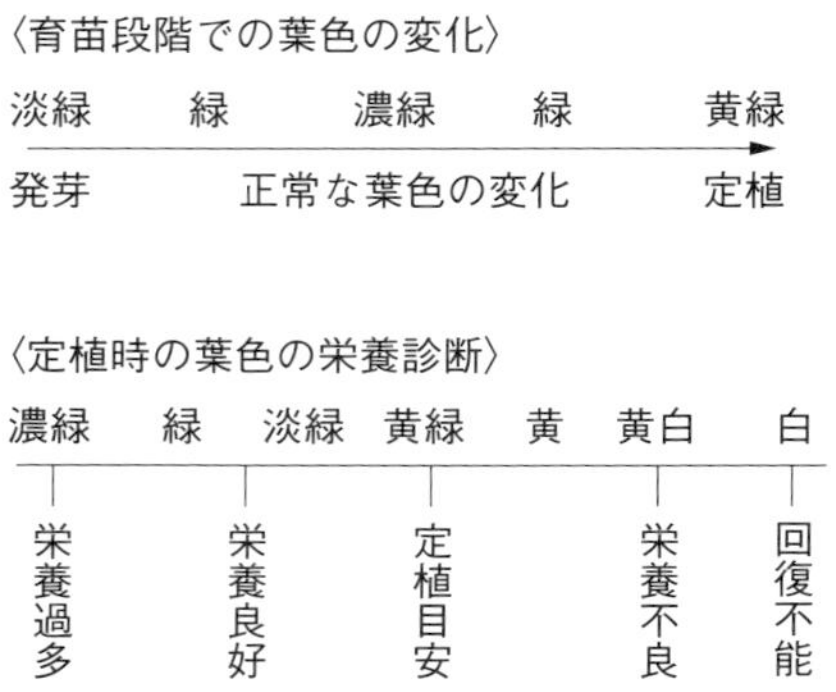

農薬を減らすための防除の工夫

1 各種防除法の工夫

(1) 完熟堆肥の施用

完熟した堆肥の施用は土壌の物理性や化学性を改善するだけでなく、有用な微生物が多数繁殖し、土壌病原菌の増殖を抑える働きがある。ただし、十分に腐熟していない堆肥を使用すると、作物の生育に障害がでる場合があるので注意する。

(2) 輪作

同一作物または同じ科の作物を同一圃場で連続して栽培すると土壌病原菌の密度が高まり、作物の生育に障害がでる。そのためいくつかの作物を順番にまわして栽培する必要がある。

キャベツ、ブロッコリー、ハクサイ、チンゲンサイ、コマツナなどを連続して栽培すると、アブラナ科野菜の病害である根こぶ病が発生しやすくなるので避ける。

(3) 栽培管理

キャベツをはじめとするアブラナ科野菜には根こぶ病がよく発生する。根こぶ病菌は土壌が酸性だとよく繁殖するので、作付けの1週間程度前に石灰窒素を100㎡当たり10kg施用し、土壌pHを調整する。また、土壌水分

表1　物理的防除法と対抗植物の利用

近紫外線除去フィルムの利用	・ハウスを近紫外線除去フィルムで覆うと，アブラムシ類やコナジラミ類のハウス内への侵入や，灰色かび病・菌核病などの増殖を抑制できる
有色粘着テープ	・アブラムシ類やコナジラミ類は黄色に（金竜），ミナミキイロアザミウマは青色に（青竜），ミカンキイロアザミウマはピンク色に（桃竜）集まる性質があるため，これを利用して捕獲することができる ・これらのテープは降雨や薬剤散布による濡れには強いが，砂ぼこりにより粘着力が低下する
シルバーマルチ	・アブラムシ類は銀白色を忌避する性質があるので，ウネ面にシルバーマルチを張ると寄生を抑制できる。ただし，作物が繁茂してくるとその効果は徐々に低下してくるので，生育初期のアブラムシ類の抑制に活用する
防虫ネット，寒冷紗	・ハウスの入口や換気部に防虫ネットや寒冷紗を張ることにより害虫の侵入を遮断できる ・確実にハウス内への害虫を軽減できるが，ハウス内の気温がやや上昇する。ハウス内の気温をさほど上昇させず，害虫の侵入を軽減できるダイオミラー410ME3の利用も効果的である ・赤色の防虫ネットは，微小害虫のハウス内への侵入を減らすことができる
ベタがけ，浮きがけ	・露地栽培ではパスライトやパオパオなどの被覆資材や寒冷紗で害虫の被害を軽減できる。直接作物にかける「ベタがけ」か，支柱を使いトンネル状に覆う「浮きがけ」で利用する。「ベタがけ」は手軽に利用できるが，作物と被覆資材が直接触れるとコナガなどが被覆内に侵入する ・被覆栽培では，コマツナやホウレンソウなどの葉物はやや軟弱に育つため，収穫予定の1週間程度前に被覆をはがすほうががっちりとなる
マルチの利用	・マルチや敷きワラでウネ面を覆うことにより，地上部への病原菌の侵入を抑制でき，黒マルチを利用することで雑草の発生も抑えられるが，早春期に利用すると若干地温が低下する
対抗植物の利用	・土壌センチュウ類などの防除に効果がある植物で，前作に60～90日栽培して，その後土つくりを兼ねてすき込み，十分に腐熟してから野菜を作付けする ・マリーゴールド（アフリカントール，他）：ネグサレセンチュウに効果 ・クロタラリア（コブトリソウ，ネマコロリ，他）：ネコブセンチュウに効果

が高くても発生しやすくなるので、圃場周辺の排水対策を実施し、ウネも高めにつくる。根こぶ病は20～25℃の高温を好むので、作付け時期をずらすだけでも発生は少なくなる。

(4) 圃場衛生、雑草の除去

圃場およびその周辺に作物の残渣があると病害虫の発生源となるので、すみやかに処分する。

アブラムシ類、アザミウマ類、ハモグリバエ類などの微小な害虫は、作物だけでなく、雑草にも寄生しているので、除草を心がける。

(5) 物理的防除、対抗植物の利用

表1参照。

(6) 農薬を上手に使う

表2参照。

表2　農薬使用のかんどころ

散布薬剤の調合の順番	①展着剤→②乳剤→③水和剤（フロアブル剤）の順で水に入れ混合する
濃度より散布量が大切	ラベルに記載されている範囲であれば薄くても効果があるのでたっぷりと散布する
無駄な混用を避ける	・同一成分が含まれる場合（例：リドミルMZ水和剤＋ジマンダイセン水和剤） ・同じ種類の成分が含まれる場合（例：トレボン乳剤＋ロディー乳剤） ・同じ作用の薬剤どうしの混用の場合（例：ジマンダイセン水和剤＋ダコニール1000）
新しい噴口を使う	噴口が古くなると散布された液が均一に付着しにくくなる。とくに葉裏
病害虫の発生を予測	長雨→病気に注意　　高温乾燥→害虫が増殖
薬剤散布の記録をつける	翌年の作付けや農薬選びの参考になる

(7) 合成性フェロモン剤の利用

合成性フェロモンとは性的興奮や交尾行動を起こさせる物質で、雌の匂いを化学的に合成したものが特殊なチューブに封入され販売されている。

合成性フェロモン利用による防除には、(1)大量誘殺法（合成性フェロモンによって大量に雄成虫を捕獲し、交尾率を低下させる方法）、(2)交信かく乱法（合成性フェロモンを一定の空間に充満することにより、雌雄の交信をかく乱させ、雄が雌を発見できなくなる交尾阻害方法）がある（表3）。合成性フェロモンは作物に直接散布するものではなく、天敵や生態系への影響もない防除手段であり、注目されているが、いずれの方法も数ha規模で使用しないとその効果は期待できない。

表3　野菜用のフェロモン剤

商品名	対象害虫	適用作物
〈交信かく乱剤〉		
コナガコン	コナガ	アブラナ科野菜など加害作物
	オオタバコガ	加害作物全般
ヨトウコン	シロイチモジヨトウ	ネギ・エンドウなど，各種野菜など加害作物全般
〈大量誘殺剤〉		
フェロディンSL	ハスモンヨトウ	アブラナ科野菜，ナス科野菜，イチゴ，ニンジン，レタス，レンコン，マメ類，イモ類，ネギ類など
アリモドキコール	アリモドキゾウムシ	サツマイモ

（執筆：加藤浩生）

天敵の利用

1 土着天敵の保護・強化と副次的な効果

アブラナ科葉菜類では、主にチョウ目害虫やアブラムシ類、キスジノミハムシ、ハバチ類、ネギアザミウマなど、レタスでは主にチョウ目害虫、アブラムシ類、ハモグリバエ類などが発生し、いずれも、発生量と被害の大きさから最も重要視されるチョウ目害虫を念頭に置いた防除体系を組み立てる必要がある。

しかし、チョウ目に対して有効な天敵製剤はなく、この品目群での天敵利用は、施設栽培でのアブラムシ類の防除に生物農薬を用いる場合を除き、土着天敵の活用のみとなる。具体的には、天敵の働きを妨げる要因（悪影響を及ぼす薬剤の使用など）を回避して保護し、活動に好適な条件（天敵の密度を高める植生の配置など）を整えて働きを強化する。強化のための植生管理には、天敵温存植物または緑肥用ムギ類などの被覆植物（表1）の活用があり、目的とする土着天敵の種類に合わせて草種を選ぶ。

なお、このような植生管理は天敵の密度を高めるだけではなく、害虫の行動にも影響し、被害を軽減する効果がある。例えば、キャベツ圃場に緑肥用のオオムギを間作すると、間作がない場合と比較して、キャベツ株上へのモンシロチョウの滞在時間が短くなることが確認されている。

2 IPMの実践が基本

土着天敵による対応がむずかしい病害虫への対策も含めたＩＰＭ（総合的病害虫・雑草管理）の実践を基本とする。①健全苗の利用、②害虫発生源の除去、③防虫ネットや不織布などによる被覆、④圃場への合成性フェロモン剤の設置による交信かく乱などによって、あらかじめ害虫が発生しにくい環境を整える。また、薬剤を併用する際は、次項の内容に留意する。

3 天敵と化学合成農薬などの上手な併用

天敵では対応できない病害虫の対策として、薬剤を適切に組み合わせて用いることが天敵利用成功のポイントである。ただし、天敵の定着や増殖に悪影響を及ぼすものもあるため、併用薬剤の選択には細心の注意を払う必要がある。選択的なものを用いることが基本となるが、天敵の種類によって個々の薬剤による影響の程度は大きく異なるため、主に活用したい天敵種をイメージして薬剤を選ぶ。

チョウ目の主な土着天敵である寄生蜂類、ゴミムシ類、徘徊性クモ類、アブラムシ類の寄生蜂類、テントウムシ類に関しては、一部の種であるが表2のように各種殺虫剤の影響に関する知見があり、これらが参考となる。

アブラムシ類、ハモグリバエ類の土着天敵のうち、施設栽培の野菜類における農薬登録がある種（アブラムシ類の天敵であるショクガタマバエ、クサカゲロウ類、ハモグリバエ

表1　主な天敵温存植物および被覆植物とその効果，留意事項

対象害虫						天敵温存植物（★）または被覆植物（●）	強化が期待される天敵						天敵に供給される餌・効果				主な利用時期				留意事項
アブラムシ類	キスジノミハムシ	チョウ目	ハバチ類	ハモグリバエ類	ネギアザミウマ		寄生蜂 	クサカゲロウ類 	ゴミムシ類 	テントウムシ類 	徘徊性クモ類 	ヒラタアブ類 	花粉・花蜜	隠れ家	植物汁液	代替餌（昆虫）	春	夏	秋	冬	
○						★コリアンダー	○	○				○	○				■				秋播きすると春に開花する
○						★スイートアリッサム	○					○	○				■		■	■	・白色の花が咲く品種が推奨される ・温暖地では冬期も生育・開花する ・アブラナ科であることに留意する
○						★スイートバジル	○					○	○					■	■		開花期間が長い
○						★ソバ	○					○	○					■	■		・秋ソバ品種を早播きすると長く開花する ・倒伏・雑草化しやすい
○						★ソルゴー	○	○		○		○			○	○		■	■		ヒエノアブラムシや傷口から出る汁液が餌となる
	○	○	○		○	★フレンチマリーゴールド			○		○			○		○		■	■		・花に生息するコスモスアザミウマが餌となる ・被覆植物としての機能も期待できる ・キク科であることに留意する
○						★ホーリーバジル	○					○	○					■	■		開花期間が長い
	○	○	○		○	●クリムゾンクローバ	○		○	○	○	○	○	○			■		■	■	暑さには弱いが，冬期も地上部が維持される
	○	○	○		○	●シロクローバ	○		○	○	○	○	○	○			■	■	■		冬期には地上部が枯死する
	○	○	○		○	●緑肥用ムギ類			○		○			○			■	■	■	■	種，品種により播種期や冬期への適否が異なる

表2　各種土着天敵に対する薬剤の影響の目安

IRAC作用機構分類	サブグループ	薬剤名	土着天敵種（対象害虫種）								
			コナガコマユバチ（コナガ）	ギフアブラバチ（アブラムシ類）		ナケルクロアブラバチ（アブラムシ類）		オオアトボシアオゴミムシ（チョウ目など）	ナミテントウ（アブラムシ類）		ウヅキコモリグモ（チョウ目など）
			成虫	成虫	マミー	成虫	マミー	成虫	成虫	幼虫	若齢幼体
1A	カーバメート系	ランネート45DF	–	–	–	–	–	b	–	–	×
		オリオン水和剤40	–	–	–	–	–	–	–	–	×
1B	有機リン系	マラソン乳剤	–	×	○	–	–	–	×	×	×
		オルトラン水和剤	–	–	–	–	–	b	×	×	–
		エルサン乳剤	–	–	–	–	–	–	–	–	×
		ダイアジノン乳剤40	–	–	–	–	–	–	–	–	×
		トクチオン乳剤	–	–	–	–	–	–	–	–	×
3A	ピレスロイド系	アディオン乳剤	×	×	◎	–	–	–	△	△	×
		トレボン乳剤	–	–	–	–	–	–	–	–	×
		アグロスリン水和剤	–	–	–	–	–	a	×	×	×
		バイスロイド乳剤	–	–	–	–	–	–	–	–	×
		スカウトフロアブル	–	–	–	–	–	–	–	–	×
		マブリック水和剤20	–	–	–	–	–	–	–	–	×
4A	ネオニコチノイド系	モスピラン水溶剤	◎	◎	–	△	◎	b	×	×	○
		アクタラ顆粒水溶剤	–	△	○	–	–	–	×	△	◎
		アドマイヤーフロアブル	–	○	◎	–	–	–	–	–	–
		ダントツ水溶剤	○	○	◎	–	–	–	–	–	○
		スタークル／アルバリン顆粒水溶剤	–	△	◎	–	–	a	×	×	–
		ベストガード水溶剤	–	×	◎	–	–	–	–	–	–
5	スピノシン系	スピノエース顆粒水和剤	–	×	◎	△	◎	b	–	◎	×
6	アベルメクチン系	アファーム乳剤	◎	×	◎	△	◎	–	○	×	×
		アニキ乳剤	–	△	◎	△	◎	–	–	–	–
9B	ピリジン アゾメチン誘導体	チェス水和剤／顆粒水和剤	–	◎	–	◎	◎	–	–	◎	–
		コルト顆粒水和剤	–	◎	–	–	–	–	–	–	–
11A	*Bacillus thuringiensis* と殺虫タンパク質生産物	各種BT剤	◎	–	–	–	–	a	◎	○	◎
12A	ジアフェンチウロン	ガンバ水和剤	–	–	–	–	–	–	–	–	×
13	ピロール	コテツフロアブル	–	×	◎	×	◎	–	–	○	×

14	ネライストキシン類縁体	パダンSG水溶剤	×	–	–	–	–	a	–	–	×
		リーフガード顆粒水和剤	–	–	–	–	–	–	–	–	○
15	ベンゾイル尿素系（IGR剤）	アタブロン乳剤	◎	–	–	–	–	–	–	–	×
		ノーモルト乳剤	◎	–	–	–	–	–	–	–	◎
		カスケード乳剤	–	◎	–	–	–	–	○	○	◎
		ファルコンフロアブル	–	◎	–	–	–	–	–	–	◎
		マトリックフロアブル	–	–	–	–	–	–	–	–	◎
		マッチ乳剤	–	◎	–	◎	◎	–	◎	○	◎
17	シロマジン	トリガード液剤	–	–	–	–	–	–	–	◎	–
21A	METI剤	ハチハチ乳剤	×	△	○	–	–	–	–	×	×
28	ジアミド系	プレバソンフロアブル	◎	–	–	◎	◎	a	–	–	–
		フェニックス顆粒水和剤	◎	◎	–	–	–	a	–	○	–
29	フロニカミド	ウララDF	–	–	–	◎	◎	–	–	◎	–
UN	ピリダリル	プレオフロアブル	◎	◎	–	◎	◎	a	–	○	◎
	水（対照）		◎	◎	◎	◎	◎	a	◎	◎	◎

注）表の見方
◎（無影響）：死亡率30％未満，○（影響小）：同30％以上80％未満，△（影響中）：同80％以上99％未満，×（影響大）：同99％以上（IOBCの室内試験基準）
a：影響が小さい（水処理と有意差なし），b：影響が大きい（水処理と有意差がある），–：データなし

図1　日本生物防除協議会ウェブサイトへのQRコード

表3　各作物の特性と天敵利用の難易度

栽培期間	選択性薬剤のメニュー	被害許容密度	天敵利用の難易度	作物の例
長い	多い	中～高い	可能	キャベツ ハクサイ ブロッコリー レタス
短い	少ない	低い	困難	コマツナ サラダナ チンゲンサイ ミズナ

類の天敵であるイサエアヒメコバチ、ハモグリミドリヒメコバチ（商品名ミドリヒメ）については、天敵に対する各種薬剤の影響の目安として、日本生物防除協議会がウェブサイト（図1を用いてアクセス可、http://www.biocontrol.jp/）に一覧で公開している中に情報があり、これが参考となる。

殺虫剤の場合、天敵の種を問わず影響が小さいものは、気門封鎖剤、BT剤など数種類に限られる。やむを得ず非選択的な薬剤を用いる場合は、利用する剤型や処理方法をできるだけ工夫する。例えば、栽培初期には粒剤処理や土壌灌注処理で対応すれば、非選択的な殺虫剤であっても影響を軽減できる可能性がある。なお、アブラナ科葉菜類とレタスで活用したい土着天敵の場合、殺菌剤はほとんど影響を及ぼさないと考えられる。

4　被害許容密度や栽培期間などにより異なる天敵利用の難易度

葉菜類の栽培では、出荷部位そのものを害虫の食害から守る必要があり、作物ごとの被

害許容密度や栽培期間、使用可能な選択性薬剤の数によって、土着天敵活用の難易度が異なる。土着天敵の活用が可能なのは、被害許容密度が高く、栽培期間が長く、選択性薬剤のメニューが豊富な作物である（表3）。これらを踏まえると、アブラナ科葉菜類の3種（キャベツ、ブロッコリーおよびハクサイ）とレタスで、土着天敵を活用した防除が可能であると考えられる。

（執筆：大井田　寛）

各種土壌消毒の方法

土壌消毒を実施するかどうかの判断は非常にむずかしい。作物の生育期間中に土壌病害や線虫の寄生に気がついても手のほどこしようがないので、前作で病気や線虫による株の萎れや根の異常があれば実施するのが賢明である。

(1) 太陽熱利用による土壌消毒

太陽の熱でビニール被覆内の空間を温め、熱を土中に伝導し、各種病害・ネコブセンチュウ・雑草の種子を死滅させる方法である。冷夏で日射量が少ないと効果が不十分となる。

処理は梅雨明け後から約1カ月間に行なうのがよい。処理手順は、図1、2のように行なう。

近年、有機物を施用して太陽熱消毒を行なう土壌還元消毒が施設栽培を中心に実施されている。有機物を餌に微生物が急増してその呼吸で土壌が還元化されることで、これまでの太陽熱消毒に比べて、より低温で短期間に安定した効果が得られる。

有機物がフスマや米ぬか、糖蜜の場合、10a当たり1t施用してから土壌に混和し、十分な水を与えて農業用の透明フィルムで被覆し、ハウスを密閉する。エタノールを使用する場合、処理前日ないし当日、圃場全体に灌水チューブなどで50㎜程度灌水する。その後、液肥混入器などで0・25～0・5％に希釈したエタノールを50㎝程度の間隔で設置した灌水チューブで黒ボク土では1㎡当たり150ℓ、砂質土では濃度を2倍にして半量散布後、フィルムで被覆する。

図1　露地畑での太陽熱土壌消毒法

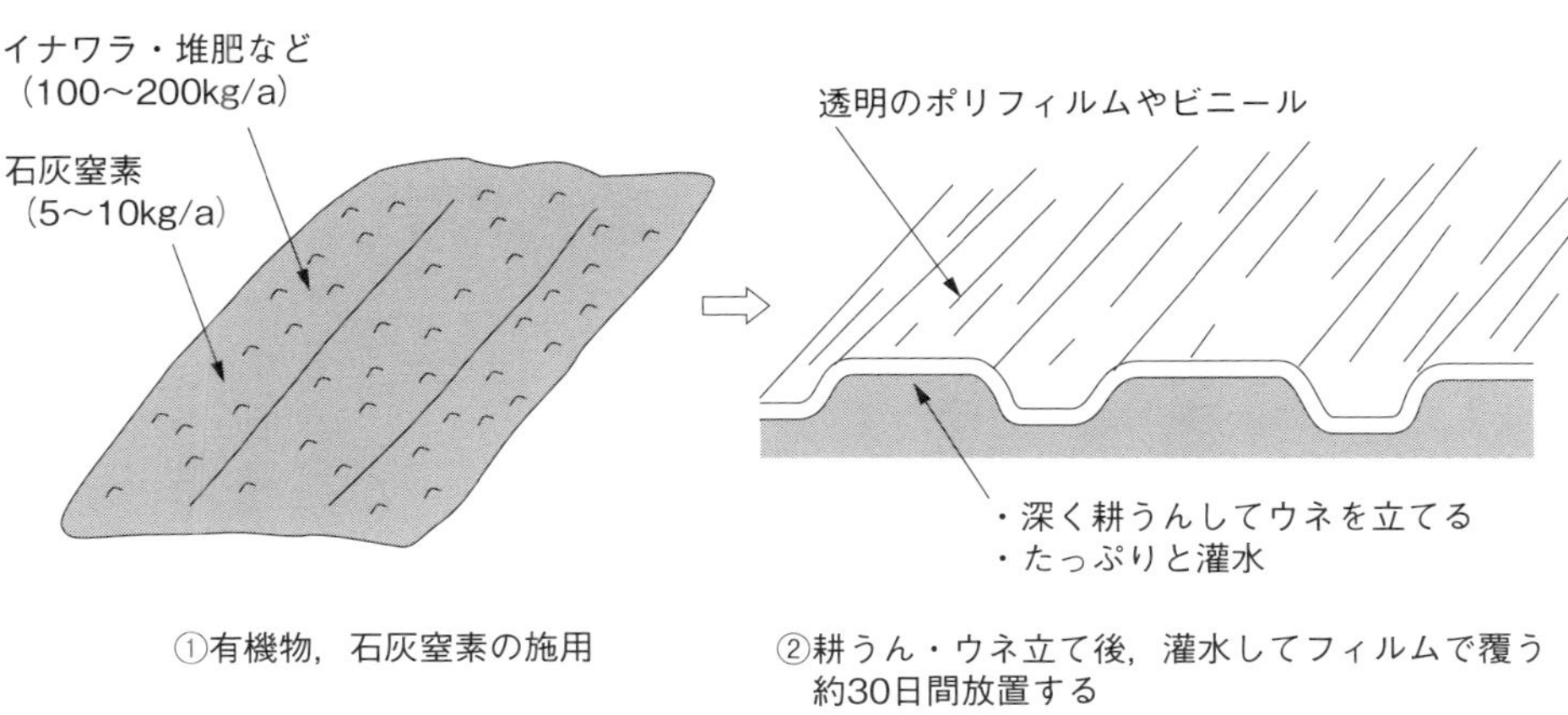

①有機物，石灰窒素の施用
②耕うん・ウネ立て後，灌水してフィルムで覆う
約30日間放置する

いずれの方法もハウスを2～3週間密閉後、フィルムを除去してロータリーで耕うんし、土壌を下層まで酸化状態に戻し、3～4日後に播種・定植ができる。

土壌消毒効果は、有機物を混和した部分までに限定され、低濃度エタノールは処理費用が高いが、深層まで処理効果を示す。

表1　主なくん蒸剤

種類／対象	線虫類	土壌病害	雑草種子	主な商品名
D-D剤	○	-	-	DC，テロン
クロルピクリン剤	○	○	○	クロルピクリン
ダゾメット剤	○	○	○	ガスタード微粒剤

図2　施設での太陽熱土壌消毒法

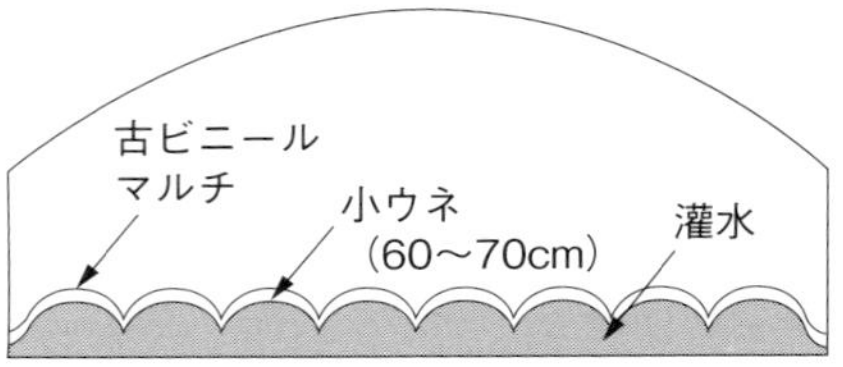

処理期間は20〜30日間

(2) 石灰窒素利用による土壌消毒

作付け予定の5～7日以上前に、石灰窒素を100㎡当たり5～10kg施用し、ていねいに土壌混和する。土壌が乾燥している場合は灌水をする。

太陽熱利用による土壌消毒や化学農薬による土壌消毒より防除効果は低いが、手軽に利用できる。

(3) 農薬による土壌消毒

①くん蒸剤による土壌消毒

土壌病害と線虫類、雑草の種子を防除対象とするものと、線虫類だけを対象とするものがある（表1）。

くん蒸剤を施用してから作物を作付けできるまでの最短の必要日数は、使用する薬剤によって異なり、D-D剤やクロルピクリン剤では約2週間、ガスタード微粒剤では約3週間程度である。気温が低い場合はこの日数よりも長く必要となる。

くん蒸剤は土壌病害・線虫害を回避する一つの方法であるが、その使用方法は非常にむずかしいので、表示されている注意事項に十分留意して行なう。

〈くん蒸剤使用の留意点〉

(1)D-D剤やクロルピクリン剤を使用するときには、専用の注入器が必要である。

(2)くん蒸剤全体に薬剤の臭いがするが、とくにクロルピクリン剤は非常に臭いが強いので、その取り扱いには注意が必要。

(3)テープ状のクロルピクリン剤は、使用時の臭いが少なく使用しやすい。

(4)くん蒸剤注入後は、ポリフィルムやビニールで土壌表面を覆う。

(5)ダゾメット剤は、処理時の土壌水分を多めにする。

②粒状線虫剤

粒状線虫剤はくん蒸剤と異なり、手軽に使用できる。植付け直前にていねいに土壌に混和する。植付け前の施肥時の使用が合理的である。100㎡当たり200～400gを土壌表面に均一に散粒し、ていねいに土壌混和するのが効果を高めるポイントである。植付け時の植穴使用は効果がない。また、生育中の追加使用も同様に効果がない。

果菜類のネコブセンチュウ対策としての実施が主である。キャベツなどのアブラナ科に発生する根こぶ病とは使用薬剤が異なるので注意する。

（執筆：加藤浩生）

被覆資材の種類と特徴

ハウスやトンネル、ベタがけやマルチに使用する被覆資材にはいろいろな材質、特性のものがある。野菜の種類や作期などに応じて最適なものを選びたい。

(1) ハウス外張り用被覆資材（表1）

①資材の種類と動向

ハウス外張り用被覆資材は、ポリ塩化ビニール（農ビ）が主に使用されてきたが、保温性を農ビ並みに強化し、長期展張できるポリオレフィン系特殊フィルム（農ＰＯ）が開発されて、そのシェアを伸ばしてきた。２０１８年の調査によるハウス外張り用被覆資材は、農ＰＯが全体の52％を占め、次いで農ビが36％、農業用フッ素フィルム（フッ素系）が６％である。

ハウス外張り用被覆資材に求められる特性としては、第一に保温性、光線透過性が優れることで、防曇性（流滴性）、防霧性なども重要である。

②主な被覆資材の特徴

農ビ　柔軟性、弾力性、透明性が高く、防曇効果が長期間持続し、赤外線透過率が低いので保温性の優れることなどが特長である。一方、資材が重くてべたつきやすく、汚れの付着による光線透過率低下が早いのが欠点である。

べたつきを少なくして作業性をよくする、チリやホコリを付着しにくくして汚れにくくする、３～４年展張可能といったこれまでの農ビの欠点を改善する資材も開発されている。

農ＰＯ　ポリオレフィン系樹脂を３～５層にし、赤外線吸収剤を配合するなどして保温性を農ビ並みに強化したもので、軽量でべたつきなく透明性が高い。こすれに弱いが、破れた部分からの傷口が広がりにくく、温度による伸縮が少ないので展張した資材を固定するテープなどが不要で、バンドレスで展張できる。厚みのあるものは長期間展張できるといった特徴がある。

硬質フィルム　近年、硬質フィルムで増えているのが、フッ素系フィルムである。エチレンと四フッ化エチレンを主原料とし、光線透過率が高く、透過性が長期間維持される。強度・耐衝撃性が優れ、耐用年数は10～30年と長い。粘着性が小さく、広い温度帯での耐性も優れる。表面反射が極めて低いので室内が明るく、赤外線透過率が低いため保温性も優れる。使用済みの資材は、メーカーが回収する。

③用途に対応した商品の開発

各種類は、光線透過率を波長別に変える、散乱光にするなど、さまざまな用途に対応する製品が開発されている。近紫外線除去フィルムは、害虫侵入抑制、灰色かび病などの病原胞子の発芽を抑制する利点があるが、ナスでは果皮色が発色不良になり、ミツバチの活動低下、マルハナバチも紫外線のカット率などによって活動が抑制されることがあるので注意する（表２）。光散乱フィルムは、骨材や作物の葉などによる影ができにくく、急激な温度変化が少ないので葉焼けや果実の日焼けを抑制し、作業環境もよくなる。

そのほか、外気温に反応して透明性が変化し、低温時は透明で直達光を多く取り込み、高温時は梨地調に変化して散乱光にすると

表1　ハウス外張り用被覆資材の種類と特性

種類	素材名		商品名	光線透過率（%）	近紫外線透過程度注)	厚さ（mm）	耐用年数（年）	備考
硬質フィルム	ポリエステル系		シクスライトクリーン・ムテキＬなど	92	△～×	0.15～0.165	6～10	強度・耐候性・透明性優れる。紫外線の透過率が低いため，ミツバチを利用する野菜やナスには使えない
	フッ素系		エフクリーン自然光，エフクリーンGRUV，エフクリーン自然光ナシジなど	92～94	○～×	0.06～0.1	10～30	光線透過率高く，フィルムが汚れにくくて室内が明るい。長期展張可能。防曇剤を定期的に散布する必要がある。ハウス内のカーテンやテープなどの劣化が早い。キュウリやピーマンは保湿が必要。近紫外線除去タイプ（エフクリーンGRUVなど）や光散乱タイプ（エフクリーン自然光ナシジ）もある。使用済み資材はメーカーが回収する
軟質フィルム	ポリ塩化ビニール（農ビ）	一般	ノービエースみらい，ソラクリーン，スカイ8防霧，ハイヒット21など	90～	○～×	0.075～0.15	1～2	透明性高く，防曇効果が長期間持続し，保温性がよい。資材が重くてべたつきやすく，汚れによる光線透過率低下がやや早い。厚さ0.13mm以上のものはミツバチやマルハナバチを利用する野菜には使用できないものがある
		防塵・耐久	クリーンエースだいち，ソラクリーン，シャインアップ，クリーンヒットなど	90～	○～×	0.075～0.15	2～4	チリやホコリを付着しにくくし，耐久農ビは3～4年展張可能。厚さ0.13mm以上のものはミツバチを利用する野菜に使用できないものがある
		近紫外線除去	カットエースON，ノンキリとおしま線，紫外線カットスカイ8防霧，ノービエースみらい	90～	×	0.075～0.15	1～2	害虫侵入抑制，灰色かび病などの病原胞子の発芽を抑制する。ミツバチを利用する野菜やナスには使えない
		光散乱	無滴，SUNRUN，パールメイトST，ノンキリー梨地など	90～	○	0.075～0.1	1～2	骨材や葉による影ができにくい。急激な温度変化が緩和し，葉焼けや果実の日焼けを抑制し，作業環境もよくなる。商品によって散乱光率が異なる
	ポリオレフィン系特殊フィルム（農ＰＯ）	一般	スーパーソーラーBD，花野果強靭，スーパーダイヤスター，アグリスター，クリンテートEX，トーカンエースとびきり，バツグン5，アグリトップなど	90～	○	0.1～0.15	3～8	フィルムが汚れにくく，伸びにくい。パイプハウスではハウスバンド不要。保温性は農ビとほぼ同等。資材の厚さなどで耐用年数が異なる
		近紫外線除去	UVソーラーBD，アグリスカット，ダイヤスターUVカット，クリンテートGMなど	90～	×	0.1～0.15	3～5	害虫侵入抑制，灰色かび病などの病原胞子の発芽を抑制する。ミツバチを利用する野菜やナスには使えない
		光散乱	美サンランダイヤスター，美サンランイースターなど	89～	○	0.075～0.15	3～8	骨材や葉による影ができにくい。急激な温度変化が緩和し，葉焼けや果実の日焼けを抑制し，作業環境もよくなる

注）近紫外線の透過程度により，○：280nm付近の波長まで透過する，△：波長310nm付近以下を透過しない，×：波長360nm付近以下を透過しない，の３段階

表2　被覆資材の近紫外線透過タイプとその利用

タイプ	透過波長域	近紫外線透過率	適用場面	適用作物
近紫外線強調型	300nm 以上	70% 以上	アントシアニン色素による発色促進	ナス，イチゴなど
			ミツバチの行動促進	イチゴ，メロン，スイカなど
紫外線透過型	300nm 以上	50% ± 10	一般的被覆利用	ほとんどの作物
近紫外線透過抑制型	340 ± 10nm	25% ± 10	葉茎菜類の生育促進	ニラ，ホウレンソウ，コカブ，レタスなど
近紫外線不透過型	380nm 以上	0%	病虫害抑制	
			・ミナミキイロザミウマ，ハモグリバエ類，ネギコガ，アブラムシ類など	トマト，キュウリ，ピーマンなど
			・灰色かび病，萎凋病，黒斑病など	ホウレンソウ，ネギなど
			ミツバチの行動抑制	イチゴ，メロン，スイカなど

いった資材も開発されている。

(2) トンネル被覆資材（表3）

① 資材の種類

野菜の栽培用トンネルは、アーチ型支柱に被覆資材を被せたもので、保温が主な目的である。保温性を高めるために二重被覆も行なわれる。保温を目的とする場合は、一般に軟質フィルムが使用されるが、虫害や鳥害、風害を防止するために寒冷紗や防虫ネット、割繊維不織布をトンネル被覆することもある。換気を省略するためにフィルムに穴をあけた有孔フィルムもある。

② 各資材の特徴

農ビ　保温性が最も優れるので、保温効果を最優先する厳寒期の栽培や寒さに弱い野菜に向く。裂けやすいので穴あけ換気はむずかしい。

農PO　農ビに近い保温性があり、べたつきが少なく、汚れにくいので、作業性や耐久性を重視する場合に向く。裂けにくいので穴あけ換気ができる。

農ポリ　軽くて扱いやすく、安価だが、保温性が劣るので、気温が上がってくる春の栽培やマルチで利用される。

穴のあいた有孔フィルム　昼夜の温度格差が小さく、換気作業を省略できる。開口率の違うものがあり、野菜の種類や栽培時期によって使い分ける。

防虫ネット　防虫ネットと寒冷紗は、ベタがけも行なわれるがトンネル被覆で利用することが多い。防虫ネットは、対象となる害虫によって目合いが異なる（表4）。目が細かいほど幅広い害虫に対応できるが、通気性が悪くなり、蒸れたり気温が高くなるので、被害が予想される害虫に合った目合いのものを選ぶ。アブラムシに忌避効果があるアルミ糸を織り込んだものなどもある。

寒冷紗　目の粗い平織の布で、主な用途は遮光である。黒色と白色があり、遮光率は黒が50%、白が20%程度のものが使われる。主に夏の播種や育苗に利用する。遮光率が高いほうが暑さを緩和する効果は高いが、発芽後もかけておくと徒長しやすいので発芽後に取り除くことが必要である。

(3) ベタがけ資材

ベタがけとは、光透過性と通気性を兼ね備えた資材を作物や種播き後のウネに直接かける方法である。支柱がいらず手軽にかけら

表3　トンネル被覆資材の種類と特性

種類	素材名		商品名	光線透過率(%)	近紫外線透過程度注1)	厚さ(mm)	保温性注2)	耐用年数(年)	備考
軟質フィルム	ポリ塩化ビニール（農ビ）	一般	トンネルエース，ニューロジスター，ロジーナ，ベタレスなど	92	○	0.05〜0.075	○	1〜2	最も保温性が高いので，保温効果を最優先する厳寒期の栽培や寒さに弱い野菜に向く。裂けやすいので穴あけ換気はむずかしい。農ビはべたつきやすいが，べたつきを少なくしたもの，保温力を強化したものもある
		近紫外線除去	カットエーストンネル用など	92	×	0.05〜0.075	○	1〜2	害虫の飛来を抑制する。ミツバチを利用する野菜には使用できない
	ポリオレフィン系特殊フィルム（農PO）	一般	透明ユーラック，クリンテート，ゴリラなど	90	○	0.05〜0.075	△	1〜2	農ビに近い保温性がある。べたつきが少なく，汚れにくいので，作業性や耐久性を重視する場合に向く。裂けにくいので穴あけ換気ができる
		有孔	ユーラックカンキ，ベジタロンアナトンなど	90	○	0.05〜0.075	△	1〜2	昼夜の温度格差が小さく，換気作業を省略できる。開口率の違うものがあり，野菜の種類や栽培時期によって使い分ける
	ポリエチレン（農ポリ）	一般	農ポリ	88	○	0.05〜0.075	×	1〜2	軽くて扱いやすく，安価だが，保温性が劣る。無滴と有滴がある
		有孔	有孔農ポリ	88	○	0.05〜0.075	×	1〜2	換気作業を省略できる。保温性が劣る。無滴と有滴がある
	ポリオレフィン系特殊フィルム（農PO）＋アルミ		シルバーポリトウ保温用	0	×	0.05〜0.07	◎	5〜7	ポリエチレン2層とアルミ層の3層。夜間の保温用で，発芽後は朝夕開閉する

注1）近紫外線の透過程度により，○:280nm付近の波長まで透過する，△:波長310nm付近以下を透過しない，×:波長360nm付近以下を透過しない，の3段階
注2）保温性　○：高い，△：やや高い，×：低い

れ、通気性があるために換気も不要で、主に不織布が利用される（表5）。

不織布は、繊維を織らず、接着剤や熱処理によって布状に加工したものである。隙間があるため、通気性がよく、隙間に空気を含むため保温性もある。ベタがけのほか、トンネルにも使われる。長繊維不織布は保温性を重視し、発芽や生育促進、寒害防止を目的として秋から春に使う。割繊維不織布は、通気性がよいので年間を通じて使うことができ、防虫目的で使用することが多い。近年、省力化と低コスト化をねらってトンネル被覆を行なっていた時期にベタがけで代替することも行なわれるようになっている。

表4　害虫の種類と防虫ネット目合いの目安

対象害虫	目合い(mm)
コナジラミ類，アザミウマ類	0.4
ハモグリバエ類	0.8
アブラムシ類，キスジノミハムシ	0.8
コナガ，カブラハバチ	1
シロイチモジヨトウ，ハイマダラノメイガ，ヨトウガ，ハスモンヨトウ，オオタバコガ	2〜4

注）赤色ネットは0.8mm目合いでもアザミウマ類の侵入を抑制できる

表5　ベタがけ・防虫・遮光資材の種類と特性

種類	素材名	商品名	耐用年数（年）	備考
長繊維不織布	ポリプロピレン（PP）	パオパオ90，テクテクネオなど	1～2	主に保温を目的としてベタがけで使用
	ポリエステル（PET）	パスライト，パスライトブルーなど	1～2	吸湿性があり，保温性がよい。主に保温を目的としてベタがけで使用
割繊維不織布	ポリエチレン（PE）	農業用ワリフ	3～5	保温性は劣るが通気性がよいので防虫，防寒目的にベタがけやトンネルで使用
	ビニロン（PVA）	ベタロン バロン愛菜	5	割高だが，吸湿性があり他の不織布より保温性が優れる。主に保温，寒害防止，防虫を目的にベタがけやトンネルで使用
長繊維不織布＋織り布タイプ	ポリエステル＋ポリエチレン	スーパーパスライト	5	割高だが，吸湿性があり他の不織布より保温性が優れる。主に保温，寒害防止，防虫を目的にベタがけやトンネルで使用
ネット	ポリエチレン，ポリプロピレンなど	ダイオサンシャイン，サンサンネットソフライト，サンサンネットe-レッドなど	5	防虫を主な目的としてトンネル，ハウス開口部に使用。害虫の種類に応じて目合いを選択する
寒冷紗	ビニロン（PVA）	クレモナ寒冷紗	7～10	色や目合いの異なるものがあり，防虫，遮光などの用途によって使い分ける。アブラムシの侵入防止には＃300（白）を使用する
織り布タイプ	ポリエチレン，ポリオレフィン系特殊フィルムなど	ダイオクールホワイト，スリムホワイトなど	5	夏の昇温抑制を目的とした遮光・遮熱ネット。色や目合いなどで遮光率が異なり，用途によって使い分ける。ハウス開口部に防虫ネットを設置した場合は，遮光率35％程度を使用する。遮光率が同じ場合，一般的に遮熱性は黒 < シルバー < 白，耐久性は白 < シルバー < 黒となる

（4）マルチ資材（表6）

土壌表面をなんらかの資材で覆うことをマルチまたはマルチングという。地温調節、降雨による肥料の流亡抑制、土壌侵食防止、土の跳ね上がり抑制による病害予防、土壌水分・土壌物理性の保持、アブラムシ忌避、抑草などの効果があり、さまざまな特性を備えたマルチ資材が開発されている。コーンスターチなどを原料とし、栽培終了後、畑にそのまますき込めば微生物によって分解されてしまう生分解性フィルムの利用も進んでいる。

栽培時期や目的に応じて適切な資材を使い分ける。マルチ張りの作業は、土壌水分が適度な時に行ない、土壌表面とフィルムを密着させる。低温期には播種、定植の数日～1週間前にマルチをして地温を高めておくと発芽や活着とその後の生育が早まる。

（執筆：川城英夫）

表6　マルチ資材の種類と特性

種類	素材		商品名	資材の色	厚さ（mm）	使用時期	備考
軟質フィルム	ポリエチレン（農ポリ）	透明	透明マルチ，KO透明など	透明	0.02～0.03	春，秋，冬	地温上昇効果が最も高い。KOマルチはアブラムシ類やアザミウマ類の忌避効果もある
		有色	KOグリーン，KOチョコ，ダークグリーンなど	緑，茶，紫など	0.02～0.03	春，秋，冬	地温上昇効果と抑草効果がある
		黒	黒マルチ，KOブラックなど	黒	0.02～0.03	春，秋，冬	地温上昇効果が有色フィルムに次いで高い。マルチ下の雑草を完全に防除できる
		反射	白黒ダブル，ツインマルチ，パンダ白黒，ツインホワイトクール，銀黒ダブル，シルバーポリなど	白黒，白，銀黒，銀	0.02～0.03	周年	地温が上がりにくい。地温上昇抑制効果は白黒ダブル＞銀黒ダブル。銀黒，白黒は黒い面を下にする
		有孔	ホーリーシート，有孔マルチ，穴あきマルチなど	透明，緑，黒，白，銀など	0.02～0.03	周年	穴径，株間，条間が異なるいろいろな種類がある。野菜の種類，作期などに応じて適切なものを選ぶ
	生分解性		キエ丸，キエール，カエルーチ，ビオフレックスマルチなど	透明，乳白，黒，白黒など	0.02～0.03	周年	価格が高いが，微生物により分解されるのでそのまま畑にすき込め，省力的で廃棄コストを低減できる。分解速度の異なる種類がある。置いておくと分解が進むので購入後速やかに使用する
不織布	高密度ポリエチレン		タイベック	白	－	夏	通気性があり，白黒マルチより地温が上がりにくい。光の反射率が高く，アブラムシ類やアザミウマ類の飛来を抑制する。耐用年数は型番によって異なる
有機物	古紙		畑用カミマルチ	ベージュ，黒	－	春，夏，秋	通気性があり，地温が上がりにくい。雑草を抑制する。地中部分の分解が早いので，露地栽培では風対策が必要。微生物によって分解される
	イナワラ，ムギワラ			－	－	夏	通気性と断熱性が優れ，地温を裸地より下げることができる

主な肥料の特徴

(1) 単肥と有機質肥料

（単位：%）

肥料名	窒素	リン酸	カリ	苦土	アルカリ分	特性と使い方[注]
硫酸アンモニア	21					速効性。土壌を酸性化。吸湿性が小さい（③）
尿素	46					速効性。葉面散布も可。吸湿性が大きい（③）
石灰窒素	21				55	やや緩効性。殺菌・殺草力あり。有毒（①）
過燐酸石灰	17					速効性。土に吸着されやすい（①）
熔成燐肥（ようりん）		20		15	50	緩効性。土壌改良に適する（①）
BM ようりん		20		13	45	ホウ素とマンガン入りの熔成燐肥（①）
苦土重焼燐		35		4.5		効果が持続する。苦土を含む（①）
リンスター		30		8		速効性と緩効性の両方を含む。黒ボク土に向く（①）
硫酸加里			50			速効性。土壌を酸性化。吸湿性が小さい（③）
塩化加里			60			速効性。土壌を酸性化。吸湿性が大きい（③）
ケイ酸カリ			20			緩効性。ケイ酸は根張りをよくする（③）
苦土石灰				15	55	土壌の酸性を矯正する。苦土を含む（①）
硫酸マグネシウム				25		速効性。土壌を酸性化（③）
なたね油粕	5～6	2	1			施用2～3週間後に播種・定植（①）
魚粕	5～8	4～9				施用1～2週間後に播種・定植（①）
蒸製骨粉	2～5.5	14～26				緩効性。黒ボク土に向く（①）
米ぬか油粕	2～3	2～6	1～2			なたね油粕より緩効性で，肥効が劣る（①）
鶏ふん堆肥	3	6	3			施用1～2週間後に播種・定植（①）

(2) 複合肥料

（単位：%）

肥料名（略称）	窒素	リン酸	カリ	苦土	特性と使い方[注]
化成13号	3	10	10		窒素が少なくリン酸，カリが多い，上り平型肥料（①）
有機アグレット S400	4	10	10		有機質80％入りの化成（①）
化成8号	8	8	8		成分が水平型の普通肥料（③）
レオユーキL	8	8	8		有機質20％入りの化成（①）
ジシアン有機特806	8	10	6		有機質50％入りの化成。硝酸化成抑制材入り（①）
エコレット808	8	10	8		有機質19％入りの有機化成。堆肥入り（①）
MMB 有機020	10	12	10	3	有機質40％，苦土，マンガン，ホウ素入り（①）
UF30	10	10	10	4	緩効性のホルム窒素入り。苦土，ホウ素入り（①）
ダブルパワー1号	10	13	10	2	緩効性の窒素入り。苦土，マンガン，ホウ素入り（①）
IB 化成 S1	10	10	10		緩効性の IB 入り化成（①）
IB1号	10	10	10		水稲（レンコン）用の緩効性肥料（①）
有機入り化成280	12	8	10		有機質20％入りの化成（①）
MMB 燐加安262	12	16	12	4	苦土，マンガン，ホウ素入り（①）
CDU 燐加安 S222	12	12	12		窒素の約60％が緩効性（①）
燐硝安加里 S226	12	12	16		速効性。窒素の40％が硝酸性（主に①）
ロング424	14	12	14		肥効期間を調節した被覆肥料（①）
エコロング413	14	11	13		肥効期間を調節した被覆肥料。被膜が分解しやすい（①）
スーパーエコロング413	14	11	13		肥効期間を調節した被覆肥料。初期の肥効を抑制（溶出がシグモイド型）（①）
ジシアン555	15	15	15		硝酸化成抑制材入りの肥料（①）
燐硝安1号	15	15	12		速効性。窒素の60％が硝酸性（主に②）
CDU・S555	15	15	15		窒素の50％が緩効性（①）
高度16	16	16	16		速効性。高成分で水平型（③）
燐硝安 S604号	16	10	14		速効性。窒素の60％が硝酸性（主に②）
燐硝安加里 S646	16	4	16		速効性。窒素の47％が硝酸性（主に②）
NK 化成2号	16		16		速効性（主に②）
CDU 燐加安 S682	16	8	12		窒素の50％が緩効性（①）
NK 化成 C6号	17		17		速効性（主に②）
追肥用 S842	18	4	12		速効性。窒素の44％が硝酸性（②）
トミー液肥ブラック	10	4	6		尿素，有機入り液肥（②）
複合液肥2号	10	4	8		尿素入り液肥（②）
FTE	マンガン19％，ホウ素9％				ク溶性の微量要素肥料。そのほかに鉄，亜鉛，銅など含む（①）

注）使い方は以下の①～③を参照。①元肥として使用，②追肥として使用，③元肥と追肥に使用

（執筆：齋藤研二）

主な作業機

結球葉菜類の作業機は、播種、移植から収穫・調製まで数多く市販されており、大規模対応の機械がほとんどであるが、ここでは、中小規模で利用可能な作業機について紹介する（表1）。

図1　播種板

(1) 播種機

葉菜類は苗を本圃に移植する栽培が多い。育苗は地床育苗やポリポット育苗もあるが、セル成型育苗が多い。育苗用のセルトレイは72穴、128穴、200穴、288穴などがあり、穴が多くなると1セル当たりの容量が小さくなる。品目に応じて選択する。大規模ではセルトレイへの土入れ、播種、灌水、覆土を一行程で行なう播種装置もあるが、中小規模では播種板の利用が効率的である（図1）。

(2) ウネ立てマルチャー

多くの野菜でマルチ栽培が行なわれており、ウネの形状は丸ウネ、平高（台形）ウネ、平ウネなどがあり、ウネの大きさもさまざまである。野菜の種類や栽培様式などによって使い分けられている。

マルチを敷設するマルチャーも、トラクター用、管理機用のウネ立てマルチャーなど、多種類の機械が開発されている。被覆資材は、一般的なポリフィルムをはじめ、生分解性などの多様な資材と規格のものが利用されている。

図2　全自動移植機

(3) 移植機

移植機は全自動型と半自動型があり、大規模向けには乗用型もある（図2）。128穴、200穴のセルトレイは全自動移植機に対応する。半自動移植機は苗の投入が手作業であ

表1　主な作業機

①ウネ立て機の種類と特徴

種類	特徴	目安の価格
平高ウネ（台形ウネ）	平高ウネはウネ高さ10～20cm，ウネ上面幅20～90cm程度で，葉菜類ではウネ上面幅30cm程度に1条植え，50cm程度に2条植え，100cm程度に4条植えを行なうことが多い。ウネ立て用機械は専用機もあるが，ロータリ後方に成型機を装着しマルチフィルムの被覆を行なわない場合もある	ウネ立てマルチャー　60万円 ウネ成型機　15万円
平ウネ	ニンジンやダイコン，タマネギなどの多条植え用のウネで，ウネ立て専用機やロータリの後方に装着するタイプがある。土をあまり盛らず，ウネ高さは5cm以下である。マルチフィルムの幅は95～180cmを用い，ウネ裾幅は60～150cmで品目や用途に応じて使い分ける	1ウネ用　45万円 2ウネ用　90万円
丸ウネ	ウネ立てマルチャー専用機でトラクターや管理機に装着し，ローターで土を寄せ半円状に成型し，マルチフィルムを被覆する。マルチフィルムの幅は95cmや110cmを用い，ウネ裾幅40～55cm，ウネ高さ20～30cmとなる	1ウネ用　45万円 2ウネ用　90万円

②野菜用移植機の種類と特徴

種類	特徴	目安の価格
半自動移植機	キャベツ，ハクサイ，レタス，ブロッコリーなどの野菜苗の移植機で，ターンテーブル式の供給部に苗を手動で投入し，設定した株間で移植する。セル成型苗に対応し，一部機種はポット苗や地床苗にも対応する。1条植えだけでなく，2条千鳥植え，4条植え対応の機種もある	1条植え　60万円～ 2条植え　100万円～
全自動移植機	セルトレイで育苗した苗を装着し，セル成型苗を1株ずつ苗取り爪で抜き取り植付け器に自動投入し，全自動で移植する。セルトレイはキャベツ，ハクサイ，ブロッコリーは128穴，レタスは200穴を用いるのが一般的である。全自動なのでセルトレイの欠株が即本圃の欠株になり，根鉢の強度不足，徒長苗は植付け精度低下の要因となる	1条植え　120万円～
乗用型移植機	大規模向けの乗用型の移植機で，全自動移植機の植付け部を並列に並べ，2条同時に高速移植可能で高能率である	2条植え　280万円～

③管理作業機の種類と特徴

種類	特徴	目安の価格
歩行型管理機	5馬力程度のエンジンを搭載した歩行型の管理機で，ローターの交換によって，耕うん，中耕，土寄せなどの栽培管理に必要な複数の作業が可能である。走行部の違いにより1輪，2輪，幅狭2輪などのタイプがあり，葉菜類の中耕・培土には1輪，幅狭2輪が適する。主要な用途に合わせて選択するとよい	小型（2馬力程度）10万円～ 中型（5馬力程度）　25万円～ 大型（8馬力程度）　30万円～
乗用管理機	15馬力程度の小型のトラクターで，地上高が500mm程度と高く，圃場内のキャベツを2ウネ跨いで走行できる。中耕ローターや除草レーキを装着し，高能率な管理作業が可能である	本体のみ　130万円

④収穫作業台車の種類と特徴

手押し式運搬台車	ウネ間（通路間隔）に合わせて車輪間隔を調節できる高床式運搬台車で，キャベツやハクサイなどの収穫物や，ミニコンテナ，ダンボールを積載し，重量物の圃場外搬出が容易になる	10万円～
動力式運搬台車	ウネ間に合わせて車輪間隔を調節しウネ間を走行する点は手押し式と同様であるが，エンジンやモーターの動力を用いて自走する。軟弱地向けには履帯式の台車があり，荷台の昇降を行なうタイプもある	50万円～
ローダー	大規模で収穫物の収納を大型コンテナ（容量300kg程度）を使用する場合，ホイールローダーやトラクターに装着したフロントローダー，リヤローダーなどのフォークを用いると，圃場外搬出だけでなくトラックへの積み込みも効率的にできる	トラクター用　50万円～ 専用機　300万円～

り、セルトレイの種類を選ばず、地床苗に対応する機種もある。1ウネ1条植えが多いが、平ウネ対応の2条植えや4条植えの機種もありレタスなどに適する。

(4) 運搬台車

野菜の収穫物運搬・搬出用機械は、ウネ間を走行でき大きな積載能力をもつこと、楽に積み降ろしができ走行性・取扱い性がよいことなどが必要である。簡易な手押し式台車、動力運搬車、トラクター装着や専用のローダー、軽トラックなど多様な運搬機械がある

（執筆：溜池雄志）

◉著者一覧　　＊執筆順（所属は執筆時）

川城　英夫（JA 全農耕種総合対策部営農企画課）

森下　俊哉（愛知県東三河農林水産事務所田原農業改良普及課）

太田　和宏（神奈川県農業技術センター三浦半島地区事務所）

中野　伸一（兵庫県農業農林水産技術総合センター淡路農業技術センター）

小林　逸郎（群馬県吾妻農業事務所 普及指導課 長野原係）

高橋　勇人（宮城県農業・園芸総合研究所）

鳥居　恵実（埼玉県大里農林振興センター農業支援部）

小山　　藍（埼玉県大里農林振興センター農業支援部）

隔山　普宣（JA 全農徳島県本部営農開発課）

佐藤　遼一（静岡県西部農林事務所経営支援班）

瀧澤　利恵（茨城県結城地域農業改良普及センター）

保勇　孝亘（長野県野菜花き試験場）

宮澤　直樹（東京都農林総合研究センター江戸川分場）

宮地　桃子（静岡県中遠農林事務所産地育成班）

島本　桂介（茨城県農業総合センター）

山戸　　潤（長野県野菜花き試験場）

奥　幸一郎（福岡県南筑後普及指導センター）

野口　　貴（東京都農林総合研究センター）

渡辺　　淳（山梨県総合農業技術センター岳麓試験地）

小松　和彦（長野県野菜花き試験場）

加藤　浩生（JA 全農千葉県本部）

大井田　寛（法政大学）

齋藤　研二（JA 全農東日本営農資材事業所）

溜池　雄志（鹿児島県農業開発総合センター大隅支場）

編者略歴

川城英夫（かわしろ・ひでお）

1954年、千葉県生まれ。東京農業大学農学部卒。千葉大学大学院園芸学研究科博士課程修了。農学博士。千葉県において試験研究、農業専門技術員、行政職に従事し、千葉県農林総合研究センター育種研究所長などを経て、2012年からJA全農 耕種総合対策部 主席技術主管、2023年から同部テクニカルアドバイザー。農林水産省「野菜安定供給対策研究会」専門委員、農林水産祭中央審査委員会園芸部門主査、野菜流通カット協議会生産技術検討委員など数々の役職を歴任。

主な著書は『作型を生かす ニンジンのつくり方』『新 野菜つくりの実際』『家庭菜園レベルアップ教室 根菜①』『新版 野菜栽培の基礎』『ニンジンの絵本』『農作業の絵本』『野菜園芸学の基礎』（共編著含む、農文協）、『激増する輸入野菜と産地再編強化戦略』『野菜づくり 畑の教科書』『いまさら聞けない野菜づくりQ＆A 300』『畑と野菜づくりのしくみとコツ』（監修含む、家の光協会）など。

新 野菜つくりの実際　第2版
葉菜Ⅰ　アブラナ科・レタス
誰でもできる露地・トンネル・無加温ハウス栽培

2023年8月10日　第1刷発行

編　者　川城　英夫

発行所　一般社団法人 農山漁村文化協会
〒335-0022　埼玉県戸田市上戸田2丁目2-2
電話　048(233)9351（営業）　048(233)9355（編集）
FAX　048(299)2812　振替 00120-3-144478
URL　https://www.ruralnet.or.jp/

ISBN978-4-540-23106-3　DTP制作／ふきの編集事務所
〈検印廃止〉　印刷・製本／凸版印刷（株）

定価はカバーに表示
乱丁・落丁本はお取り替えいたします。